普通高等院校土建类专业精品系列教材

测 量 学

（第 2 版）

主　编　王晓光　陈晓辉
副主编　孟凡影　马丽霞
参　编　潘际帆　于　佳
主　审　刘志明

北京理工大学出版社
BEIJING INSTITUTE OF TECHNOLOGY PRESS

内 容 简 介

本书共分十三章。第一章至第四章为土木工程测量的基本知识、测量的基本工作和测量仪器的使用方法；第五章介绍测量误差的基本知识；第六章为小区域控制测量；第七章、第八章为地形图的基本知识及其应用、大比例尺地形图测绘；第九章至第十三章为土木工程施工测量，包括施工测量的基本工作、建筑施工测量、线路勘测、道路曲线测设方法、线路（管道、道路、桥梁、隧道）施工测量。

本书可作为普通高等学校土木工程、环境工程、建筑学、城市规划等各专业的教材，也可作为土木工程类各专业高等职业技术教育的教材，并可供有关工程技术人员参考使用。

版权专有　侵权必究

图书在版编目（CIP）数据

测量学/王晓光，陈晓辉主编．—2版．—北京：北京理工大学出版社，2018.9（2022.3重印）

ISBN 978-7-5682-6376-4

Ⅰ.①测… Ⅱ.①王…②陈… Ⅲ.①测量学—高等学校—教材 Ⅳ.①P2

中国版本图书馆 CIP 数据核字（2018）第 221746 号

出版发行 /	北京理工大学出版社有限责任公司
社　　址 /	北京市海淀区中关村南大街 5 号
邮　　编 /	100081
电　　话 /	（010）68914775（总编室）
	（010）82562903（教材售后服务热线）
	（010）68944723（其他图书服务热线）
网　　址 /	http：//www.bitpress.com.cn
经　　销 /	全国各地新华书店
印　　刷 /	北京紫瑞利印刷有限公司
开　　本 /	787 毫米×1092 毫米　1/16
印　　张 /	20.5
字　　数 /	498 千字
版　　次 /	2018 年 9 月第 2 版　2022 年 3 月第 4 次印刷
定　　价 /	54.00 元

责任编辑 / 高　芳
文案编辑 / 赵　轩
责任校对 / 周瑞红
责任印制 / 李志强

图书出现印装质量问题，请拨打售后服务热线，本社负责调换

前 言

为了适应 21 世纪教育事业飞速发展的要求，贯彻执行新的高等学校招生专业目录，满足新专业目录下土木工程等专业的测量课程教学需要，我们编写了此书。

新专业目录中的土木工程专业涵盖了原专业目录下的建筑工程、交通土建、城镇建设、矿井建设等专业。本书在编写过程中，对各专业相同的基础部分进行统一，而对原属于不同专业的施工测量部分，根据其内容特点进行了重新归类与整合，求同存异，保持内容的系统与完整，并力求简洁，尽量压缩篇幅。本书也充分考虑并兼顾了建筑学、城市规划、工程管理、建筑环境与设备工程、环境工程等各相关专业的教学需要。

当前正处于测绘技术飞速发展的时期，本书中收入了现代测绘新技术，如 GNSS、GIS、RS、数字测图等有关内容，以及新的测绘仪器和设备，如电子水准仪、电子经纬仪、全站仪等内容，使土木工程类专业的学生不但能了解当前测绘科学技术发展的现状，更能结合专业的要求，拓宽视野，开阔思路，更好地应用测绘新技术为其专业服务。

本书在充实新技术的同时，结合工程实际，对陈旧的传统内容进行了删除、压缩、修改，力求实用，充实了最小二乘原理应用、道路平面大地坐标计算的内容。

本书具体编写工作如下：吉林建筑大学王晓光编写第十二章，吉林建筑大学城建学院孟凡影编写第一、二、三、九章，吉林建筑大学城建学院潘际帆编写第四、五章，吉林建筑大学城建学院陈晓辉编写第六、七章，吉林建筑大学城建学院马丽霞编写第八、十、十一章，吉林建筑大学城建学院于佳编写第十三章。本书由东北师范大学硕士生导师刘志明教授进行了认真、细致的审定，并提出了许多宝贵意见，他认真、细致的工作更好地保证了本书的质量。

由于编者水平所限，书中难免存在不足之处，恳请读者批评指正。

编 者

目 录

第一章 绪论 (1)
- 第一节 测量学的任务与作用 (1)
- 第二节 地面点位的确定 (2)
- 第三节 测量工作概述 (9)

第二章 水准测量 (12)
- 第一节 水准测量原理 (12)
- 第二节 水准仪和水准尺 (13)
- 第三节 水准测量的外业 (18)
- 第四节 水准测量成果计算 (22)
- 第五节 微倾式水准仪的检验与校正 (24)
- 第六节 三、四等水准测量 (27)
- 第七节 水准测量的误差分析 (31)
- 第八节 几种典型的水准仪 (33)

第三章 角度测量 (40)
- 第一节 角度测量原理 (40)
- 第二节 光学经纬仪 (41)
- 第三节 水平角测量 (44)
- 第四节 竖直角测量 (48)
- 第五节 经纬仪的检验与校正 (52)
- 第六节 水平角测量的误差分析 (56)
- 第七节 电子经纬仪 (59)

第四章 距离测量与直线定向 (63)

第一节 钢尺量距 (63)
第二节 视距测量 (68)
第三节 电磁波测距仪 (70)
第四节 全站仪 (73)
第五节 GPS-RTK 测量系统 (93)
第六节 直线定向 (100)

第五章 测量误差基本知识 (105)

第一节 测量误差概述 (105)
第二节 观测值的算术平均值 (108)
第三节 衡量观测值精度的标准 (110)
第四节 误差传播定律及应用举例 (113)
第五节 加权平均值及其中误差 (118)

第六章 小区域控制测量 (125)

第一节 控制测量概述 (125)
第二节 导线测量 (129)
第三节 小三角测量 (139)
第四节 测角交会 (145)
第五节 全球导航卫星系统（GPS） (148)
第六节 距离改化与坐标换带 (154)

第七章 地形图基本知识与应用 (160)

第一节 地形图的比例尺 (160)
第二节 地形图的分幅和编号 (161)
第三节 地形图图外注记 (169)
第四节 地形图图式 (171)
第五节 地籍图基本知识 (179)
第六节 地形图的应用 (183)

第八章 大比例尺地形图测绘 (193)

第一节 测图前的准备工作 (194)
第二节 碎部点平面位置的测绘方法 (195)

第三节 经纬仪测绘法 ……………………………………………………… (197)
第四节 平板仪测图原理 …………………………………………………… (200)
第五节 地形图的绘制 ……………………………………………………… (200)
第六节 数字化测图 ………………………………………………………… (203)
第七节 航空摄影测量简介 ………………………………………………… (213)
第八节 三维激光扫描成图 ………………………………………………… (216)
第九节 地籍图测绘 ………………………………………………………… (216)

第九章 施工测量的基本工作 …………………………………………………… (219)

第一节 施工测量概述 ……………………………………………………… (219)
第二节 测设的基本工作 …………………………………………………… (220)
第三节 点的平面位置的测设 ……………………………………………… (223)
第四节 坐标系统转换 ……………………………………………………… (226)

第十章 建筑施工测量 ……………………………………………………………… (228)

第一节 建筑施工控制测量 ………………………………………………… (228)
第二节 多层民用建筑施工测量 …………………………………………… (231)
第三节 工业厂房施工测量 ………………………………………………… (238)
第四节 高层建筑施工测量 ………………………………………………… (243)
第五节 建筑物的变形观测 ………………………………………………… (246)
第六节 竣工总平面图的编绘 ……………………………………………… (250)

第十一章 线路勘测 ………………………………………………………………… (252)

第一节 线路测量工作概述 ………………………………………………… (252)
第二节 中线测量 …………………………………………………………… (255)
第三节 圆曲线测设 ………………………………………………………… (260)
第四节 纵断面测量 ………………………………………………………… (266)
第五节 横断面测量 ………………………………………………………… (270)

第十二章 道路曲线测设方法 …………………………………………………… (274)

第一节 虚交 ………………………………………………………………… (274)
第二节 复曲线的测设 ……………………………………………………… (276)
第三节 回头曲线的测设 …………………………………………………… (278)
第四节 缓和曲线的测设 …………………………………………………… (279)
第五节 道路中线逐桩坐标计算 …………………………………………… (285)

第六节 不对称曲线的平面计算 …………………………………………… (287)

第七节 全站仪测设道路中线 …………………………………………… (291)

第十三章 线路施工测量 …………………………………………………… (294)

第一节 管道施工测量 …………………………………………………… (294)

第二节 道路施工测量 …………………………………………………… (298)

第三节 桥梁施工测量 …………………………………………………… (303)

第四节 隧道施工测量 …………………………………………………… (310)

参考文献 …………………………………………………………………… (320)

第一章

绪 论

第一节 测量学的任务与作用

测量学是研究地球的形状、大小，以及确定地面（包括空中和地下）点位的科学。它的内容包括测定和测设两个方面。测定是指通过各种测量工作，把地球表面的形状和大小缩绘成地形图，或得到相应的数字信息，供国防工程及国民经济建设的规划、设计、管理和科学研究使用。测设是指把图纸上规划设计好的建筑物、构筑物的位置在地面上标定出来，作为施工的依据。

测量学按照研究范围和对象的不同，划分为若干分支学科。例如，研究整个地球的形状和大小，解决大范围控制测量和地球重力场问题的工作，属于大地测量学的范畴。大地测量学是地学的重要组成部分，是整个测量科学的基础理论学科。测量小范围地球表面形状时，不顾及地球曲率的影响，把地球局部表面当作平面看待所进行的测量工作，属于普通测量学的范畴。利用摄影或遥感技术获取地面物体的影像，进行分析处理并绘制成地形图或建立数字模型的工作，属于摄影测量与遥感学的范畴。研究工程建设各阶段所进行的各种测量工作，属于工程测量学的范畴。以海洋和陆地水域为对象所进行的测量和海图编制工作，属于海洋测量学的范畴。利用测量所得的成果资料，研究如何投影编绘和制印各种地图的工作，属于制图学的范畴。全球定位系统（GPS）、遥感（RS）、地理信息系统（GIS）（合称"3S"）代表着测量学科高新技术发展的方向和水平。本书主要介绍普通测量学及部分工程测量学的内容。

测量科学的应用很广。在国民经济和社会发展规划中，测量信息是最重要的基础信息之一，各种规划和设计及地籍管理，首先要有地形图和地籍图或相应的数字信息。另外，在各项工农业基本建设中，从勘察设计阶段到施工、竣工阶段，都需要进行大量的测量工作。在国防建设中，军事测量和军用地图是现代大规模、诸兵种协同作战不可缺少的重要保障。至于远程导弹、空间武器、人造卫星或航天器的发射，要保证它精确入轨，随时校正轨道和命中目标，除了应测算出发射点和目标点的精确坐标、方位、距离外，还必须掌握地球形状、大小的精确数据和有关地域的重力场资料。在科学实验方面，诸如空间科学技术的研究，地壳的形变、地震预报、灾情监视与调查以及地极周期性运动的研究等，都要应用测绘资料。即使在国家的各级管理工作中，测量和地图资料也是不可缺少的重要工具。随着测量科学高新技术的不断研究开发与应用，其必将为各个行业提供更为全面、准确、及时、适用的测量信息成果与技术服务。

测量科学在土木类各专业的工作中有着广泛的应用。例如，在勘察设计的各个阶段，要求有各种比例尺的地形图，供城镇规划、厂址选择、管道及交通线路选线以及总平面图设计和竖向设计之用。在施工阶段，要将设计的建筑物、构筑物的平面位置和高程测设于实地，以便进行施工。施工结束后，要进行竣工测量，绘制竣工图，供日后扩建和维修之用。即使是竣工后，对某些大型及重要的建筑物和构筑物，还要进行变形观测，以保证工程设施的安全使用。

土木工程类各专业学生学习本课程之后，要求达到掌握普通测量学的基本知识和基础理论；能正确使用工程中常用测量仪器和工具，并了解测量新仪器、新技术的一般应用方法；了解大比例尺地形图的成图原理和方法；在工程设计和施工中，具有正确应用地形图和有关测量资料的能力和进行一般工程施工测设的能力，以便能灵活应用所学的测量知识为专业工作服务。

第二节　地面点位的确定

一、地球的形状和大小

测量工作是在地球表面上进行的，所以必须知道地球的形状和大小。地球的自然表面有高山、丘陵、平原、盆地及海洋等起伏状态，世界最高的珠穆朗玛峰高达 8 844.43 m，最深的马里亚纳海沟深达 11 022 m，高低起伏近 20 km，但这种起伏变化仍不足地球平均半径（6 371 km）的 1/300，故对地球总体形状的影响可忽略不计。由于地球表面约 71% 被海水所覆盖，所以可以把海水所覆盖的地球形体看作地球的形状。

由于地球的自转运动，地球上任一点都要受到离心力和地球引力的双重作用，这两个力的合力称为重力，重力的方向线称为铅垂线。铅垂线是测量工作的基准线。静止的水面称为水准面，水准面是受重力影响而形成的，是一个处处与重力方向垂直的连续曲面，并且是一个重力场的等位面。与水准面相切的平面称为水平面。水面可高可低，因此符合上述特点的水准面有无数多个，其中与平均海水面吻合并向大陆、岛屿延伸而形成的封闭曲面，称为大地水准面，如图 1-1（a）所示。大地水准面是测量工作的基准面。由大地水准面所包围的地球形体称为大地体。

用大地水准面代表地球表面的形状和大小是恰当的，但由于地球内部质量分布不均匀，引起铅垂线的方向产生不规则的变化，致使大地水准面成为一个复杂的曲面，如图 1-1（b）所示。如果将地球表面上的图形投影到这个复杂的曲面上，将对测量计算和绘图带来很多困难，为此选用一个非常接近大地水准面，并可用数学式表达的几何形体来代表地球的总体形状，这个数学形体称为旋转椭球体。包围它的面称为旋转椭球面，如图 1-1（c）所示。旋转椭球体是由一椭圆（长半轴为 a，短半轴为 b）绕其短半轴 b 旋转而成的椭球体。椭圆的

长半轴 a、短半轴 b、扁率 α 是决定旋转椭球体的形状和大小的元素，随着测量科学的进步，人们可以越来越精确地测定这些元素。目前，我国采用国际大地测量协会 IAG-75 参数：$a = 6\ 378\ 140$ m，$\alpha = 1/298.257$，推算值 $b = 6\ 356\ 755.288$ m。

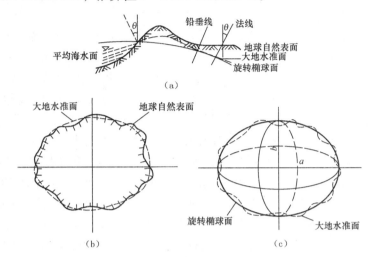

图 1-1　大地水准面和旋转椭球面

由于地球椭球体的扁率很小，当测区不大时，可将地球当作半径为 6 371 km 的圆球。当测区面积很小时，也可用水平面代替水准面，作为局部地区的测量基准面。

二、测量坐标系统

测量工作的基本任务是确定地面点的空间位置。确定地面点的空间位置需用三个量，通常是确定地面点在球面或平面上的投影位置（即地面点的坐标），以及地面点到大地水准面的铅垂距离（即地面点的高程）。

1. 地理坐标

在大区域内确定地面点的位置，以球面坐标系统来表示，用经度、纬度表示地面点在球面上的位置，称为地理坐标。地理坐标又因采用的基准面、基准线的不同而分为天文地理坐标和大地地理坐标两种。

（1）天文地理坐标。用天文经度 λ 和天文纬度 ϕ 表示地面点在大地水准面上的位置，称为天文地理坐标。如图 1-2 所示，过地面上任一点铅垂线与地轴 $N-S$ 所组成的平面称为该点的子午面，过英国格林尼治天文台的子午面称为首子午面。子午面与球面的交线称为子午线或称经线。球面上 F 点的天文经度 λ 是过 F 点的子午面与首子午面所夹的二面角。自首子午面向东 0°~180° 称为东经，向西 0°~180° 称为西经。

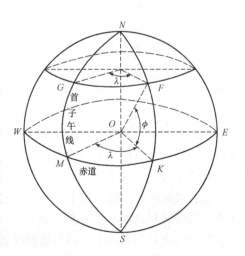

图 1-2　天文地理坐标

垂直于地轴并通过球心的平面称为赤道面。赤道面与球面的交线称为赤道。垂直于地轴且平行于赤道的平面与球面的交线称为纬线。球面上 F 点的纬度是过 F 点的铅垂线与赤道面的夹角，用 ϕ 表示。纬度从赤道起向北 $0°\sim90°$ 称为北纬，向南 $0°\sim90°$ 称为南纬。例如，北京市中心的天文地理坐标为东经 $116°24'$，北纬 $39°54'$。

（2）大地地理坐标。用大地经度 L 和大地纬度 B 表示地面点在旋转椭球面上的位置，称为大地地理坐标，简称大地坐标。地面上任意点 P 的大地经度 L 是该点的子午面与首子午面所夹的二面角；P 点的大地纬度 B 是过该点的法线（与椭球面相垂直的线）与赤道面的夹角。

大地经、纬度是根据大地原点（该点的大地经、纬度与天文经、纬度相等）的起算数据，再按大地测量得到的数据推算而得。我国曾采用"1954 年北京坐标系"并于 1987 年废止，然后采用陕西省泾阳县永乐镇某点为国家大地原点，由此建立新的统一坐标系，称为"1980 年国家大地坐标系"。国家测绘局在 2008 年发布的 2 号公告中指出，2000 国家大地坐标系与现行国家大地坐标系转换、衔接的过渡期为 8 年至 10 年。现有各类测绘成果在过渡期内可沿用现行国家大地坐标系，2008 年 7 月 1 日后新生产的各类测绘成果应采用 2000 国家大地坐标系。"2000 国家大地坐标系"（简称 CGCS 2000）是地心坐标系，参考历元为 2 000.0，其原点为包括海洋和大气的整个地球的质量中心，初始定向由 1 984.0 时 BIH（国际时间局）定向给定，是右手地固直角坐标系，Z 轴为国际地球旋转局（IERS）参考极（IRP）方向，X 轴为 IERS 的参考子午面（IRM）与垂直于 Z 轴的赤道面的交线，Y 轴与 Z 轴和 X 轴构成右手正交坐标系。CGCS 2000 的参考椭球采用 2000 参考椭球，长半轴 $a = 6\ 378\ 137$ m。

2. 独立平面直角坐标

地理坐标是球面坐标，在球面上（尤其是椭球面上）求解点间的相对位置关系是比较复杂的问题，测量上的计算和绘图最好在平面上进行。当测量区域较小时，可以用水平面代替作为投影面的球面，用独立平面直角坐标系（图 1-3）来确定点位。测量上采用的平面直角坐标系与数学上的基本相同，但坐标轴互换，象限的顺序相反。测量上取南北为标准方向，向北为 x 轴正向，顺时针方向量度，这样便于将数学的三角公式直接应用到测量计算上。原点 O 一般假定在测区西南以外，使测区内各点坐标均为正值，便于计算。此外，在确定假定坐标值时，应使测区内的纵横坐标值有明显的区别，以避免在应用中出现纵、横坐标混淆的错误。

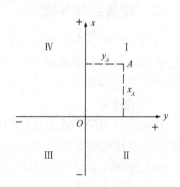

图 1-3　独立平面直角坐标系

3. 高斯平面直角坐标

当区域范围较大时，由于存在较大差异，不能用水平面代替球面，而作为大地地理坐标投影面的旋转椭球面又是一个"不可展"曲面，不能简单地展成平面。测量上将旋转椭球面上的点位换算到平面上，称为地图投影。在投影中可能存在角度、距离、面积三种变形，我国采用保证角度不变形的高斯投影法。如图 1-4（a）所示，设想将一个椭圆柱套在旋转的椭球外面，并与旋转椭球面上某一条子午线 NOS 相切，同时使椭圆柱的轴位于赤道面内，且通过椭球中心，相切的子午线成为高斯投影面上的中央子午线。将旋转椭球面上的 M 点，投影到椭圆柱面上得 m 点，将椭圆柱面沿其母线剪开，展成平面，如图1-4（b）所示，这个平面称为高斯投影面。

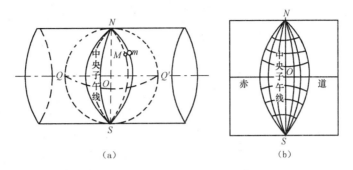

图1-4 高斯投影

在高斯投影面上，中央子午线投影的长度不变，其余子午线的长度大于投影前的长度，离中央子午线越远，长度变形越大。为使长度变形不大于测量的精度范围，高斯投影方法从首子午线起每隔经差6°为一带，自西向东将整个地球分成60带，各带的带号 N 为1，2，…，60，如图1-5所示。第一个6°带中央子午线的经度为3°，任意一带中央子午线经度为

$$L_0 = 6°N - 3° \tag{1-1}$$

式中，N 为投影带号。

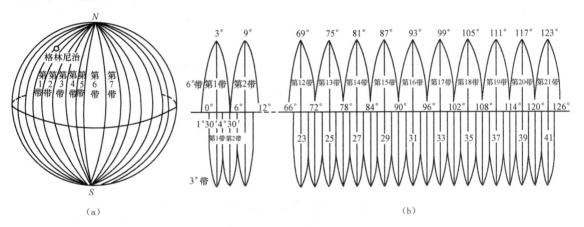

图1-5 投影分带与6°（3°）带

【例1-1】 北京市某点的经度为115°30′，求其所在高斯投影6°带的带号 N 及该带的中央子午线经度 L_0。

解：
$$N = \text{INT}\left(\frac{115°30'}{6°} + 1\right) = 20$$
$$L_0 = 6° \times 20 - 3° = 117°$$

在大比例尺测图中，要求投影变形更小。6°可以满足中小比例尺测图精度的要求（1:2.5万以上），对于更大比例尺的地图，则可用3°带[图1-5（b）]或1.5°带投影。3°带中央子午线在奇数带时与6°带中央子午线重合，6°带的中央子午线和分带子午线都是3°带的中央子午线，6°带第1带的中央子午线就是3°带第1带的中央子午线。各3°带中央子午线经度为

$$L_0' = 3° N' \tag{1-2}$$

式中，N' 为 3° 带的带号。

如例 1-1 中，北京市中心在 3° 带的带号为

$$N_3 = \text{INT}\left(\frac{115°30' + 1°30'}{3°}\right) = 39$$

根据我国最东端的经度和最西端的经度得出，我国横跨的 6° 带为第 13~23 带，横跨的 3° 带为第 25~45 带。在高斯平面直角坐标系中，以每一带的中央子午线的投影为直角坐标系的纵轴 x，向北为正，向南为负；以赤道的投影为直角坐标系的横轴 y，向东为正，向西为负；两轴交点 O 为坐标原点。由于我国领土位于北半球，因此 x 坐标值均为正值，y 坐标值有正有负，如图 1-6（a）所示，假设 A、B 两点的横坐标值为 $y_A = +148\,670.54$ m，$y_B = -134\,220.69$ m。为了避免出现负值，将每一带的坐标原点向西移 500 km，即将横坐标值加 500 km。如图 1-6（b）所示，则 A、B 两点的横坐标值为 $y_A = 500\,000 + 148\,670.54 = 648\,670.54$（m），$y_B = 500\,000 - 134\,220.69 = 365\,779.31$（m）。为了能根据横坐标值确定某一点位于哪一个 6°（或 3°）投影带内，再在横坐标前加注带号，例如 A 点位于第 21 带，则其横坐标值为 $y_A = 21\,648\,670.54$ m。

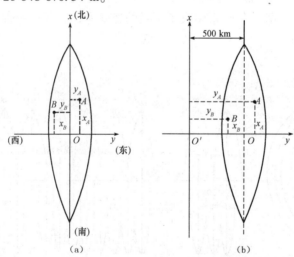

图 1-6 高斯平面直角坐标系

4. 地面点的高程

地面点到大地水准面的铅垂距离，称为绝对高程，又称海拔。如图 1-7 中 A、B 两点的绝对高程分别为 H_A、H_B。由于受海潮、风浪等影响，海水面的高低时刻在变化，我国在青岛设立验潮站，进行长期观测，取黄海平均海水面作为高程基准面，建立"1956 年黄海高程系"，其青岛国家水准原点高程为 72.289 m，该高程系统自 1987 年废止并起用"1985 国家高程基准"，原点高程为 72.260 m，在使用测量资料时，一定要注意新旧高程系统，以及系统间的正确换算。

在局部地区，可以假设一个高程基准面作为高程的起算面，地面点到假设高程基准面的铅垂距离，称为假定高程或相对高程。如图 1-7 中 A、B 两点的相对高程分别为 H_A'、H_B'。地面上两点的高程之差称为高差，以 h 表示。A、B 两点的高差为

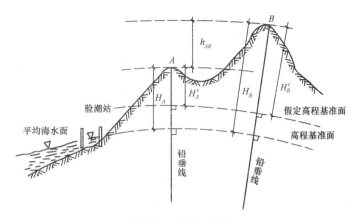

图1-7 高程和高差

$$h_{AB} = H_B - H_A = H'_B - H'_A \tag{1-3}$$

三、测量的基本要素

在一般的测量工作中,地面点的三维坐标(X,Y,H)通常情况下是间接测出的。如前所述,求B点的高程H_B,可通过观测A、B两点间的高差h_{AB},根据A点的高程H_A求得。如图1-8所示,A、B两点为已知点(其平面上投影分别为a、b),即其平面直角坐标值已知,欲求待定点C的坐标。可观测B、C两点间在投影面上的水平距离d及BC与BA方向在投影面上的水平角β,试想:由于B、A两点坐标已知,其方向就是已知的,从已知方向ba转过确定的角度β,bc的方向就是确定的;从一个已知点b沿着确定的方向出发,走过一段确定的距离d,则必然到达确定的c点(C在平面上的投影),即C点的坐标是可解的。

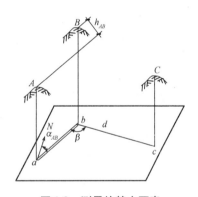

图1-8 测量的基本要素

由此可以看出,高差、水平角、水平距离是求解地面点三维坐标的基本要素,而观测这三个要素的工作,就是测量的基本工作。

四、用水平面代替水准面的限度

水准面是一个近似球面的曲面,球面上的图形展成平面一定会破裂或起皱。因此,严格讲,即使在极小的范围内用水平面代替水准面,也会产生变形。由于测量和制图过程中不可避免地会产生误差,若在小范围内以水平面代替水准面而产生的变形误差小于测量和制图过程中产生的误差,则在这个小范围内用水平面代替水准面是合理的。对于测量的三个基本要素:水平角、水平距离、高差,由于从球面坐标到平面坐标采用的高斯投影是一种保角投影,即投影前后角度是不变形的(严格说,还存在球面角超问题),因此以下讨论以水平面代替水准面对水平距离和高差的影响,以明确用水平面可以代替水准面的范围。

1. 对水平距离的影响

如图 1-9 所示,设球面 P 与水平面 P' 相切于 A 点,A、B 两点在球面上的弧长为 D,在水平面上的长度为 D',地球的半径为 R,AB 所对的球心角为 θ。

$$D = R\theta$$

$$D' = R\tan\theta$$

则以水平长度代替球面上弧长所产生的误差为

$$\Delta D = D' - D = R\tan\theta - R\theta = R(\tan\theta - \theta)$$

将 $\tan\theta$ 按级数展开,并略去高次项,得

$$\tan\theta = \theta + \frac{1}{3}\theta^3$$

因而近似得

$$\Delta D = R\left[\left(\theta + \frac{1}{3}\theta^3\right) - \theta\right] = R\frac{\theta^3}{3}$$

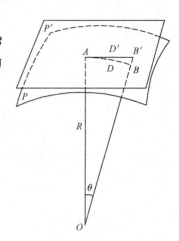

图 1-9　水平面代替水准面的影响

以 $\theta = \dfrac{D}{R}$ 代入上式得

$$\Delta D = \frac{D^3}{3R^2}$$

表示成相对误差为

$$\frac{\Delta D}{D} = \frac{D^2}{3R^2} \tag{1-4}$$

以地球半径 $R = 6\,371$ km 代入上式,并取不同的 D 值计算,可求得距离的相对误差H_A = 206.357(表 1-1)。

表 1-1　用水平面代替水准面的距离误差和相对误差

距离 D/km	距离误差 ΔD/cm	相对误差 $\Delta D/D$	距离 D/km	距离误差 ΔD/cm	相对误差 $\Delta D/D$
10	0.8	1∶1 220 000	50	102.7	1∶49 000
25	12.8	1∶200 000	100	821.2	1∶12 000

当距离为 10 km 时,以水平面代替水准面所产生的距离误差为 1∶122 万,这样小的误差,就是在地面上进行最精密的距离测量也是容许的。因此,在以 10 km 为半径,即面积约 320 km² 范围内,以水平面代替水准面所产生的距离误差可以忽略不计。对于精度要求较低的测量,还可以扩大到以 25 km 为半径的范围。

2. 对高差的影响

在图 1-9 中,A、B 两点在同一水准面上,其高差应为零。B 点投影在水平面上得 B' 点,则 BB' 即水平面代替水准面所产生的高差误差,或称为地球曲率的影响。

设 $BB' = \Delta h$,则

$$(R + \Delta h)^2 = R^2 + D'^2$$

化简得

$$\Delta h = \frac{D'^2}{2R + \Delta h}$$

上式中,用 D 代替 D',同时 Δh 与 $2R$ 相比可略去不计,则

$$\Delta h = \frac{D^2}{2R} \tag{1-5}$$

以不同距离 D 代入式(1-5),得相应的高差误差值列于表1-2。

表1-2 用水平面代替水准面的高差误差

D/m	100	200	500	1 000
$\Delta h/\text{mm}$	0.8	3.1	19.6	78.5

由表1-2可知,以水平面代替水准面,在200 m的距离内高差误差就有3.1 mm。因此,当进行高程测量时,即使距离很短也必须考虑水准面曲率(即地球曲率)的影响。

第三节 测量工作概述

测量工作的主要任务之一是测绘地形图和施工放样,本节简要介绍测图和放样的大概过程,为学习后面各章建立起初步的概念。

一、测量工作的基本原则

测量工作将地球表面复杂多样的地形分为地物和地貌两类。地面上的河流、道路、房屋等固定性物体称为地物;地面上的山岭、沟谷等高低起伏的形态称为地貌。如图1-10所示,要在 A 点上测绘该测区所有的地物和地貌是不可能的,只能测量其附近的地物与地貌,因此只能在若干点上分区观测,最后才能拼成一幅完整的地形图,施工放样也是如此。但不论采用何种方法,使用何种仪器进行测量或放样,都会给其成果带来误差。为了防止测量误差的逐渐传递,累积增大到不能容许的程度,要求测量工作遵循在布局上"由整体到局部"、在精度上"由高级到低级"、在次序上"先控制后碎部"的原则。同时,测量工作必须进行严格的检核,故"前一步工作未做检核不进行下一步测量工作"是组织测量工作应遵循的又一个原则。

图1-10 地形和地形图示意图

二、控制测量的概念

遵循"先控制后碎部"的测量原则,就是先进行控制测量,测定测区内若干个具有控制意义的控制点的平面位置(坐标)和高程,作为测绘地形图或施工放样的依据。控制测量分为平面控制测量和高程控制测量。平面控制测量的方法有导线测量、三角测量及交会定点等,其目的是确定测区中一系列控制点的坐标 x、y;高程控制测量的方法有水准测量、光电测距、三角高程测量等,其目的是测定各控制点间的高差,从而求出各控制点的高程 H。如图 1-10 所示,在测区范围内选择 A、B、C、D、E、F 为平面控制点,由一系列控制点连接而成的几何网形,称为平面控制网。图中采用导线网,通过观测角度(β_A、β_B、β_C、β_D、β_E、β_F)、丈量距离(D_{AB}、D_{BC}、D_{CD}、D_{DE}、D_{EF}、D_{FA})并依据其中一个点(A)的平面直角坐标及一条直线(AB)的方向,通过计算求得各点坐标 x、y。同时,由测区内某一已知高程的水准点开始,经过 A、B、C、D、E、F 等控制点构成闭合水准路线,进行水准测量和计算,从而求得这些控制点的高程 H。

三、碎部测量的概念

在控制测量的基础上可以进行碎部测量。在普通测量工作中,碎部测量常采用平板仪测绘法或经纬仪测绘法。图 1-10(a)所示为用经纬仪测绘法进行碎部测量。在控制点 A 上安置经纬仪,利用另外一个已知点 B 定向。测绘道路、桥梁、房屋等地物时,用经纬仪观测 A 点分别至房屋角点 I、J、K 的方向与 AB 方向的夹角,及 A 点至 I、J、K 各点的距离,根据角度和距离在图板的图纸上用量角器和直尺按比例尺标绘出房屋角点 I、J、K 等的平面位置,同时还可求得这些点的高程,辅以其他观测数据,依据地形图图式中规定的符号即可绘出各种地物的图上位置。虽然地貌的地势起伏变化复杂,但仍可看成由许多不同方向、不同坡度的平面相交而成的几何面。相邻平面的交线就是方向变化线和坡度变化线,只要确定出这些方向变化线和坡度变化线交点的平面位置和高程,地貌的形状和大小的基本情况也就反映了出来。因此,不论地物或地貌,它们的形状和大小都是由一些特征点的位置所决定的。这些特征点也称碎部点。测图主要是测定这些碎部点的平面位置和高程。

四、施工放样的概念

施工放样(测设)是指把图上设计的建(构)筑物位置在实地标定出来,作为施工的依据。为了使地面上标定出的建筑物点位成为一个有机联系的整体,施工放样同样需要遵循"先控制后碎部"的基本原则。

如图 1-10(b)所示,在控制点 A、F 附近设计的建筑物 P,施工前需在实地测设出它们的位置。根据控制点 A、F 及建筑物的设计坐标,可求出水平角 β_1、β_2 和水平距离 D_1、D_2,然后分别在控制点 A、F 上用仪器定出水平角 β_1、β_2 所指的方向,并沿这些方向量出水平距离 D_1、D_2,在实地定出 1、2 等点,据此可进行建筑物 P 的详细测设。同样,根据施工控制点的已知高程和建(构)筑物的图上设计高程,可用水准测量方法测设出建(构)筑物的设计高程。

思考题

1. 测量学的基本任务是什么？
2. 什么叫水平面？什么叫水准面？什么叫大地水准面？它们有何区别？
3. 什么叫绝对高程（海拔）？什么叫相对高程？什么叫高差？
4. 表示地面点位有哪几种坐标系统？各有什么用途？
5. 测量学中的平面直角坐标系和数学上的平面直角坐标系有何不同？为何这样规定？
6. 长春市的大地经度为 $125°19'$，试计算它所在 $6°$ 带的带号，以及中央子午线的经度。
7. 测量的基本要素有哪些？
8. 对于水平距离和高差而言，在多大的范围内可用水平面代替水准面？
9. 测量工作的基本原则是什么？

第二章 水准测量

测量地面点高程的工作称为高程测量。按使用仪器和施测方法的不同,高程测量分为水准测量、三角高程测量、气压高程测量、GPS方法等几种。水准测量是高程测量中精度最高和最常用的一种方法,被广泛应用于高程控制测量和土木工程测量。

第一节 水准测量原理

水准测量是利用水准仪提供一条水平视线,借助水准尺测定地面两点间的高差,从而由已知点高程及测得的高差求得待测点的高程。

如图2-1所示,欲测定A、B两点的高差h_{AB},可在两点间安置水准仪,在两点上分别竖立水准尺,利用水准仪提供的水平视线,分别读取A点水准尺上的读数a和B点水准尺的读数b,则A、B两点的高差为

$$h_{AB} = a - b \tag{2-1}$$

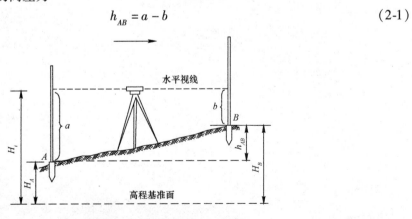

图2-1 水准测量原理

水准测量方向是由已知点开始向待测点方向进行。在图2-1中,称已知点A为后视点,A尺上的读数a为后视读数;称待测点B为前视点,B尺上的读数b为前视读数。

若已知 A 点的高程为 H_A，则 B 点的高程为

$$H_B = H_A + h_{AB} = H_A + (a - b) \tag{2-2}$$

还可通过仪器的视线高程 H_i 计算 B 点的高程，即

$$\left.\begin{array}{r} H_i = H_A + a \\ H_B = H_i - b \end{array}\right\} \tag{2-3}$$

式（2-2）直接用高差计算 B 点高程，称为高差法；式（2-3）利用仪器的视线高程 H_i 计算 B 点高程，称为仪高法。

第二节　水准仪和水准尺

一、DS3 微倾式水准仪

水准测量使用的仪器为水准仪，按精度分，有 DS05、DS1、DS3、DS10 等几个等级。D、S 分别为"大地测量""水准仪"的汉语拼音的第一个字母；05、1、3、10 表示仪器的精度。如 DS3，表示该级水准仪进行水准测量每千米往、返测高差精度为 ±3 mm。DS3 级水准仪是土木工程测量中常用的仪器。

水准仪由望远镜、水准器和基座三部分组成。图 2-2 所示是我国生产的 DS3 级微倾式水准仪。

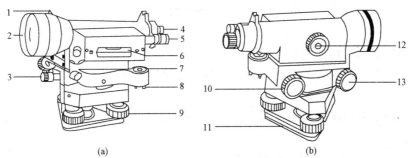

图 2-2　DS3 微倾式水准仪

1—准星；2—物镜；3—制动螺旋；4—目镜；5—符合水准器放大镜；
6—水准管；7—圆水准器；8—圆水准器校正螺旋；9—脚螺旋；10—微倾螺旋；
11—三角形底板；12—对光螺旋；13—微动螺旋

1. 望远镜

望远镜的作用是使观测者看清不同距离的目标，并提供一条照准目标的视线。

图 2-3 所示是 DS3 级水准仪望远镜的构造图，其主要由物镜、镜筒、调焦透镜、十字丝分划板、目镜等部件构成。物镜、调焦透镜和目镜采用复合透镜组。物镜固定在物镜筒的前端，调焦透镜通过调焦螺旋可沿光轴在镜筒内前后移动。十字丝分划板是安装在物镜和目镜之间的一块平板玻璃，上面刻有相互垂直的细线，称为十字丝。中间横的一条称为中丝（或横丝），与中丝平行的上、下两根短丝称为视距丝，用来测量距离。十字丝分划板通过压环安装在分划板座上，套入物镜筒后再通过固定螺钉与镜筒固连。

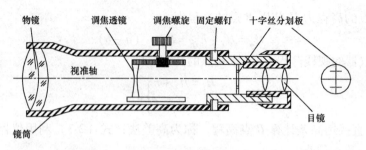

图 2-3　望远镜构造

物镜光心与十字丝中心交点的连线称为视准轴。视准轴是水准测量中用来读数的视线。

望远镜成像原理如图2-4所示，目标 AB 经过物镜和调焦透镜的作用后，在十字丝平面上形成一个倒立缩小的实像 ab。人眼通过目镜的作用，可看清同时放大了的十字丝和目标影像 ab。

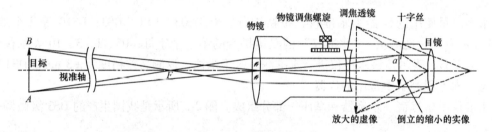

图 2-4　望远镜成像原理

通过目镜所看到的目标影像的视角 β 与未通过望远镜直接观察该目标的视角 α 之比，称为望远镜的放大率，即放大率 $V=β/α$。DS3 级水准仪望远镜的放大率为 28 倍。

2. 水准器

水准器是用来表示视准轴是否水平或仪器竖轴是否铅直的装置。水准器有管水准器和圆水准器两种。

（1）管水准器。管水准器也称水准管，是纵向内壁琢磨成圆弧形的玻璃管，管内装满乙醇和乙醚的混合液，加热融闭冷却后，在管内形成一个气泡，如图 2-5（a）所示。水准管圆弧中点 O 称为水准管的零点。通过零点与圆弧相切的直线 LL'，称为水准管轴。当气泡中心与零点重合时，称气泡居中，这时水准管轴处于水平位置；若气泡不居中，则水准管轴处于倾斜位置。水准管圆弧形表面上 2 mm 弧长所对的圆心角 τ 称为水准管分划值，即气泡每移动一格时，水准管轴所倾斜的角值，如图 2-5（b）所示。该值为

$$\tau = \frac{2}{R}\rho \tag{2-4}$$

式中　τ——水准管分划值，″；

　　　R——水准管的圆弧半径，mm；

　　　ρ——弧度的秒值，ρ=206 265″。

水准管分划值的大小反映了仪器整平精度的高低。水准管半径越大，分划值越小，其灵敏度（整平仪器的精度）越高。DS3 级水准仪的水准管分划值为 20″/（2 mm）。

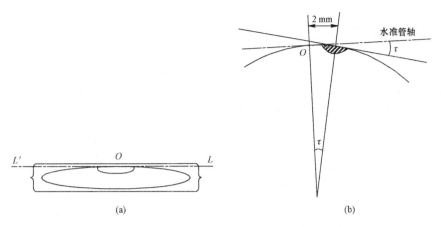

图 2-5　水准管及其分划值

为了提高人眼观察水准管气泡居中的精度，微倾式水准仪在水准管的上方安装一组符合棱镜系统，如图 2-6（a）所示，借助于棱镜的反射作用，把气泡两端的影像折射到望远镜旁的观察窗内，当气泡两端的影像合成一个圆弧时，表示气泡居中；若两端影像错开，则表示气泡不居中，可转动微倾螺旋使气泡影像吻合，如图 2-6（b）、（c）所示。这种水准器称为符合水准器。

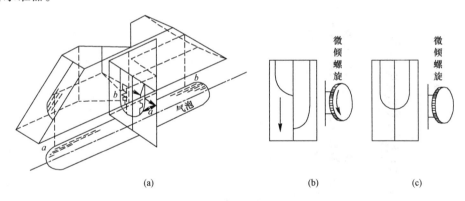

图 2-6　符合水准器

（2）圆水准器。如图 2-7 所示，圆水准器是一个圆柱形玻璃盒，其顶面内壁为球面，球面中央有一个圆圈。其圆心称为圆水准器的零点。通过零点所作球面的法线，称为圆水准器轴。当气泡居中时，圆水准器轴就处于铅直位置。圆水准器的分划值是指通过零点及圆水准器轴的任一纵断面上 2 mm 弧长所对的圆心角。DS3 级水准仪圆水准器分划值一般为 8′（2 mm）。

3. 基座

基座主要由轴座、脚螺旋和连接板组成。

仪器上部通过竖轴插入轴座内，由基座承托。整个仪器用连接螺旋与三脚架连接。

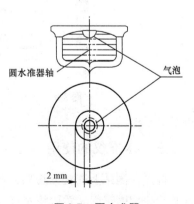

图 2-7　圆水准器

二、水准尺和尺垫

1. 水准尺

常用的水准尺有塔尺和双面尺两种,用优质木材或玻璃钢制成,如图2-8所示。

塔尺由几节套接而成,如图2-8(a)所示,不用时把上面各节都套在最下一节之内,其长度有2 m、3 m和5 m等几种。尺的底部为零刻划,尺面以黑白相间的分划刻划,每格高1 cm,也有的为0.5 cm,分米处注有数字,大于1 m的数字注记加注红点或黑点,点的个数表示米数。塔尺携带方便,但在连接处常会产生误差,一般用于精度较低的水准测量。

双面尺也叫直尺或板尺,如图2-8(b)所示,尺长多为3 m,尺的双面均有刻划,一面为黑白相间,称为黑面尺(也称基本分划),尺底端起点为零;另一面为红白相间,称为红面尺(也称辅助分划),尺底端起点是一个常数。双面尺一般成对使用,单号尺常数为4 687 mm,双号尺常数为4 787 mm。利用黑、红面尺零点相差的常数可对水准测量读数进行检核。双面尺用于三、四等精度以下的水准测量。

2. 尺垫

水准测量中经常需要设置一系列转点,为防止在观测过程中水准尺下沉而影响读数,应在转点处放置尺垫,如图2-9所示。尺垫一般由三角形铸铁制成,上面有一个凸起的半圆球,水准尺立于尺垫的半圆球顶上。尺垫下面有三个尖脚,以便踏入土中使其稳定。

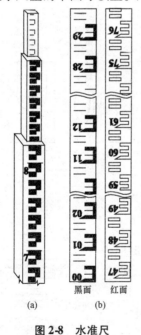

图 2-8 水准尺

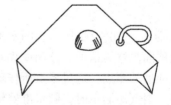

图 2-9 尺垫

三、水准仪的使用

首先在测站上安置三脚架,调节架腿长短,使架头高度适中,目估,使架头大致水平,拧紧架腿伸缩螺旋。然后将水准仪用连接螺旋安装在三脚架上,安装时,应用手扶住仪器,以防仪器从架头上滑落。

进行水准测量的操作程序为粗平、瞄准、精平、读数。

1. 粗平

粗平是调节仪器脚螺旋使圆水准器气泡居中，以达到水准仪的竖轴铅直，视线大致水平的目的。具体的操作方法是：先将三脚架两条架腿的铁脚踩入土中，观测者操纵第三条架腿前、后、左、右移动，直到圆水准器气泡基本居中时，固定这条架腿，然后调节三个脚螺旋使气泡完全居中。如图2-10所示，中间为圆水准器。首先用双手按图2-10（a）所示箭头所指的方向转动脚螺旋1、2，使气泡移动到这两个脚螺旋方向的中间，再按图2-10（b）中箭头所指的方向，用左手转动脚螺旋3，使气泡居中。水准器气泡移动的方向始终与左手大拇指转动脚螺旋的方向一致。按上述方法反复调整脚螺旋，能使圆水准器气泡完全居中。

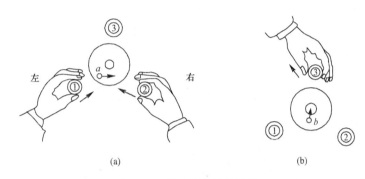

图2-10 圆水准器气泡整平

2. 瞄准

瞄准就是通过望远镜镜筒外的缺口和准星瞄准水准尺，使镜筒内能清晰地看到水准尺和十字丝。具体的操作方法是：先转动目镜对光螺旋，使十字丝的成像清晰，然后放松制动螺旋，用望远镜镜筒外的缺口和准星瞄准水准尺，粗略地瞄准目标，当在望远镜内看到水准尺影像时，固定制动螺旋；进行物镜调焦，看清水准尺的影像，转动微动螺旋，使十字丝纵丝对准水准尺的中间稍偏一点，以便读数。

在物镜调焦后，眼睛在目镜后上下做少量移动，有时出现十字丝与目标影像的相对运动，这种现象称为视差。产生视差的原因是目标影像与十字丝平面不重合，如图2-11（a）所示。视差的存在将影响观测结果的准确性，应予消除。消除视差的方法是仔细地反复进行目镜和物镜调焦，直至目标影像与十字丝平面复合，如图2-11（b）所示。

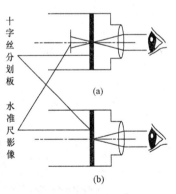

图2-11 视差现象
（a）存在视差；（b）没有视差

3. 精平

精平就是调节微倾螺旋，使符合水准器气泡居中，即让目镜左边观察窗内的符合水准器的气泡两个半边影像完全吻合，这时视准轴处于精确水平位置。由于气泡移动有惯性，所以转动微倾螺旋的速度不能太快。只有符合水准器气泡两端影像完全吻合而又稳定不动后，气泡才居中。每次在水准尺上读数之前都应进行精平。

4. 读数

符合水准器气泡居中后，即可读取十字丝横丝在水准尺上的读数。读数时要按由小到大的方向，先用十字丝横丝估读出毫米数，再读厘米、分米、米数，如图 2-12 所示。

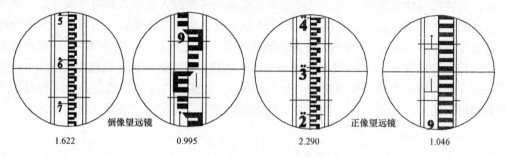

图 2-12　水准尺读数

第三节　水准测量的外业

一、水准点

为了统一全国的高程系统和满足各种测量的需要，测绘部门在全国各地埋设并用水准测量的方法测定了很多高程点，这些点称为水准点。水准点的标志有永久性和临时性两种。国家等级水准点如图 2-13（a）所示，一般用石料或钢筋混凝土制成，深埋在地面冻土线以下。在标石的顶面设有不锈钢或其他不易腐蚀材料制成的半球形标志。有些水准点也可设置在稳定建筑物的墙脚上，称为墙脚水准点，如图 2-13（b）所示。

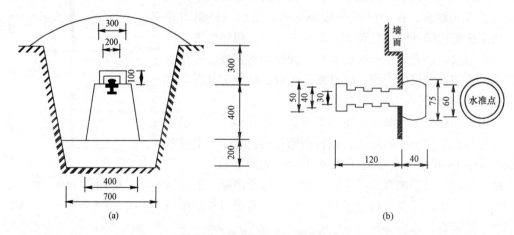

图 2-13　国家等级永久性水准点

土木工程施工中的永久性水准点一般用混凝土或钢筋混凝土制成，其式样如图 2-14（a）所示。临时性水准点可用地面上突出的坚硬岩石、房屋墙脚或用大木桩打入地下，木桩顶钉入半球形铁钉，如图 2-14（b）所示。

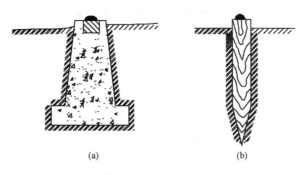

图 2-14 一般水准点

埋设水准点后，应绘出水准点与附近固定的建筑物或其他地物的关系图，在图上还要写明水准点的编号和高程，称为点之记，以便于日后寻找水准点位置时使用。水准点的编号前通常加"BM"字样，作为水准点的代号。永久性水准点测量标志受到法律的保护，我国早已出台了《测量标志保护条例》，对测量标志保护的基本原则和要求进行了规定。

二、水准测量的实施

当已知水准点与待测高程点的距离较远或两点间的高差很大，安置一次仪器无法测到两点间的高差时，就需要把两点间分成若干段，连续安置仪器测出每段高差，然后依次推算高差和高程。

如图 2-15 所示，水准点 BM_A 的高程为 200.221 m，现测定 B 点高程，施测步骤如下：

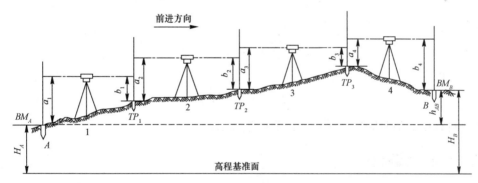

图 2-15 水准测量施测

在离 A 点适当的距离处选定 TP_1，在 A、TP_1 两点上分别竖立水准尺。在距 A 点和 TP_1 点大致等距离处安置水准仪，瞄准后视点 A，精平后读得后视读数 a_1 为 1.264，记入水准测量手簿（表 2-1）。旋转望远镜瞄准前视点 TP_1，精平后读得前视读数 b_1 为 0.856，记入水准测量手簿。

计算出 A、TP_1 两点高差为 +0.408。此为一个测站的工作。点 TP_1 的水准尺不动，将 A 点水准尺立于选定的 TP_2 点处，水准仪安置在 TP_1、TP_2 点之间，用与上述相同的方法测出 TP_1、TP_2 点的高差，依次测至终点 B。

表 2-1　水准测量手簿

日期：　　　　　　　　　　　　天气：　　　　　　　　　　　　小组：
仪器：　　　　　　　　　　　　观测：　　　　　　　　　　　　记录：

测站	测点	水准尺读数		高差		高程	备注
		后视读数 a	前视读数 b	+	-		
1	BM_A	1.264		+0.408		200.221	
	TP_1		0.856				
2	TP_1	1.008		+0.506			
	TP_2		0.502				
3	TP_2	1.366		+0.815			
	TP_3		0.551				
4	TP_3	0.554			-1.210	200.740	
	BM_B		1.764				
$\sum$		4.192	3.673	1.729	-1.210	+0.519	
		0.519		0.519			

每一测站可测得前、后两点间的高差，即

$$h_1 = a_1 - b_1$$
$$h_2 = a_2 - b_2$$
$$\vdots$$
$$h_4 = a_4 - b_4$$

将各式相加，得

$$h_{AB} = \sum h = \sum a - \sum b$$

B 点高程为

$$H_B = H_A + \sum h \tag{2-5}$$

施测过程中的临时立尺点是传递高程的过渡点，称为转点（简记为 TP）。

三、水准测量检核

1. 计算检核

从表 2-1 中可以看出，通过计算求和项，以式 $\sum a - \sum b = \sum h$ 可以检核高差计算的正确性；通过计算两点间高程之差，以式 $\sum h = H_B - H_A$ 可以检核高程计算的正确性。通过上述两步计算检核，表中各项计算的正确性得以保证。

2. 测站检核

计算检核可以检查出每站高差计算中的错误，但在每一测站的水准测量中，任何一观测数据出现错误，都将导致所测高差不正确。为保证观测数据的正确性，通常采用变动仪高法和双面尺法进行测站检核。

(1) 变动仪高法。在每一个测站上测出两点间高差后，改变仪器高度（变动 10 cm 以上）再测一次高差，若两次高差不超过容许值（如图根水准测量容许值为 ±6 mm），则取其平均值作为最后结果；若超过容许值需重测。

(2) 双面尺法。在一测站上，仪器高度不变，分别用黑面尺和红面尺测出两点间高差。若同一水准尺红面中丝读数与黑面中丝读数（加常数后）之差，以及红面高差与黑面高差之差均在容许值范围内（如图根级尺面差容许值为 ±4 mm，高差之差容许值为 ±6 mm），取平均值作为最后结果；否则重测。

3. 成果检核

测站检核能检核每一测站的观测数据是否存在错误，但有些误差，例如在转站时转点的位置被移动，测站检核是查不出来的。此外，如果每一测站的高差误差的符号出现一致性，随着测站数的增多，就有可能使高差总和的误差积累过大。因此，还必须对水准测量进行检核，其方法是将水准路线布设成如下几种形式：

(1) 闭合水准路线。如图 2-16（a）所示，从一已知高程的水准点 BM_1 开始，沿各待测高程点 1、2、3、4 进行水准测量，最后回到原水准点 BM_1，称为闭合水准路线。显然，路线上各点之间高差的代数和应等于零。由于实测高差存在误差，使各高差观测值代数和不等于零，其差值称为高差闭合差 f_h，即

$$f_h = \sum h \tag{2-6}$$

(2) 附合水准路线。如图 2-16（b）所示，从已知水准点 BM_2 出发，沿各待测高程点 1、2、3 进行水准测量，最后附合到另一个水准点 BM_3 上，称为附合水准路线。在附合水准路线中，各段高差代数和应等于两已知水准点间的高差。由于实测高差存在误差，两者之间不完全相等，其差值也称为高差闭合差 f_h，即

$$f_h = \sum h - (H_\text{终} - H_\text{始}) \tag{2-7}$$

式中　$H_\text{终}$——附合路线终点高程；

　　　$H_\text{始}$——附合路线起点高程。

(3) 支水准路线。如图 2-16（c）所示，从已知水准点 BM_4 出发，沿各待测高程点 1、2 进行水准测量，其路线既不闭合回到原来的水准点，也不附合到另外的水准点，称为支水准路线。支水准路线应进行往、返测量，往测高差总和应与返测高差总和的大小相等、符号相反。但实测值两者之间存在差值，即产生高差闭合差 f_h：

$$f_h = \sum h_\text{往} + \sum h_\text{返} \tag{2-8}$$

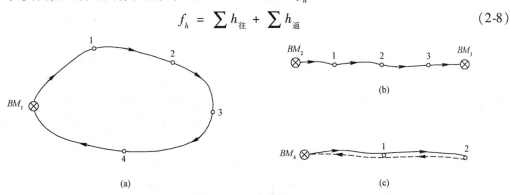

图 2-16　水准路线

高差闭合差是由各种因素产生的测量误差，故高差闭合差的数值应当在容许值范围内，否则应检查原因，返工重测。

图根水准测量高差闭合差容许值为

$$\text{平地} \quad f_{h容} = \pm 40\sqrt{L} \text{（mm）}$$
$$\text{丘陵} \quad f_{h容} = \pm 12\sqrt{n} \text{（mm）}$$

(2-9)

式中　L——水准路线总长，km；

　　　n——测站数总和。

第四节　水准测量成果计算

水准测量的外业工作结束后，要检查测量手簿，再计算各点间的高差。经检核无误后，才能进行水准测量的成果计算。首先要算出高差闭合差，它是衡量水准测量精度的重要指标。当高差闭合差在容许值范围内时，再对闭合差进行调整，求出改正后的高差，最后求出各待测水准点的高程。以上工作，称为水准测量的内业。

一、附合水准路线的成果计算

图 2-17 所示是根据水准测量手簿整理得到的观测数据，各测段高差和测站数如图所示。A、B 为已知高程水准点，1、2、3 为待测点。列表 2-2 进行高差闭合差的调整和高程计算。

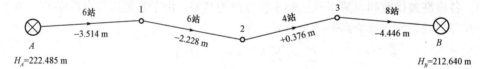

图 2-17　附合水准路线计算图

表 2-2　附合水准路线成果计算表

测　点	测站数	实测高差 /m	高差改正数 /m	改正后高差 /m	高　程 /m	备注
A					222.485	
	6	-3.514	-0.008	-3.522		
1					218.963	
	6	-2.228	-0.008	-2.236		
2					216.727	
	4	+0.376	-0.006	+0.370		
3					217.097	
	8	-4.446	-0.011	-4.457		
B					212.640	

续表

测 点	测站数	实测高差/m	高差改正数/m	改正后高差/m	高程/m	备注
$\sum$	24	-9.812	-0.033	-9.845		
辅助计算	$f_h = 33$ mm $f_{h容} = \pm 12\sqrt{24} = \pm 58$（mm）					

1. 高差闭合差计算

由式（2-7）计算得

$f_h = \sum h - (H_B - H_A) = -9.812 - (212.640 - 222.485) = 0.033$ (m) $= 33$ mm

按山地及图根水准精度要求计算高差闭合差容许值为

$$f_{h容} = \pm 12\sqrt{n} = \pm 12\sqrt{24} = \pm 58 \text{ (mm)}$$

$|f_h| < |f_{h容}|$，符合图根水准测量精度要求。

2. 高差闭合差调整

高差闭合差的调整是将其按与距离或与测站数成正比反符号分配到各测段高差中。
第 i 测段高差改正数 v_i 按下式计算：

$$v_i = -\frac{f_h}{n}n_i \tag{2-10}$$

或

$$v_i = -\frac{f_h}{L}L_i \tag{2-11}$$

式中　n——路线总测站数；

n_i——第 i 段测站数；

L——路线总长；

L_i——第 i 段路线长。

本例中按测站数计算各测段高差改正数，并填入表 2-2 相应项目中。

高差改正数的总和应与高差闭合差大小相等、符号相反，作为计算检核，即

$$\sum v_i = -f_h$$

各测段改正后高差为

$$h'_i = h_i + v_i$$

各测段改正后高差之和应与两已知点间高差相等，作为计算检核，即

$$\sum h'_i = H_B - H_A$$

3. 计算各点高程

用每段改正后的高差，由已知点 A 开始，逐点算出各点高程，列入表 2-2 中。由计算得到的 B 点高程 H'_B 应与 B 点的已知高程 H_B 相等，作为计算检核，即

$$H'_B = H_B$$

二、闭合水准路线的成果计算

闭合水准路线高差闭合差按式（2-6）计算，若闭合差在容许值范围内，按与上述附合水准路线相同的方法调整闭合差，并计算高程。

第五节　微倾式水准仪的检验与校正

水准仪的主要轴线有视准轴、水准管轴、仪器竖轴和圆水准器轴，以及十字丝横丝，如图2-18所示。为保证水准仪能提供一条水平视线，各轴线间应满足的几何条件是：

(1) 圆水准器轴平行于仪器竖轴；
(2) 十字丝横丝垂直于仪器竖轴；
(3) 水准管轴平行于视准轴。

水准测量作业前，应对水准仪进行检验，如不满足要求，应对仪器加以校正。

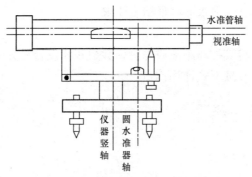

图 2-18　水准仪的主要轴线

一、圆水准器轴平行于仪器竖轴的检验与校正

1. 检验

安置仪器后，调节脚螺旋使圆水准器气泡居中，然后将望远镜绕竖轴旋转180°，此时若气泡仍居中，表示此项条件满足要求；若气泡不再居中，则应校正。

如图2-19所示，当圆水准器气泡居中时，圆水准器轴处于铅直位置，若圆水准器轴与竖轴不平行，使竖轴与铅垂线之间出现倾角 δ [图2-19（a）]。当望远镜绕倾斜的竖轴旋转180°后，仪器的竖轴位置并没有改变，而圆水准器轴转到了竖轴的另一侧。这时，圆水准器轴与铅垂线夹角为 2δ，则圆水准器气泡偏离零点，其偏离零点的弧长所对的圆心角为 2δ [图2-19（b）]。

2. 校正

根据上述检验原理，校正时，用脚螺旋使气泡向零点方向移动偏离量的一半，这时竖轴处于铅直位置 [图2-19（c）]。然后用校正针调整圆水准器下面的三个校正螺钉，使气泡居中。这时，圆水准器轴便平行于仪器竖轴 [图2-19（d）]。

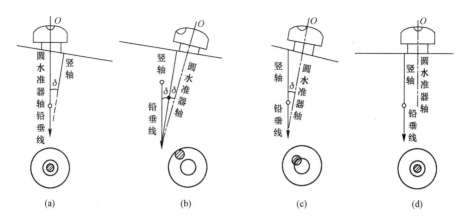

图 2-19 圆水准器轴的检验、校正原理

圆水准器下面的校正螺钉构造如图 2-20 所示。在拨动三个校正螺钉前，应先稍松一下固定螺钉，这样拨动校正螺钉时气泡才能移动。校正完毕后，必须把固定螺钉紧固。检验、校正必须反复数次，直到仪器转动到任何方向气泡都居中为止。

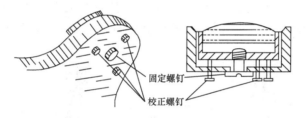

图 2-20 圆水准器校正螺钉

二、十字丝横丝垂直于仪器竖轴的检验与校正

1. 检验

水准仪粗略整平后，用十字丝横丝的一端瞄准点状目标，如图 2-21（a）中的 P 点，拧紧制动螺旋，然后用微动螺旋缓缓地转动望远镜。如图 2-21（b）所示，若 P 点始终在十字丝横丝上移动，说明此条件满足；若 P 点偏离横丝，表示条件不满足，需要改正。

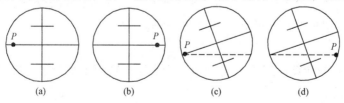

图 2-21 十字丝的检验

2. 校正

旋下靠目镜的十字丝环外罩，用螺钉旋具松开十字丝环的四个固定螺钉，如图 2-22 所示。按横丝倾斜的反方向转动十字丝环，直到满足要求为止，最后旋紧十字丝环固定螺钉。

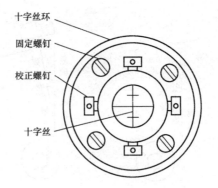

图 2-22 十字丝的校正

三、水准管轴平行于视准轴的检验与校正

1. 检验

如图 2-23 所示，在高差不大的地面上选择相距 80 m 左右的 A、B 两点，打入木桩或安放尺垫。将水准仪放在 A、B 两点的中点 C 处，用变动仪高法（或双面尺法）测出 A、B 两点水准尺读数 a_1、b_1 并计算高差，两次高差之差小于 3 mm 时，取其平均值 h_{AB} 作为最后结果。

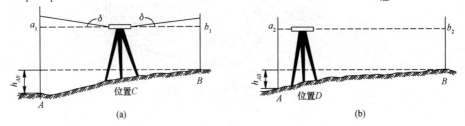

图 2-23 水准管轴平行于视准轴的检验

由于仪器距 A、B 两点等距离，从图 2-23 可看出，不论水准管轴是否平行于视准轴，在 C 处测出的高差 h_{AB} 都是正确的高差。

然后将水准仪搬到距 A 点（或 B 点）2~3 m 的 D 处，精平后分别读取 A 尺和 B 尺的中丝读数 a_2、b_2。因仪器距 A 很近，水准管轴不平行于视准轴引起的读数误差可忽略不计，则可计算出仪器在 D 处时，B 点尺上水平视线的正确读数为

$$b_2' = a_2 - h_{AB} \tag{2-12}$$

实际测出的 b_2 与计算得到的 b_2' 若相等，则表明水准管轴平行于视准轴；否则，两轴不平行，其夹角为 i 角。

由图 2-23 可知

$$i = \frac{b_2 - b_2'}{D_{AB}} \rho \tag{2-13}$$

DS3 级水准仪的 i 角不得大于 20″，否则应对水准仪进行校正。

2. 校正

水准管轴平行于视准轴的校正方法有两种，即校正水准管和校正十字丝。

(1) 校正水准管。仪器仍在 D 处,调节微倾螺旋,使中丝在 B 尺上的中丝读数为 b_2',这时视准轴处于水平位置,但水准管气泡不居中。用校正针拨动水准管一端的上、下两个校正螺钉,先松一个,再紧一个,将水准管一端升高或降低,使符合气泡吻合,如图 2-24 所示。此项校正要反复进行,直到 i 角小于 20″ 为止,再拧紧上、下两个校正螺钉。

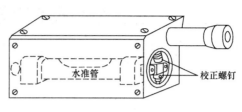

图 2-24 水准管的校正

(2) 校正十字丝。旋下十字丝环外罩,使水准管气泡保持居中,先松开左、右两个校正螺钉,再拨动上、下两个十字丝校正螺钉,先松一个,再紧一个,使十字丝横丝上、下移动,对准 B 尺上的正确读数 b_2',这样就满足了视准轴平行于水准管轴的条件。自动安平水准仪应使用该法进行校正。

第六节 三、四等水准测量

三、四等水准测量,除用于国家高程控制网的加密外,还常用作小地区的高程控制,以及工程建设地区内工程测量和变形观测的基本控制。三、四等水准网应从附近的国家高一级水准点引测高程。工程建设地区的三、四等水准点的间距可根据实际需要决定,一般为 1～2 km,应埋设普通水准标石或临时性水准点标志,也可利用埋石的平面控制点作为水准点。在厂区内则注意不要选在地下管线的上方,距离厂房或高大建筑物不小于 25 m,距振动影响区 5 m 以外,距回填土边界不小于 5 m。

一、技术要求

三、四等水准路线的布设,在加密国家控制点时,多布设成附合水准路线、结点网的形式;在独立测区作为首级控制时,应布设成闭合水准路线形式;而在山区、带状工程测区,可布设成附合水准路线、支水准路线形式。三、四等水准测量的主要技术要求详见表 2-3、表 2-4。

表 2-3 三、四等水准测量在测站上观测的主要容许误差

等级	路线长度 /km	水准仪	水准尺	观测次数		往返角差、闭合差	
				与已知点联测	附合或环线	平地/mm	山地/mm
三	45	DS1	因瓦	往、返各一次	往一次	$\pm 12\sqrt{L}$	$\pm 4\sqrt{n}$
		DS3	双面		往、返各一次		
四	15	DS1	因瓦	往、返各一次	往一次	$\pm 20\sqrt{L}$	$\pm 6\sqrt{n}$
		DS3	双面				
图根	8	DS3	双面	往、返各一次	往一次	$\pm 40\sqrt{L}$	$\pm 12\sqrt{n}$

注:1. 对于支水准路线,表中的 L 为水准点间的路线长度(km);
2. 计算附合或环线闭合差时,L 为附合或环线的路线长度(km);
3. 表中的 n 为相应的测站数

表 2-4 三、四等水准路线主要技术规定及容许误差

等级	视线长度 /m	视线高度/m	前后视距差 /m	前后视距累积差 /mm	红、黑面读数差 /mm	红、黑面高差之差 /mm
三	65	0.3	3.0	6.0	2.0	3.0
四	80	0.2	5.0	10.0	3.0	5.0
图根	100				4.0	6.0

当进行四等、图根水准观测，采用单面尺变动仪高法时，两次观测两高差之差，应与黑、红面所测高差之差的要求相同。

二、施测方法

三、四等水准测量的观测应在通视良好、成像清晰稳定的情况下进行。下面分别介绍双面尺法和变动仪高法的观测顺序。

1. 双面尺法

（1）每一测站的观测顺序。照准后视尺黑面，使管水准器气泡居中（精平），读取下、上丝读数（1）、（2），读取中丝读数（3）。

照准前视尺黑面，精平，读取下、上丝读数（4）和（5），读取中丝读数（6）。

照准前视尺红面，精平，读取中丝读数（7）。

照准后视尺红面，精平，读取中丝读数（8）。

以上（1），（2），…，（8）表示观测与记录的顺序，见表 2-5。

表 2-5 三（四）等水准测量观测手簿

测段：A~B　　　　　日期：2001 年 9 月 15 日　　　　仪器：北光 648547
开始：7 时 05 分　　　天气：晴、微风　　　　　　　观测者：丁一
结束：8 时 12 分　　　成像：清晰稳定　　　　　　　记录者：李木子

测站编号	点号	后尺 下丝 上丝 后视距离 前、后视距差/m	前尺 下丝 上丝 前视距离 视距累积差/m	方向及尺号	中丝水准尺读数 /mm 黑面	中丝水准尺读数 /mm 红面	K+黑－红 /mm	平均高差/m	备注
		(1) (2) (9) (11)	(4) (5) (10) (12)	后 前 后－前	(3) (6) (15)	(8) (7) (16)	(14) (13) (17)	(18)	
1	A ~ TP_1	1 587 1 213 37.4 -0.2	0 755 0 379 37.6 -0.2	后 02 前 01 后－前	1 501 0 567 +0 934	6 287 5 255 +1 032	1 -1 +2	+0.933	
2	TP_1 ~ TP_2	2 111 1 737 37.4 -0.1	2 186 1 811 37.5 -0.3	后 01 前 02 后－前	1 924 1 999 -0 075	6 611 6 787 -0 176	0 -1 +1	-0.075 5	

续表

测站编号	点号	后尺 上丝 后尺 下丝 后视距离 前、后视距差/m	前尺 上丝 前尺 下丝 前视距离 视距累积差/m	方向及尺号	中丝水准尺读数/mm 黑面	中丝水准尺读数/mm 红面	K+黑-红/mm	平均高差/m	备注
3	TP_2 ~ TP_3	1 916 1 541 37.5 -0.2	2 057 1 680 37.7 -0.5	后02 前01 后-前	1 738 1 878 -0 140	6 525 6 565 -0 040	0 0 +2	-0.140	
4	TP_3 ~ TP_4	1 945 1 680 26.5 -0.2	2 121 1 854 26.7 -0.7	后01 前02 后-前	1 812 1 987 -0 175	6 499 6 773 -0 274	0 +1 -1	-0.174 5	
5	TP_4 ~ B	0 675 0 237 43.8 +0.2	2 902 2 466 43.6 -0.5	后02 前01 后-前	0 366 2 584 -2 218	5 154 7 271 -2 117	-1 0 -1	-2.217 5	

这样的观测顺序简称为"后—前—前—后",其作用是减弱仪器下沉误差的影响。四等水准测量每站观测顺序也可为"后—后—前—前"。

(2) 测站计算与检核。首先将观测数据 (1)、(2)、…、(8) 按表 2-5 的形式进行记录。

①视距计算。

后视距离 (9) = 100 × [(1) - (2)]

前视距离 (10) = 100 × [(4) - (5)]

前、后视距差值 (11) = (9) - (10),三等水准测量不得超过 3 m,四等水准测量不得超过 5 m。

前、后视距累积差 (12) = 前站 (12) + 本站 (11),三等水准测量不得超过 6 m,四等水准测量不得超过 10 m。

②同一水准尺红、黑面读数的检核。同一水准尺红、黑面中丝读数之差,应等于该尺红、黑面的常数 K (4 687 或 4 787)。红、黑面中丝读数差按下式计算:

(13) = (6) + K - (7)

(14) = (3) + K - (8)

(13)、(14) 的大小,三等水准测量不得超过 2 mm,四等水准测量不得超过 3 mm。

③计算黑、红面高差。

(15) = (3) - (6)

(16) = (8) - (7)

(17) = (15) - (16) ± 100 = (14) - (13)(计算检核)。三等水准测量,(17) 不得超过 3 mm;四等水准测量,(17) 不得超过 5 mm。式内,100 为单、双号两根水准尺红面起点注记之差。

④计算平均高差。

$$(18) = \frac{1}{2} \{(15) + [(16) \pm 100]\}$$

(3) 每页计算的检核。

①高差部分。红、黑面后视总和减红、黑面前视总和应等于红、黑面高差总和，还应等于平均高差总和的两倍，即

$$\sum[(3)+(8)] - \sum[(6)+(7)] = \sum[(15)+(16)] = 2\sum(18)$$

上式适用于测站为偶数。

$$\sum[(3)+(8)] - \sum[(6)+(7)] = \sum[(15)+(16)] = 2\sum(18) \pm 100$$

上式适用于测站为奇数。

②视距部分。后视距总和与前视距总和之差应等于末站视距累积差，即

$$\sum(9) - \sum(10) = 末站(12)$$

检核无误后，算出总视距。

$$水准路线的总长度 = \sum(9) + \sum(10)$$

(4) 成果计算。在完成水准路线观测后，计算高差闭合差，经检核合格后，调整闭合差并计算各点高程。

2. 变动仪器高法

四等水准测量采用单面水准尺时，可用变动仪器高法进行检核。在每一测站上需变动仪器高度 0.1 m 以上，并分别读出两次后视读数和前视读数，计算出两次高差，其高差不得超过 5 mm。表 2-6 为变动仪器高法的记录格式。

表 2-6 四等水准测量记录

测站编号	点号	后尺 下丝 上丝 后视距 视距差 d	前尺 下丝 上丝 前视距 $\sum d$	中丝水准尺读数 后视	中丝水准尺读数 前视	高差 +	高差 −	平均高差/m	备注
1	BM_5 ~ ZD_1	1.681 1.307 37.4 −0.2	0.849 0.473 37.6 −0.2	1.494 1.372 0.661 0.541		0.833 0.831		+0.832	已知 BM_5 高程为：H_5 = 34.684 m
2	ZD_1 ~ ZD_2	1.142 0.658 48.4 +2.0	1.656 1.192 46.4 +1.8	0.901 0.763	1.424 1.284		0.523 0.519	−0.521	
⋮	⋮	⋮	⋮	⋮	⋮	⋮	⋮	⋮	

第七节　水准测量的误差分析

产生水准测量误差的原因主要有三方面，即仪器误差、观测误差和外界条件影响。研究这些误差是为了找出消除和减少这些误差的方法。

一、仪器误差

1. 仪器校正后的残余误差

水准仪经校正后，仍存在视准轴不平行于水准管轴的残余误差，此项误差与仪器至立尺点距离成正比。在测量中，使前、后视距离相等，在高差计算中就可消除该项误差的影响。

2. 水准尺误差

水准尺误差包括水准尺长度刻划误差、长度变化和零点误差等。不同精度等级的水准测量对水准尺有不同的要求，精密水准测量应对水准尺进行检定，并对读数进行尺长误差改正。在成对使用水准尺时，可采取设置偶数测站的方法来消除零点误差。

二、观测误差

1. 水准器气泡居中误差

水准器气泡居中误差是指由于水准管内液体与管壁的黏滞作用和观测者眼睛分辨能力的限制，致使气泡没有严格居中引起的误差。水准器气泡居中误差一般为 $\pm 0.15\tau$ （τ 为水准管分划值）。采用符合水准器时，气泡居中精度可提高一倍。故由气泡居中误差引起的读数误差为

$$m_\tau = \pm \frac{0.15\tau}{2\rho} D \tag{2-14}$$

式中　D——视线长。

2. 读数误差

读数误差是指观测者在水准尺上估读毫米数的误差，与人眼分辨能力、望远镜放大率以及视线长度有关，通常按下式计算：

$$m_V = \frac{60''}{V} \cdot \frac{D}{\rho} \tag{2-15}$$

式中，V 为望远镜放大率；$60''$ 为人眼分辨的最小角度。

为保证读数精度，各等级水准测量对仪器望远镜的放大率和最大视线长度都有相应规定。

3. 视差影响

视差对水准尺读数会产生较大误差，操作中应仔细进行目镜、物镜调焦，避免出现视差。

4. 水准尺倾斜

水准尺倾斜会使读数增大，其误差大小与尺倾斜的角度和在尺上的读数大小有关。例如，尺子倾斜 3°，视线在尺上读数为 2 m 时，会产生约 3 mm 的读数误差。因此，在测量过程中，要认真扶尺，尽可能保持尺上水准器气泡居中，将尺立直。

三、外界条件影响

1. 地球曲率差的影响

如图 2-25 所示，水准测量时，水平视线在尺上的读数 b 理论上应改算为相应水准面截于水准尺的读数 b'，两者的差值 c 称为地球曲率差：

$$c = \frac{D^2}{2R} \tag{2-16}$$

式中　D——视线长；

　　　R——地球半径，取 6 371 km。

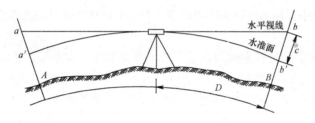

图 2-25　地球曲率差的影响

水准测量中，当前、后视距相等时，通过高差计算可消除该误差对高差的影响。

2. 大气折光差的影响

由于地面上空气密度不均匀，光线发生折射。因而水准测量中，实际的尺读数不是水平视线的读数，而是一向下弯曲视线的读数。两者之差称为大气折光差，用 γ 表示。

大气折光差约为地球曲率差的 1/7，即

$$\gamma = \frac{1}{7}c = 0.07\frac{D^2}{R} \tag{2-17}$$

这项误差也可以用前、后视距相等的方法来抵消和限制。精密水准测量应选择良好的观测时间（一般认为日出后或日落前两小时最好），并控制视线高出地面一定距离，以避免视线发生不规则折射引起的误差。

地球曲率差和大气折光差是同时存在的，对读数的共同影响可用下式计算：

$$f = c - \gamma = 0.43\frac{D^2}{R} \tag{2-18}$$

3. 阳光和风的影响

当强烈的日光照射水准仪时，仪器各部分受热不均匀，而引起形变，特别是水准器气泡因烈日照射而缩短，使观测产生误差，所以应撑伞保护仪器。大风可引起水准尺竖不直，使水准仪的水准器气泡不稳定，故应避免在大风天气进行水准测量。

4. 仪器下沉

仪器安置在土质松软的地方，在观测过程中会发生下沉。若观测程序是先读后视再读前视，显然前视读数比应读数减小了。用双面尺法进行测站检核时，采用"后—前—前—后"的观测程序，可减少其影响。此外，应选择坚实的地面做测站，并将脚架踏实。

5. 尺垫下沉

仪器搬站时，尺垫下沉会使后视读数比应读数大，所以转点也应选在坚实地面，并将尺垫踏实。

水准测量成果不符合精度要求，多数是由于测量人员疏忽大意造成的，为避免、消除、减弱各种误差的影响，水准测量时测量人员应认真执行水准测量规范，并应注意以下事项：

（1）读数时符合水准器气泡必须居中。

（2）读尺时注意不要误读整米数，或误把6读成9。

（3）未完成本站观测，立尺员不能将后视点上的尺垫碰动或拔起；前视点上的尺垫须在下一站观测完成前保持不动。

（4）用塔尺做水准测量时，应注意接头处连接是否正确，避免自动下滑未被发现。

（5）记录员应大声复诵观测者报出的数据，避免听错、记错，或错记前、后视读数位置。

（6）避免误把十字丝的上、下视距丝当作十字丝横丝在水准尺上读数。

第八节　几种典型的水准仪

一、精密水准仪

DS05级和DS1级水准仪属于精密水准仪。图2-26所示为我国北京光学仪器厂生产的DS1级精密水准仪。

1. 精密水准仪的特点

（1）设有精密可靠的测微设施。以DS1级精密水准仪为例，这种仪器的标尺读数可达0.01 mm。为实现这一读数精密度，精密水准仪具有如下特点：

①标尺稳定性好，刻划精密。与精密水准仪配套的是因瓦水准尺，如图2-27所示。标尺中间的木槽装有一条因瓦合金带，带的两边注有厘米刻划（或0.5 cm刻划），一边是基本分划，另一边是辅助分划。

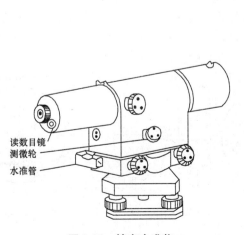

图 2-26　精密水准仪

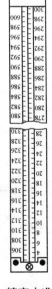

图 2-27　精密水准尺的读数

②水准仪设有光学测微器。测微器可直接读取 0.1 mm 读数。

③望远镜十字丝采用楔形十字丝分划。如图 2-28 所示,在放大倍率较大的望远镜视场中,用楔形十字丝分划能更精确地平分标尺分划线,提高读数精度。

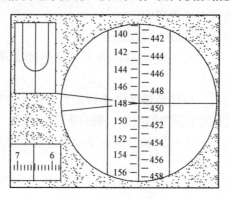

图 2-28 十字丝的检验

(2) 精确整平的灵敏度高的水准管。精密水准仪仍然采用符合水准器作为精确整平的装置,但其水准管分划值只有 10″/(2 mm)。

(3) 抗干扰能力强。为了避免外界环境的影响,水准仪的望远镜、符合水准器以及光学测微器均安装在防热筒内,避免阳光热辐射的影响。

2. 光学测微器的工作原理

图 2-29 所示是精密水准仪的平板玻璃测微器。在水准仪物镜后装有一可转动的平板玻璃,该平板玻璃通过连杆与测微轮、测微尺相连。测微尺有 100 个分格,对应水准尺上的分划值 1 cm,因此用测微尺能直接读取到 0.1 mm。

(1) 图 2-29 (a) 中,AB 是瞄准水准尺的水平视线,平板玻璃处于悬垂位置,视线垂直穿过平板玻璃。图 2-29 (b) 是水平视线在观测影像中楔形十字丝与水准尺刻划重合的情形。设测微尺指标的读数为零,此时楔形十字丝在标尺上的读数为 1.62 m + a,其中 a 是不足 1 cm 的读数。

(2) 图 2-29 (c) 中,转动测微轮使平板玻璃发生旋转,由此引起光线在平板玻璃中产生折射,导致水准尺的影像上、下移动。使楔形十字丝与水准尺上一个整分划精确重合,如图 2-29 (d) 中的 1.62 m。图中视线平移间隔为 a,a 的实际宽度是测微尺指标读数 26 格,即 0.26 cm。故水平视线在标尺的实际读数为 1.622 6 m。

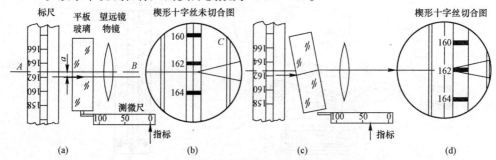

图 2-29 平板玻璃测微器工作原理

二、自动安平水准仪和激光扫平仪

1. 自动安平水准仪

图 2-30 所示是我国生产的 DSZ3 型自动安平水准仪。自动安平水准仪用设置在望远镜内的自动补偿器代替水准管，观测时，只需将仪器粗略整平，便可进行中丝读数。由于省略了"精平"，从而简化了操作，提高了观测速度。

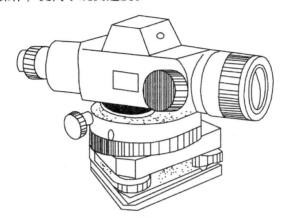

图 2-30 DSZ3 型自动安平水准仪

（1）自动安平的基本原理。如图 2-31 所示，视准轴水平时在水准尺上的读数为 a_0，当视准轴倾斜一个小角度 α，这时视准轴读数为 a，为了使十字丝横丝仍为水平视线的读数 a_0，在望远镜的光路上加一个补偿器 K，使通过物镜中心的水平视线经过补偿器的光学元件后偏转一个 β 角，仍成像在十字丝中心。由于 α、β 都是很小的角值，如能满足

$$f\alpha = d\beta \tag{2-19}$$

即能达到补偿的目的。式中，d 为补偿器到十字丝的距离，f 为物镜到十字丝的距离。

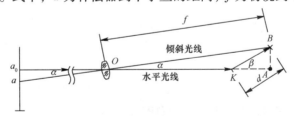

图 2-31 自动安平基本原理

（2）补偿器结构及原理。补偿器的结构形式较多。图 2-30 所示的 DSZ3 型自动安平水准仪采用悬吊棱镜组，借助重力作用达到补偿的目的。图 2-32 所示为该仪器的补偿结构及工作原理。补偿器装在调焦透镜和十字丝分划板之间，其结构是将一个屋脊棱镜固定在望远镜筒上，在屋脊棱镜下方用交叉金属丝悬吊着两块直角棱镜。当望远镜有微小倾斜时，直角棱镜在重力作用下，与望远镜做相反的偏转。空气阻尼器的作用是使与其固定在一起并悬吊着的两块直角棱镜迅速稳定下来。

当视准轴水平时，水平光线进入物镜后经过第一个直角棱镜反射到屋脊棱镜上，在屋脊棱镜内做三次反射后，到达另一个直角棱镜，再反射一次到达十字丝交点。

图 2-32（a）所示是视线倾斜 α 角，直角棱镜也随之倾斜 α 角，这时补偿器未发挥作用，水平光线进入第一个棱镜后，沿虚线前进，最后反射出的水平视线并不通过十字丝交点 A，而是通过 B。如图 2-32（b）所示，当直角棱镜在重力作用下，相对望远镜反向倾斜 α 角（仍保持铅直悬挂状态），这时水平光线经过第一个直角棱镜后产生 $2α$ 的偏转，再经过屋脊棱镜并做三次反射，到达另一个直角棱镜后又产生 $2α$ 的偏转，水平光线通过补偿器产生两次偏转的和为 $β=4α$。将 $β=4α$ 代入式（2-19）得

$$d = \frac{f}{4} \tag{2-20}$$

即将补偿器安置在距十字丝 $f/4$ 处，可使水平视线的读数正好落在十字丝交点上，从而达到自动安平的目的。

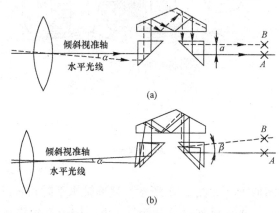

图 2-32 补偿器结构及工作原理

（3）自动安平水准仪的使用。使用自动安平水准仪观测时，在安置好仪器、将圆水准器气泡居中后，在望远镜内的警告指示窗全部呈绿色后，即可照准水准尺，直接读出水准尺读数。

使用自动安平水准仪前应检查补偿器是否失灵，在圆水准器气泡居中后，转动脚螺旋，在望远镜观察窗中出现红色，反转脚螺旋红色能消除，或目标影像在移动后又迅速回到初始位置，说明补偿器工作正常。

2. 激光扫平仪

激光扫平仪是一种新型的自动安平平面的定位仪器。这种仪器根据安置在仪器内的激光器发射橙红色激光束进行扫描，从而形成一个可见的激光水平面，用专用的测尺可测定任意点的高程，特别适用于施工测量中各垫层或层面的抄平工作。

图 2-33 所示是我国生产的 SJZ1 型自动安平激光扫平仪。仪器内的自动安平装置保证经过出射棱镜发出的激光束处于水平状态；出射棱镜在电机的驱动下快速旋转，连续地扫描出可见的激光水平面。该仪器一经安置好，就无须人工继续操作，能提高工效及整体精度。

图 2-33 SJZ1 型自动安平激光扫平仪

三、电子水准仪

图 2-34 所示为徕卡公司的 NA2002 型电子水准仪。它利用影像处理技术自动读取高差和距离，并自动进行数据记录，可与计算机通信。电子水准仪以其可靠的观测精度、简单的观测方法、方便的数据记录与通信能力得到了日益广泛的应用。

图 2-34　NA2002 型电子水准仪

电子水准仪采用如图 2-35 所示的条形码尺与之配合使用。观测时，如图 2-36 所示，标尺上的条形码由望远镜后的数码相机接收，将采集到的标尺编码光信号转换成电信号，处理器将之与仪器内部存储的标尺编码信号进行比较，从而得到视距和中丝读数，显示在液晶窗中。

电子水准仪操作简单，在粗略整平仪器并瞄准目标后，按下测量键后 3~4 s 即得到中丝读数和视距；即使标尺倾斜、调焦不很清晰也能观测，仅观测速度略受影响；受大气抖动的影响也比传统水准仪要小；观测中条形码尺被局部遮挡小于 30%，仍可进行观测。如果在隧道或夜间观测采用人工照明时，要求光源的光谱分布与日光相似。

图 2-35　条形码尺

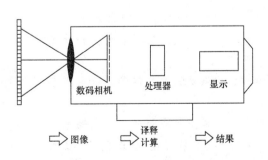

图 2-36　电子水准仪原理示意图

思考题

1. 什么是视准轴？什么是水准管轴？
2. 什么是视差？如何消除视差？
3. 水准仪的圆水准器和管水准器的作用有何不同？水准测量时，读完后视读数后转动望远镜瞄准前视尺时，圆水准器气泡和符合水准器气泡都有少许偏移（不居中），这时应如何调整仪器才能读前视读数？
4. 水准测量测站检核的作用是什么？有哪几种方法？
5. 设 A 为后视点，B 为前视点，A 点高程为 200.005 m，当后视读数为 1.364 m，前视读数为 1.584 m，问 A、B 两点高差是多少？B 点比 A 点高还是比 A 点低？B 点高程是多少？并绘图说明。
6. 表 2-7 为图根级附合水准路线观测成果，按路线长度调整闭合差，并计算各点高程。

表 2-7 观测成果手簿

测点	路线长度/m	实测高差/m	高差改正数/m	改正后高差/m	高程/m	备注
A					189.845	
	450	2.714				
1						
	621	−1.483				
2						
	462	−3.678				
3						
	639	3.031				
B					190.476	
Σ						
辅助计算	$f_h =$ $f_{h容} =$					

7. 图 2-37 所示为图根级闭合水准路线的观测成果，按测站数调整闭合差，并计算出各点的高程。

8. 水准仪应满足哪些几何条件？主要条件是什么？为什么？

9. 在检验、校正水准管轴与视准轴是否平行时，将仪器安置在相距 60 m 的 A、B 两点的中间，A 尺读数 $a_1 = 1.573$ m，B 尺读数

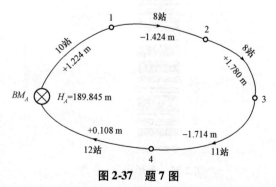

图 2-37 题 7 图

$b_1 = 1.215$ m。将仪器搬到靠近 A 尺处,得 A 尺读数 $a_2 = 1.432$ m,B 尺读数 $b_2 = 1.066$ m。回答下列问题:

(1) A、B 两点间正确高差为多少?

(2) 视准轴与水准管轴的夹角 i 为多少?

(3) 如何将视线调水平?

(4) 如何使仪器满足水准管轴平行于视准轴?

10. 如何判断自动安平水准仪的补偿器是否处于正常状态?

11. 精密水准仪和普通水准仪的主要区别是什么?

12. 水准测量中产生误差的原因有哪些?

13. 水准测量中,采用前、后视距相等可以消除哪些误差?

第三章 角度测量

第一节 角度测量原理

确定地面点位一般要进行角度测量,角度测量包括水平角测量和竖直角测量。

一、水平角测量原理

一点到两目标的方向线垂直投影在水平面上所成的角称为水平角。如图 3-1 所示,A、O、B 为地面上任意三点。将此三点沿铅垂线方向投影到同一水平面 P 上,得到 A'、O'、B' 三点。水平面上 $O'A'$ 与 $O'B'$ 之间的夹角即地面上 OA 和 OB 两方向之间的水平角。换言之,地面上任意两方向之间的水平角就是通过这两个方向的竖直面的二面角。

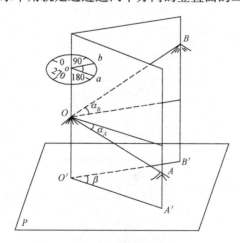

图 3-1 角度测量原理

为了测出水平角的大小,设在 O 点水平地放置一个度盘,度盘的刻度中心 o 通过两竖直面的交线,也就是使 o 位于 O 点的铅垂线上。

过 OA 和 OB 的两竖直面与度盘的交线在度盘上的读数分别为 a 和 b,如果度盘注记是顺时针注记的,则水平角

$$\beta = a - b \tag{3-1}$$

二、竖直角测量原理

在同一竖直面内,视线方向与水平线的夹角称为倾角或竖直角,用 α 表示。当视线方向位于水平线之上,竖直角为正值,称为仰角;反之,竖直角为负值,称为俯角。

在竖直面内,竖直方向 $O'O$ 与某一方向线的夹角,称为天顶距,用 z 表示。天顶距与竖直角的关系为

$$\alpha = 90° - z \tag{3-2}$$

为了测定竖直角,可在 O 点上放置竖直度盘,视线方向与水平线在竖直度盘上的读数之差,即所求的竖直角。

第二节 光学经纬仪

经纬仪是角度测量的重要仪器。早期的经纬仪为使用金属度盘的游标经纬仪,目前使用最为广泛的是采用光学度盘和光学测微装置的光学经纬仪。采用光电数字技术代替光学度盘的电子经纬仪正在迅速发展、普及。工程上常用的光学经纬仪,按其精度分有 DJ6、DJ2 两类。"D""J"为"大地测量""经纬仪"的汉语拼音的第一个字母,"6""2"表示该种仪器野外一测回方向观测值中误差不超过 6″和 2″,DJ6、DJ2 亦可简写为 J6、J2。

一、光学经纬仪的基本构造

光学经纬仪的构造大致相同。图 3-2、图 3-3 所示分别为 DJ6、DJ2 级光学经纬仪。

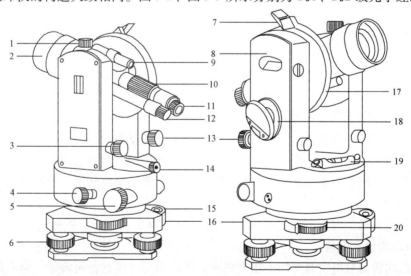

图 3-2 DJ6 级光学经纬仪

1—望远镜制动螺旋;2—望远镜物镜;3—望远镜微动螺旋;4—水平制动螺旋;5—水平微动螺旋;
6—脚螺旋;7—竖盘水准管观察镜;8—竖盘水准管;9—瞄准器;10—物镜调焦螺旋;11—望远镜目镜;
12—读数显微镜;13—竖盘水准管微动螺旋;14—光学对中器;15—圆水准器;16—基座;17—竖直度盘;
18—度盘照明镜;19—照准部水准管;20—水平度盘变换轮

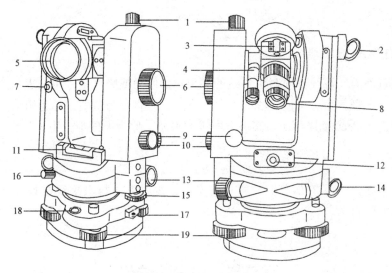

图 3-3 DJ2 级光学经纬仪

1—望远镜制动螺旋；2—竖盘反光镜；3—瞄准器；4—读数目镜；5—望远镜物镜；
6—测微轮；7—竖盘自动归零旋钮；8—望远镜目镜；9—望远镜微动螺旋；10—度盘换向手轮；
11—照准部水准管；12—光学对中器；13—水平微动螺旋；14—水平度盘反光镜；15—水平度盘变换轮；
16—水平制动螺旋；17—仪器锁定钮；18—圆水准器；19—脚螺旋

经纬仪主要由照准部、水平度盘和基座三部分组成。

1. 照准部

照准部是基座上方能够转动部分的总称，包括望远镜、竖直度盘、水准器、读数设备等。

望远镜用于瞄准目标，其构造与水准仪相似，但由于经纬仪结构更为复杂，其物镜调焦方式与水准仪不同。望远镜与横轴固连在一起并安置在支架上，支架上装有望远镜的制动螺旋和微动螺旋，以控制望远镜在竖直方向的转动。

竖直度盘（简称竖盘）固定在横轴的一端，用于测量竖直角。竖盘随望远镜一起转动，而竖盘读数指标不动，但可通过竖盘指标水准管微动螺旋做微小移动。调整此微动螺旋使竖盘指标水准管气泡居中，指标位于固定位置。目前有许多经纬仪已不采用竖盘指标水准管，而采用竖盘自动归零装置实现其功能。

照准部水准管用于精确整平仪器，圆水准器用于粗略整平仪器。

读数设备包括一个读数显微镜、一个测微器以及光路中一系列的棱镜、透镜等。

此外，为了控制照准部水平方向的转动，装有水平制动螺旋和水平微动螺旋。

2. 水平度盘

水平度盘是由光学玻璃制成的精密刻度盘，分划为 0°～360°，按顺时针注记，每格为 1°或 30′，用以测量水平角。

水平度盘的转动可由度盘变换手轮来控制。转动手轮，度盘即可转动，但有的经纬仪在使用时，须将手轮推压进去再转动手轮，度盘才能随之转动，这种结构不能使度盘随照准部一起转动。还有少数仪器采用复测装置，当复测扳手扳下时，照准部与度盘结合在一起，照准部转动，度盘随之转动，度盘读数不变；当复测扳手扳上时，两者相互脱离，照准部转动时就不再带动度盘，度盘读数就会改变。

3. 基座

基座是仪器的底座，由一固定螺旋将其与照准部连接在一起。使用时应检查固定螺旋是否旋紧。如果松开，测角时仪器会产生带动和晃动，迁站时还容易把仪器摔在地上，造成损坏。将三脚架上的连接螺旋旋进基座的中心螺母，可使仪器固定在三脚架上。基座上还装有三个脚螺旋用于整平仪器。

目前，光学经纬仪均装有光学对中器，较垂球对中精度更高，且不受风的影响。

二、光学经纬仪的测微装置与读数方法

由于光学经纬仪度盘直径很小，度盘周长有限，如 DJ6 级经纬仪水平度盘周长不足 300 mm，在这种度盘上刻有 360°的条纹，但是要直接刻上更密的条纹（小于 20′）就很难了。为了实现精密测角，可以借助光学测微技术获得 1′以下的精细度盘读数。

三、分微尺测微器

1. 测微装置

在读数光路系统中，分微尺是一个由 60 条刻划表示 60′，有 0～6 注记的光学装置。在光路设计上，对度盘上 1°的分划线间隔影像进行放大，使之与分微尺上的 60′相匹配。

图 3-4 所示为放大的度盘分划间隔 260°～261°与分微尺的 60′匹配的图像。

2. 分微尺测微读数方法

（1）读取分微尺内的度分划作为度数。

（2）读取分微尺 0 分划线至度盘度分划线所在的分微尺上的分数。

（3）计算以上两数之和为度盘读数。

如图 3-4 所示的水平度盘（注有 H 的读数窗位）的读数是 261°6′，竖直度盘（注有 V 的读数窗位）的读数应为 90°54.7′（即 90°54′42″）。

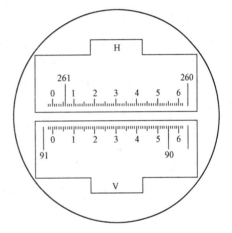

图 3-4 分微尺测微

目前土木工程施工部门使用的 DJ6 级光学经纬仪中，绝大部分使用分微尺测微方法。

四、对径符合测微

1. 测微装置

DJ2 级光学经纬仪的角度测量精度要求更高，采用对径读数方法，即在水平度盘（或竖直度盘）相差 180°的两个位置同时读取度盘读数。对径符合测微的主要装置包括测微轮（设在照准部支架上）、一对平板玻璃（或光楔）和测微窗。图 3-5（a）中的 α 及 $\alpha+180°$ 是度盘对径读数，反映在读数窗中是正像 $163°20′+\alpha$，倒像 $343°20′+\beta$。图像中度盘刻划的最小间隔为 20′。

对径符合测微是通过平板玻璃（或光楔）的折光作用移动光路实现的，其最终结果是 $163°20′+\dfrac{a+b}{2}$。

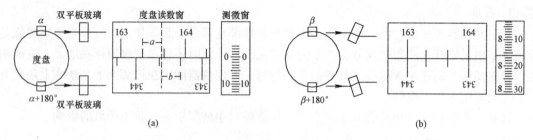

图 3-5 对径符合测微的读数方法

2. 对径符合测微读数方法

（1）当读数窗为图 3-5（a）所示时，转动测微轮控制两个平板玻璃同时反向偏转（或两光楔反向移动），其折光作用使度盘对径读数分划对称移动并最后重合，如图 3-5（b）所示。

（2）在读数窗中读取视场左侧正像度数（163°）。

（3）读整十分位。数正像度数分划与相应对径倒像度数分划之间的格数 n，得整 $10'$ 的读数为 $n \times 10'$，图 3-5 中是 $3 \times 10'$ 即 $30'$。大部分仪器已将数格数 n 得整 $10'$ 的方法改进为直读整 $10'$ 的数字，如图 3-6 所示直读度盘读数窗的 2，得 $20'$。

（4）读取测微窗分、秒的读数，如图 3-5（b）是 $8'16.2''$。

图 3-6 数字化读数

（5）计算整个读数结果，得 $163°38'16.2''$。

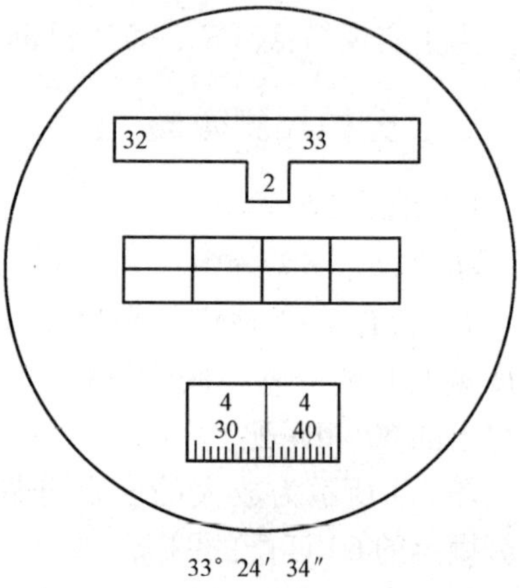

水平、竖直度盘对径符合测微光路各自独立，读数前应利用度盘换向手轮选取相应度盘。

第三节　水平角测量

一、经纬仪的安置

在使用经纬仪进行测角之前，必须把仪器安置在测站上，经纬仪的安置包括对中和整平。

1. 对中

对中的目的是使仪器的中心（竖轴）与测站点位于同一铅垂线上。

对中时，先把三脚架张开，架在测站点上，要求高度适宜，架头大致水平。然后挂上垂球，平移三脚架使垂球尖大致对准测站点。再将三脚架踩实，装上仪器，此时应把连接螺旋稍微松开，在架头上移动仪器精确对中，误差小于 3 mm，旋紧连接螺旋即可。

在采用垂球对中时，应及时调整垂球线的长度，使得垂球尖尽量靠近测站点，以保证对中精度，但不得与测站点接触。

2. 整平

整平的目的是使仪器的竖轴铅直,水平度盘处于水平位置。

整平时,松开水平制动螺旋,转动照准部,使照准部水准管大致平行于任意两个脚螺旋的连线,如图 3-7（a）所示,两手同时向内或向外旋转这两个脚螺旋使气泡居中。气泡的移动方向与左手大拇指（或右手食指）移动的方向一致。再将照准部旋转 90°,水准管处于原来位置的垂直位置,如图 3-7（b）所示,用另一个脚螺旋使气泡居中。如此反复操作,直至照准部转到任何位置气泡都居中为止。

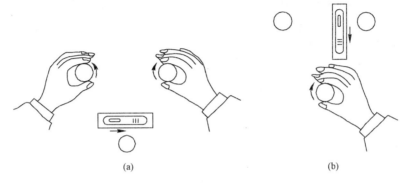

图 3-7　经纬仪整平

3. 使用光学对中器对中和整平

由于用垂球对中不仅受风力影响,而且三脚架架头倾斜较大会给对中带来影响,因此目前生产的光学经纬仪均装有光学对中器。用光学对中器对中,精度可为 1~2 mm,高于垂球对中精度。

使用光学对中器对中,应与整平仪器结合进行,其操作步骤如下：

（1）将仪器置于测站点上,三个脚螺旋调至中间位置,架头大致水平,仪器大致位于测站点的铅垂线上,将三脚架踩实。

（2）旋转光学对中器的目镜,看清分划板上的圆圈,拉或推动目镜使测站点影像清晰。

（3）旋转脚螺旋使光学对中器对准测站点。

（4）利用三脚架的伸缩螺旋调整架腿的长度,使圆水准器气泡居中。

（5）用脚螺旋整平照准部水准管。

（6）用光学对中器观察测站点是否偏离分划板圆圈中心。如果偏离中心,稍微松开三脚架连接螺旋,在架头上平移仪器（不能旋转）,圆圈中心对准测站点后旋紧连接螺旋。

（7）重新整平仪器,直至在整平仪器后光学对中器对准测站点为止。

二、水平角测量方法

水平角的测量方法,根据测角的精度要求、所使用的仪器以及观测方向的数目而定。工程上常用的方法有测回法和方向观测法。

1. 测回法

测回法适用于观测只有两个方向的单角。这种方法要用盘左和盘右两个位置进行观测。观测时目镜朝向观测者,如果竖盘位于望远镜的左侧,称为盘左；如果位于右侧,则称为盘右。通常先以盘左位置测角，称为上半测回；然后置于盘右测角，称为下半测回。两个半测回合在一起称为一测回。有时水平角需要观测数测回。

如图 3-8 所示，将仪器安置在 O 点上，用测回法观测水平角 AOB，具体步骤如下：

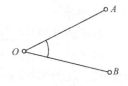

图 3-8 测回法

（1）盘左位置，松开水平制动螺旋和望远镜制动螺旋，用望远镜上的粗瞄器或准星、照门瞄准左侧目标 A，旋紧两制动螺旋，进行目镜和物镜对光，使十字丝和目标影像清晰，消除视差，再用水平微动螺旋和望远镜微动螺旋精确瞄准目标的下部，读取水平度盘读数 a_1（0°01′12″），记入记录手簿（表 3-1）。松开水平制动螺旋，顺时针转动照准部，以同样的方法瞄准右侧目标 B，读取水平度盘读数 b_1（57°18′48″），记入手簿。

表 3-1　水平角测回法观测记录手簿

测站	盘位	目标	水平度盘读数 /（° ′ ″）	半测回角值 /（° ′ ″）	一测回角值 /（° ′ ″）	备注
O	左	A	0 01 12	57 17 36	57 17 42	
		B	57 18 48			
	右	A	180 01 06	57 17 48		
		B	237 18 54			

上半测回所测角值为

$$\beta_1 = b_1 - a_1 = 57°18′48″ - 0°01′12″ = 57°17′36″$$

（2）倒镜成为盘右位置，先瞄准右侧目标 B，读取水平度盘读数 b_2（237°18′54″），记入记录手簿。逆时针转动照准部，瞄准左侧目标 A，读取读数 a_2（180°01′06″），记入手簿。

下半测回所测角值为

$$\beta_2 = b_2 - a_2 = 57°17′48″$$

J6 级光学经纬仪上、下半测回角值互差不超过 ±40″时，取其平均值为一测回角值，则

$$\beta = \frac{1}{2}(\beta_1 + \beta_2) = 57°17′42″$$

由于水平度盘注记是顺时针方向增加的，因此在计算角值时，无论是盘左还是盘右，均应用右侧目标的读数减去左侧目标的读数，如果不够减，则应加上 360°再减。当观测几个测回时，为了减少度盘分划误差的影响，各测回应根据测回数 n，按 $\frac{180°}{n}$ 变换水平度盘位置。例如观测 3 个测回，$\frac{180°}{3}=60°$，第一测回盘左时起始方向的读数应配置在 0°稍大些，第二测回盘左时起始方向的读数应配置在 60°稍大，第三测回盘左时起始方向的读数应配置在 120°稍大。

2. 方向观测法

在一个测站上需要观测两个以上的方向时，一般采用方向观测法。

如图 3-9 所示，仪器安置在 O 点上，观测 A、B、C、D 各方向之间的水平角，其观测步骤如下：

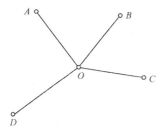

图 3-9 方向观测法

（1）盘左。选择方向中一明显目标如 A 作为起始方向（或称零方向），精确瞄准 A，水平度盘配置在 0°或稍大些，读取读数记入记录手簿，然后顺时针方向依次瞄准 B、C、D，读取读数记入记录手簿中。为了检核水平度盘在观测过程中是否发生变动，应再次瞄准 A，读取水平度盘读数，此次观测称为归零，A 方向两次水平度盘读数之差称为半测回归零差。

以上为上半测回。

（2）盘右。按逆时针方向依次瞄准 A、D、C、B、A，读取水平度盘读数，记入记录手簿中，检查半测回归零差，此为下半测回。

以上为一个测回的观测工作。若需观测 n 个测回，也需按 $\dfrac{180°}{n}$ 变换起始方向的盘左水平方向读数。

方向观测法的记录格式见表 3-2。计算步骤和限差要求说明如下：

表 3-2 水平方向观测法观测记录手簿

测站	测回数	目标	水平度盘读数		2c /(″)	平均读数 /(° ′ ″)	归零方向值 /(° ′ ″)	各测回平均归零方向值 /(° ′ ″)	备注
			盘左 /(° ′ ″)	盘右 /(° ′ ″)					
O	1	A	0 02 42	180 02 42	0	(0 02 38) 0 02 42	0 00 00	0 00 00	
		B	60 18 42	240 18 30	+12	60 18 36	60 15 58	60 15 56	
		C	116 40 18	296 40 12	+6	116 40 15	116 37 37	116 37 28	
		D	185 17 30	5 17 36	−6	185 17 33	185 14 55	185 14 47	
		A	0 02 30	180 02 36	−6	0 02 33			
			12	6					
	2	A	90 01 00	270 01 06	−6	(90 01 09) 90 01 03	0 00 00		
		B	150 17 06	330 17 00	+6	150 17 03	60 15 54		
		C	206 38 30	26 38 24	+6	206 38 27	116 37 18		
		D	275 15 48	95 15 48	0	275 15 48	185 14 39		
		A	90 01 12	270 01 18	−6	90 01 15			
			−12	−12					

（1）计算半测回归零差，不得大于限差规定值（表 3-3），否则应重测。

（2）计算两倍照准误差 2c 值。同一方向盘左读数减去盘右读数±180°，称为两倍照准误差，简称 2c。2c 属于仪器误差，同一台仪器 2c 值应当是一个常数，因此 2c 的变动大小反映了观测的质量，其限差要求见表 3-3。由于 J6 级经纬仪的读数受到度盘偏心差的影响，因而未对 2c 互差做出规定。

表 3-3　方向观测法限差要求

仪器	半测回归零差	一测回2c互差	同一方向值测回互差	仪器	半测回归零差	一测回内2c互差	同一方向值各测回互差
J2	12	18	12	J6	18		24

（3）计算各方向读数的平均值，即平均读数 = $\frac{1}{2}$ [盘左读数 +（盘右读数 ±180°）]。

计算出平均读数后，起始方向 OA 有两个平均读数。对起始方向的两个平均读数再取平均，写在表 3-2 中括号内，作为起始方向 OA 的平均读数值。

（4）计算归零方向值。将计算出的各方向平均读数分别减去起始方向 OA 的两次平均读数（括号内之值），即得各方向的归零方向值。

（5）各测回同一方向的归零方向值进行比较，其差值不应大于表 3-3 的规定。取各测回同一方向归零方向值的平均值作为该方向的最后结果。

（6）将两方向的平均归零方向值相减则为水平角值。

第四节　竖直角测量

一、竖直度盘的构造

竖直度盘包括竖盘、竖盘指标水准管和竖盘指标水准管微动螺旋，如图 3-10 所示。竖盘固定在望远镜横轴的一端，盘面与横轴垂直。望远镜绕横轴旋转时，竖盘也随之转动。竖盘读数指标为分微尺的零分划线，它与竖盘指标水准管固连在一起，每次读数前旋转竖盘指标水准管微动螺旋，使指标水准管气泡居中，竖盘指标即处于固定位置。

竖盘的注记形式有顺时针与逆时针两种，当望远镜视线水平，竖盘指标水准管气泡居中时，盘左竖盘读数应为 90°，盘右竖盘读数则为 270°。

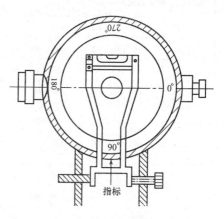

图 3-10　竖直度盘构造

二、竖直角计算公式

如前所述，竖直角为同一竖直面内目标视线方向与水平线的夹角，所以观测竖直角与观测水平角一样也是两个方向读数之差，但有如下两点不同，即

（1）竖直角的两个方向中有一个是水平方向，它的竖盘读数为一定值，盘左为 90°，盘右为 270°，所以观测时只需读取目标视线方向的竖盘读数。

（2）由于竖盘注记有顺时针和逆时针两种形式，因此竖直角的计算公式也不同。

1. 顺时针注记形式

图 3-11 所示为顺时针注记竖盘。盘左时，视线水平的读数为 90°，当望远镜逐渐抬高（仰角），竖盘读数减小，因此上、下半测回竖直角为

$$\alpha_{左} = 90° - L \tag{3-3}$$

$$\alpha_{右} = R - 270° \tag{3-4}$$

式中，L、R 分别为盘左、盘右瞄准目标的竖盘读数。

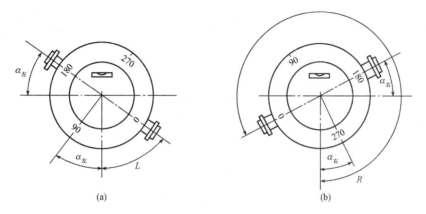

图 3-11 顺时针注记竖盘
(a) 盘左；(b) 盘右

一测回竖直角值为

$$\alpha = \frac{1}{2}(\alpha_{左} + \alpha_{右}) \tag{3-5}$$

2. 逆时针注记形式

仿照顺时针注记的推求方法，可得逆时针注记形式竖盘的半测回竖直角计算公式为

$$\alpha_{左} = L - 90° \tag{3-6}$$

$$\alpha_{右} = 270° - R \tag{3-7}$$

一测回竖直角值为

$$\alpha = \frac{1}{2}(\alpha_{左} + \alpha_{右})$$

三、竖盘指标差

上面述及的是一种理想情况，即当视线水平，竖盘指标水准管气泡居中时，竖盘指标处于正确位置，竖盘读数为 90°或 270°。但实际上，这个条件往往不能满足，竖盘指标不是恰好指在 90°或 270°整数上，而是位于与 90°或 270°相差一个 x 角的固定位置，x 称为竖盘指标差。如图 3-12 所示，竖盘指标的偏移方向与竖盘注记增加方向一致时，x 值为正；反之为负。

下面以图 3-12 所示顺时针注记竖盘为例，说明竖直角及竖盘指标差的计算公式。

由图 3-12 可以明显地看出，由于指标差 x 的存在，使得盘左、盘右读得的 L、R 均大了一个 x，为了得到正确的竖直角 α，则

$$\alpha = 90° - (L - x) = (90° - L) + x = \alpha_{左} + x \tag{3-8}$$

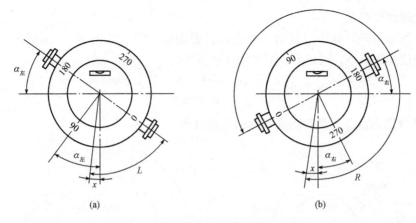

图 3-12 含有竖盘指标差的竖直角计算
（a）盘左；（b）盘右

$$\alpha = (R-x) - 270° = (R-270°) - x = \alpha_右 - x \tag{3-9}$$

式中，L、R 分别表示含有竖盘指标差的盘左、盘右读数。

记 L'、R' 分别为不含指标差的盘左、盘右读数，则

$$L' = L - x \tag{3-10}$$
$$R' = R - x \tag{3-11}$$

式（3-8）、式（3-9）相加，可得

$$\alpha = \frac{1}{2}(\alpha_左 + \alpha_右)$$

由此可知，由于存在竖盘指标差的影响，竖盘指标水准管气泡居中时，竖盘指标处于某固定（不一定正确）位置，利用盘左、盘右观测竖直角并取平均值，可消除竖盘指标差的影响。

将式（3-8）与式（3-9）相减，可得

$$x = \frac{1}{2}(L + R - 360°) \tag{3-12}$$

式（3-12）即竖盘指标差的计算公式。其对于逆时针注记竖盘同样适用。

四、竖直角观测

将仪器安置在测站点上，按下列步骤对竖直角进行观测：

（1）盘左精确瞄准目标，使十字丝的中丝与目标相切。旋转竖盘指标水准管微动螺旋，使竖盘指标水准管气泡居中。读取竖盘读数 L，记入记录手簿（表 3-4）。

表 3-4 竖直角观测记录手簿

测站	目标	盘位	竖直度盘读数 /（° ′ ″）	半测回角值 /（° ′ ″）	指标差 /（″）	一测回角值 /（° ′ ″）	备注
O	A	左	83 44 12	+6 15 48	+12	+6 16 00	竖盘为顺时针注记
		右	276 16 12	+6 16 12			
	B	左	124 03 42	−34 03 42	+18	−34 03 24	
		右	235 56 54	−34 03 06			

（2）盘右精确瞄准原目标。旋转竖盘指标水准管微动螺旋，使竖盘指标水准管气泡居中。读取竖盘读数 R，记入记录手簿，一测回观测结束。

（3）根据竖盘注记形式确定竖直角计算公式。将 L、R 代入公式计算竖直角。

竖盘指标差属于仪器误差。一般情况下，竖盘指标差的变化很小。如果观测中计算出的指标差变化较大，说明观测质量较差。J6 级经纬仪竖盘指标差的变化范围不应超过 $\pm 25''$。

五、竖盘自动归零装置

为提高仪器观测速度，很多仪器安装竖盘自动归零装置代替竖盘指标水准管。其工作原理类似自动安平水准仪。

为避免经常遭受振动损坏自动归零装置，在照准部支架上设置一个自动归零开关旋钮，旋转该旋钮至"ON"位置，会听到金属丝振动的声音，之后自动归零装置开始工作。在不进行竖直角测量时，尤其是结束测量工作，仪器装箱前，应将该旋钮旋至"OFF"位置，保护其不受振动。

六、三角高程测量

1. 三角高程测量原理

如图 3-13 所示，已知 A 点的高程 H_A，欲知待测点 B 的高程 H_B。在 A 点安置经纬仪，量取仪器高 i（仪器横轴至 A 点的高），在 B 点竖立标尺，测出目标高 v，根据测得的两点间水平距离 D 和竖直角 α，应用三角公式计算得到 B 点高程的方法，称为三角高程测量。由图 3-13 可知，

$$h = D\tan\alpha + i - v \quad (3\text{-}13)$$

B 点的高程为

$$H_B = H_A + D\tan\alpha + i - v \quad (3\text{-}14)$$

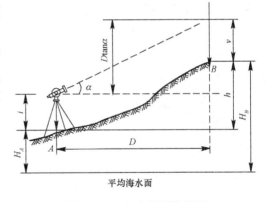

图 3-13 三角高程测量原理

当两点间距离较大时，必须考虑地球曲率差及大气折光差。

三角高程测量一般应进行往返测量，既由 A 向 B 观测（称为直觇），又由 B 向 A 观测（称为反觇），这样的观测称为对向观测，或称为双向观测。对向观测可以消除地球曲率差和大气折光差的影响。三角高程测量分为一、二两级，其对向观测高差较差分别不应大于 $0.02D$ 和 $0.04D$（D 为平距，以百米为单位），若符合要求，则取两次高差的平均值。

2. 三角高程测量的观测与计算

（1）安置仪器于测站，量仪器高 i 和觇标高 v，读至 0.5 cm，量取两次的结果之差不超过 1 cm 时，取平均值记入表 3-5。

（2）用 J6 级光学经纬仪观测竖直角 1~2 个测回，前、后半测回之间的较差及各测回之间的较差如果不超过规范规定的限差，则取其平均值作为最后的结果。

（3）高差及高程的计算。当用二级三角高程测量方法测定图根点的高程时，应组成闭合或者附合的三角高程线路。每边均要进行对向观测。线路闭合差的限值 $f_{h容}$ 为 $\pm 0.1h\sqrt{n}$

(n 为边数，h 为基本等高距）。当 f_h 不超过 $f_{h容}$ 时，则按边长成正比例的原则，将 f_h 反符号分配于各高差之中，然后用改正后的高差计算各点的高程。

表 3-5 三角高程测量的观测与计算

所求点	B	
起算点	A	
觇法	直	反
平距 D/m	341.23	341.23
竖直角 α	$+14°06'30''$	$-13°19'00''$
$D \cdot \tan\alpha$/m	$+85.76$	-80.77
仪器高 i/m	$+1.31$	$+1.43$
觇标高 v/m	-3.80	-4.00
两差改正/m		
高差 h/m	$+83.27$	-83.34
平均高差/m	$+83.30$	
起算点高程/m	279.25	
所求点高程/m	362.55	

随着光电测距技术的普及，三角高程测量得到广泛的应用，光电测距三角高程测量可以达到四等水准测量的精度要求。

第五节 经纬仪的检验与校正

一、经纬仪轴线应满足的条件

如图 3-14 所示，经纬仪的主要轴线有望远镜视准轴 CC、仪器旋转轴竖轴 VV、望远镜旋转轴横轴 HH 及水准管轴 LL。根据角度测量原理，这些轴线之间应满足以下条件：

（1）仪器在装配时，已保证水平度盘与竖轴相互垂直，因此只要竖轴铅直，水平度盘就处在水平位置。

竖轴的铅直是通过照准部水准管气泡居中来实现的，故要求水准管轴垂直于竖轴，即 $LL \perp VV$。

（2）测角时，望远镜绕横轴旋转，视准轴所形成的面（视准面）应为铅直的平面。

这要通过两个条件来实现，即视准轴应垂直于横轴（$CC \perp HH$），以保证视准面成为平面；横轴应垂直于竖轴（$HH \perp VV$）。在竖轴铅直时，横轴即水平，视准面就成为铅直的平面。

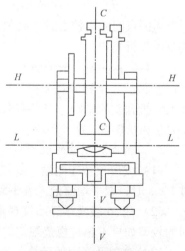

图 3-14 经纬仪应满足的几何条件

因此，经纬仪各轴线应满足的主要条件如下：
（1）水准管轴垂直于竖轴（$LL \perp VV$）；
（2）视准轴垂直于横轴（$CC \perp HH$）；
（3）横轴垂直于竖轴（$HH \perp VV$）。

此外，竖直度盘不应存在指标差（$x=0$）；测角时要用十字丝瞄准目标，故应使十字丝竖丝垂直于横轴 HH；如果使用光学对中器对中，则要求光学对中器的视准轴与竖轴重合。

二、经纬仪的检验与校正

1. 照准部水准管轴垂直于竖轴的检验与校正

（1）检验：根据照准部水准管将仪器大致整平。转动照准部使水准管平行于任意两脚螺旋的连线，转动两脚螺旋使气泡居中。然后将照准部旋转180°后，如果此时气泡仍居中，则说明此项条件满足要求，否则应进行校正。

检验原理如图3-15（a）所示，水准管轴不垂直于竖轴而相差一个 α 角，当气泡居中时，水准管轴水平，竖轴却偏离铅垂线方向一个 α 角。仪器绕竖轴旋转180°后，如图3-15（b）所示，竖轴仍位于原来的位置，而水准管两端交换了位置，此时水准管轴与水平线的夹角为 2α，气泡不再居中，其偏移量代表了水准管轴的倾斜角 2α。

（2）校正：根据上述检验原理，用校正针拨动水准管校正螺钉，使气泡向中央退回偏离量的一半，这时水准管轴即垂直于竖轴，如图3-15（c）所示。最后用脚螺旋使气泡向中央退回偏离量的另一半，这时竖轴处于铅直位置，如图3-15（d）所示。此项检校必须反复进行，直至水准管位于任何位置气泡偏离零点均不超过半格为止。

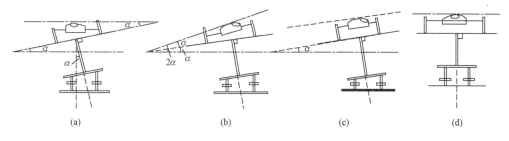

图3-15 照准部水准管的检验原理

如果仪器上装有圆水准器，则应使圆水准器轴平行于竖轴。检校时可用校正好的照准部水准管将仪器整平，如果此时圆水准器气泡也居中，说明条件满足，否则应校正圆水准器下面的三个校正螺钉使气泡居中。

2. 十字丝竖丝垂直于横轴的检验与校正

（1）检验：仪器严格整平后，用十字丝交点精确瞄准一清晰目标点，旋紧水平制动螺旋和望远镜制动螺旋，再用望远镜微动螺旋使望远镜上下移动，若目标点始终在竖丝上移动，表明十字丝竖丝垂直于横轴，否则应进行校正。

（2）校正：旋下目镜处的护盖，微微松开十字丝环的四个压环螺钉（图3-16），转动十字丝环，直至望远镜上下

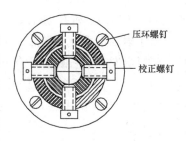

图3-16 十字丝的校正

移动时目标点始终沿竖丝移动为止。最后拧紧压环螺钉，旋上护盖。

3. 视准轴垂直于横轴的检验与校正

（1）检验：如图3-17所示，在一平坦场地上，选择一直线 AB，长约100 m。仪器安置在 AB 的中点 O 上，在 A 点竖立一标志，在 B 点横置一个刻有毫米分划的小尺，并使其垂直于 AB。以盘左瞄准 A，倒转望远镜在 B 点尺上读数 B_1。旋转照准部以盘右再瞄准 A，倒转望远镜在 B 点尺上读数 B_2。如果 B_2 与 B_1 重合，表明视准轴垂直于横轴，否则条件不满足。

检验原理如图3-17所示，由于视准轴误差 c 的存在，盘左瞄准 A 点倒镜后视线偏离 AB 直线的角度为 $2c$，而盘右瞄准 A 点倒镜后视线偏离 AB 直线的角度也为 $2c$，但偏离方向与盘左相反，因此 B_1 与 B_2 两个读数之差所对的角度为 $4c$。视准轴误差 c 为

$$c = \frac{\overline{B_1 B_2}}{4D}\rho \tag{3-15}$$

式中，D 为 O 点到 B 尺之间的水平距离。

对于J6级光学经纬仪，当 c 大于60″时，须进行校正。

（2）校正：在尺上定出一点 B_3，该点与盘右读数 B_2 的距离为 $\overline{B_1 B_2}/4$。先用校正针松开十字丝的上、下两个校正螺钉，再先松一个、后紧另一个地拨动左右两个校正螺钉（参见图3-16），使十字丝交点由 B_2 移至 B_3［图3-17（b）］，然后固紧各校正螺钉。此项检校也需反复进行。

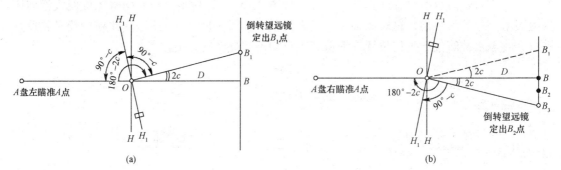

图3-17 视准轴的检验与校正

4. 横轴垂直于竖轴的检验与校正

（1）检验：如图3-18所示，在距一较高墙壁20～30 m处安置仪器，在墙上选择仰角大于30°的一目标点 P。盘左瞄准 P 点，然后将望远镜放平，根据十字丝交点在墙上定出一点 P_1。倒转望远镜以盘右瞄准 P 点，将望远镜放平，根据十字丝交点在墙上定出与点 P_1 等高的点 P_2。如果 P_1 和 P_2 重合，表明仪器横轴垂直于竖轴，否则条件不满足。

由于横轴不垂直于竖轴，仪器整平后，竖轴处于铅垂位置，横轴就不水平，倾斜一个 i 角。当以盘左、盘右瞄准 P 点而将望远镜放平时，其视准面不是竖直面，而是分别向两侧各倾斜一个 i 角的斜平面。因此，在同一水平线上的 P_1、P_2，偏离竖直面的距离相等而方向相反，直线 P_1P_2 的中点 P_M 必然与 P 点位于同一铅垂线上。i 角可用下式计算：

$$i = \frac{\overline{P_1 P_2}}{2D}\rho\cot\alpha \tag{3-16}$$

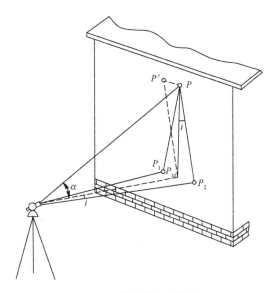

图 3-18 横轴的检验与校正

对于 J6 级光学经纬仪，若 i 值大于 $20''$，则需校正。

（2）校正：用水平微动螺旋使十字丝交点瞄准 P_M 点，然后抬高望远镜至 P 点高度，此时十字丝交点必然偏离 P 点。打开支架处横轴一端的护盖，调整支承横轴的偏心轴环，抬高或降低横轴一端，直至十字丝交点瞄准 P 点。

现代光学经纬仪的横轴是密封的，一般能保证横轴与竖轴的垂直关系，故使用时只需进行检验，如需校正，应由仪器维修人员进行。

5. 竖盘指标差的检验与校正

（1）检验：仪器整平后，以盘左、盘右先后瞄准同一明显目标，在竖盘指标水准管气泡居中的情况下读取竖盘读数 L 和 R。按式（3-12）计算指标差 x。

（2）校正：经纬仪位置不动（此时为盘右，且照准目标，竖盘读数为 R，竖盘指标水准管气泡居中），按式（3-11）计算盘右的正确读数 R'，这时竖盘指标水准管气泡不再居中，用校正针拨动竖盘指标水准管的校正螺钉使气泡居中。此项检校需反复进行，直至指标差 x 不超过限差值为止。J6 级光学经纬仪限差为 $12''$。

6. 光学对中器视准轴与竖轴重合的检验与校正

光学对中器分划板上圆圈中心与物镜光心的连线为光学对中器的视准轴。视准轴经转向棱镜折射后与仪器的竖轴相重合。如不重合，对中时将产生对中误差。

（1）检验：将仪器安置在平坦的地面上，严格地整平仪器，在三脚架正下方地面上固定一张白纸，旋转对中器的目镜镜筒看清分划圆圈，推拉目镜镜筒看清地面上的白纸。根据分划板上圆圈中心在纸上标出一点 P，如图 3-19（a）所示。将照准部旋转 $180°$，如果该点仍位于圆圈中心，说明对中器视准轴与竖轴重合的条件满足；否则需要校正。

（2）校正：将旋转 $180°$ 后分划圆圈中心位置 P' 在纸上标出，取两点的中点 P''［图 3-19（b）］，校正转向棱镜的位置，直至圆圈中心对准中点为止。

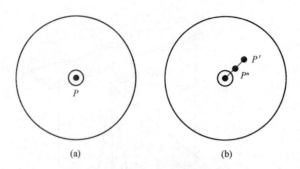

图 3-19 光学对中器的检验与校正

第六节 水平角测量的误差分析

与水准测量相同，角度测量误差也来自仪器误差、观测误差和外界条件影响三个方面。

一、仪器误差

仪器误差包括仪器校正后的残余误差及仪器加工不完善引起的误差。

1. 视准轴误差

视准轴误差是由于视准轴不垂直于横轴引起的水平方向读数误差 c。由于盘左、盘右观测时该误差的符号相反，因此可采用盘左、盘右观测取平均值的方法加以消除。

2. 横轴误差

横轴误差是由于横轴与竖轴不垂直，造成竖轴铅直时横轴不水平引起的水平方向读数误差。盘左、盘右观测同一目标时的水平方向读数误差数值相等、方向相反，所以也可以采取盘左、盘右观测取平均值的方法加以消除。

3. 竖轴误差

竖轴误差是由于水准管轴不垂直于竖轴，或水准管轴不水平而导致竖轴倾斜，从而引起横轴倾斜及水平度盘倾斜、视准轴旋转面倾斜，造成水平方向读数误差。这种误差与正、倒镜观测无关，并且随望远镜瞄准不同方向而变化，不能用正、倒镜取平均的方法消除。因此，测量前应严格检校仪器，观测时仔细整平，并始终保持水准管气泡居中，气泡偏离不可超过一格。

4. 度盘偏心差

如图 3-20 所示，度盘偏心差是指由于度盘加工、安装不完善引起照准部旋转中心 O_1 与水平度盘中心 O 不重合引起的读数误差。若 O 和 O_1 重合，瞄准 A、B 目标时正确读数为 a_L、b_L、a_R、b_R；若不重合，其读数为 a'_L、b'_L、a'_R、b'_R，与正确读数差 x_a、x_b。从图 3-20 中可见，在正倒镜时，指标线在水平度盘上的读数具有对称性，因此也可用盘左、盘右观测取平均值的方法加以消除。

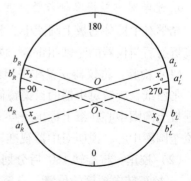

图 3-20 度盘偏心差

5. 度盘刻划不均匀误差

度盘刻划不均匀误差是指由于仪器加工不完善导致度盘刻划不均匀引起的方向读数误差。在高精度水平角测量时，为了提高观测精度，可采用在 n 测回观测中，各测回起始方向变换 $180°/n$ 的方法予以减小。

6. 竖盘指标差

竖盘指标差是指由于竖盘指标水准管（或竖盘自动补偿装置）工作状态不正确，导致竖盘指标没有处于正确位置，产生竖盘读数误差。通过校正仪器，理论上可使竖盘指标处于正确位置（$x=0$），但校正会存在残余误差。可采用盘左、盘右观测取平均值的方法对竖盘指标差加以消除。

二、观测误差

1. 对中误差

对中误差是指仪器中心没有置于测站点的铅垂线上所产生的测角误差。如图 3-21 所示，O 为测站点，A、B 为目标点，O' 为仪器中心在地面上的投影。OO' 为偏心距，以 e 表示。则对中引起的测角误差为

$$\beta = \beta' + (\delta_1 + \delta_2) \tag{3-17}$$

$$\delta_1 \approx \frac{e}{D_1}\rho\sin\theta \quad \delta_2 \approx \frac{e}{D_2}\rho\sin(\beta'-\theta) \tag{3-18}$$

$$\delta = \delta_1 + \delta_2 = e\left[\frac{\sin\theta}{D_1} + \frac{\sin(\beta'-\theta)}{D_2}\right]\rho \tag{3-19}$$

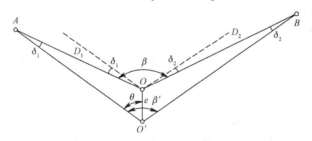

图 3-21 仪器对中误差

从式（3-19）可见，对中引起的水平角观测误差 δ 与偏心距成正比，与边长成反比。当 $\beta'=180°$，$\theta=90°$ 时，δ 值最大。当 $e=3$ mm，$D_1=D_2=60$ m 时，对中误差为

$$\delta = e\left(\frac{1}{D_1}+\frac{1}{D_2}\right)\rho = 20.6''$$

对中误差不能通过观测方法消除，所以要认真进行对中，在短边测量时更要严格对中。

2. 目标偏心差

目标偏心差是指由于标杆倾斜导致瞄准的目标偏离实际点位引起的误差。如图 3-22 所示，O 为测站点，A 为目标点，AB 为标杆，杆长为 l，杆倾角为 α，则目标偏心引起的测角误差为

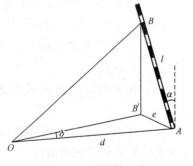

图 3-22 目标偏心差

$$\delta = \frac{e}{d}\rho = \frac{l\sin\alpha}{d}\rho \qquad (3\text{-}20)$$

如果 $l = 2$ m，$\alpha = 30'$，$d = 100$ m，则

$$\delta = \frac{2\sin 0°30'}{100} \times 206\ 265'' = 36''$$

可见，目标偏心差对测角的影响是不容忽视的。目标偏心差对水平方向的影响与瞄准目标的高度、标杆倾斜角度的正弦成正比，与边长成反比。因此观测时应尽量瞄准标杆底部，标杆要尽量竖直，在边长较短时，更应特别注意。

3. 瞄准误差

测角时由人眼通过望远镜瞄准目标产生的误差称为瞄准误差。影响瞄准误差的因素很多，如望远镜放大率、人眼分辨率、十字丝的粗细、标志形状和大小、目标影像亮度和颜色等，通常以人眼最小分辨视角（60″）和望远镜放大率 v 来估算仪器的瞄准误差：

$$m_v = \pm\frac{60''}{v} \qquad (3\text{-}21)$$

对于 J6 级光学经纬仪，$v = 28$，$m_v = \pm 2.2''$。

4. 读数误差

读数误差主要取决于读数设备，对于采用分微尺读数系统的 J6 级光学经纬仪，读数误差为分微尺最小分划的 1/10，即 6″。

三、外界条件影响

影响测角的外界条件因素很多，如温度变化会影响仪器的正常状态；大风会影响仪器的稳定；地面辐射热会影响大气的稳定；空气透明度会影响瞄准精度；地面松软会影响仪器的稳定等。要想完全避免这些因素的影响是不可能的，因此应选择有利的观测条件和时间，安稳脚架、打伞遮阳等，使其影响降低到最低程度。

角度测量成果不合格多数是由于测量人员疏忽大意造成的，为避免、消除、限制、减小测量误差，测量人员要认真执行各种测量规范和规程，并注意以下事项：

（1）仪器安置的高度应合适，脚架应踩实，连接螺旋应拧紧，观测时手不扶脚架，转动照准部及使用各种螺旋时用力要轻。

（2）若观测目标的高度相差较大，特别要注意仪器整平。

（3）对中要准确，测角精度要求越高，或边长越短，则对中要求越严格。

（4）观测时要消除视差，尽量用十字丝交点附近瞄准，尽量瞄准目标底部或桩上小钉。

（5）记录者复诵观测者报出的每个数据并记录，注意检查限差。发现错误，立即重测。

（6）水准管气泡应在观测前调好，一测回中不允许再调，如气泡偏离中心超过一格，应再次整平并重测该测回。

第七节 电子经纬仪

随着电子技术的发展，20 世纪 80 年代出现了能自动显示、自动记录和自动传输数据的电子经纬仪。这种仪器的出现标志着测角工作向自动化迈出了新的一步。

电子经纬仪与光学经纬仪具有类似的外形和结构特征，因此使用方法也有许多相通之处，但两者的测角和读数系统有很大的区别。电子经纬仪测角系统有以下三种：

（1）编码度盘测角系统：采用编码度盘及编码测微器的绝对式测角系统。
（2）光栅度盘测角系统：采用光栅度盘及莫尔干涉条纹技术的增量式读数系统。
（3）动态测角系统：采用格区式计时测角度盘及光电动态扫描的绝对式测角系统。

由于目前电子经纬仪大部分采用光栅度盘测角系统和动态测角系统，现介绍这两种测角原理。

一、光栅度盘测角原理

在光学玻璃上均匀地刻划出许多等间隔的径向细线，即构成光栅度盘，如图 3-23 所示。通常光栅的刻线宽度与缝隙宽度相同，两者之和称为光栅的栅距。栅距所对应的圆心角即栅距的分划值。在 80 mm 直径的度盘上刻线密度达到 50 线/mm（12 500 条细线），栅距分划值为 $1'44''$。如在光栅度盘上下对应位置安装光源和光电接收机，光栅的刻线不透光，缝隙透光，即可把光信号转换为电信号。当照明器和接收管随照准部相对于光栅度盘转动，由计数器计出转动所累计的栅距数，就可得到转动的角度值。因为光栅度盘是累计计数的，所以通常称这种系统为增量式读数系统。

仪器在操作过程中会顺时针或逆时针转动，因此计数器在累计栅距数时也有增有减。这种读数系统具有方向判别的能力，并能自动累积计算出顺时针转动时相应的角值。

由于栅距分划值很大，为了提高测角精度，在光栅度盘测角系统中都采用了莫尔干涉条纹技术，借以将栅距放大，再细分和计数。用与光栅度盘具有相同密度和栅距的一段光栅（称为指示光栅），与光栅度盘以微小的夹角 θ 重叠，出现放大的明暗交替的条纹，这些条纹就是莫尔干涉条纹，如图 3-24 所示。通过莫尔干涉条纹，可使栅距 d 放大至纹距 D：

$$D = \frac{d}{\theta}\rho \tag{3-22}$$

图 3-23　光栅度盘

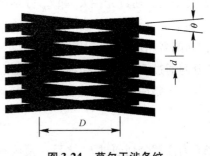

图 3-24　莫尔干涉条纹

例如，当 $\theta = 20'$ 时，纹距 $D = 172d$，即纹距比栅距放大了 172 倍。这样就可以对纹距进行细分，达到提高测角精度的目的。

日本索佳的电子经纬仪即采用光栅度盘。

二、格区式度盘动态测角原理

图 3-25 所示为格区式度盘，度盘刻有 1 024 个分划，每个分划间隔包括一条刻线和一个空隙，其分划值为 φ_0。测角时，度盘以一定的速度旋转，因此称为动态测角。度盘上装有两个指示光栏，L_S 为固定光栏，可随照准部转动，L_R 为可动光栏。两光栏分别安装在度盘的内外缘。测角时，可动光栏随照准部旋转，L_S 与 L_R 之间构成角度 φ。度盘在电动机的带动下以一定的速度旋转，其分划被光栏 L_S 与 L_R 扫描而计取两个光栏之间的分划数，从而求得角度值。

由图 3-25 可知，$\varphi = n\varphi_0 + \Delta\varphi$，即角 φ 等于 n 个周期 φ_0 与不足整周期的 $\Delta\varphi$ 之和。n 与 $\Delta\varphi$ 分别由粗测和精测求得。

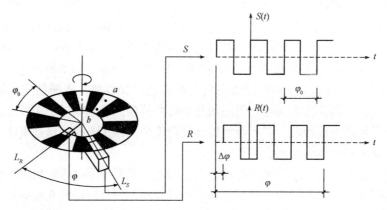

图 3-25　格区式度盘动态测角原理

1. 粗测

在度盘同一径向的外缘、内缘上设有两个标记 a 和 b，度盘旋转时从 a 标记通过 L_S 时起，计数器开始计取整间隔 φ_0 的个数，当另一标记 b 通过 L_R 时计数器停止计数，此时计数器所得到的数值即 φ_0 的个数 n。

2. 精测

度盘转动时，通过光栏 L_S 和 L_R 分别产生两个信号 S 和 R，$\Delta\varphi$ 可通过 S 和 R 的相位关系求得。如果 L_S 和 L_R 处于同一位置，或相隔的角度是分划间隔 φ_0 的整倍数，则 S 和 R 相位相同，即两者相位差 $\Delta\varphi$ 为零；如果 L_R 相对于 L_S 移动的间隔不是 φ_0 的整倍数，则分划通过 L_R 和分划通过 L_S 之间就存在时间差 ΔT，亦即 S 和 R 之间存在相位差 φ_0。

$\Delta\varphi$ 与一个整周期 φ_0 的比显然等于与周期之比，即

$$\Delta\varphi = \frac{\Delta T}{T_0}\varphi_0 \tag{3-23}$$

式中，ΔT 为任意分划通过 L_S 之后，紧接着另一分划通过 L_R 所需的时间。

粗测和精测数据经微处理器处理后组合成完整的角值。

瑞士徕卡公司生产的 T2002 型电子经纬仪即采用动态测角系统。

思考题

1. 何谓水平角？何谓竖直角？
2. 光学经纬仪的构造及各部件的作用是什么？
3. 如何使用 J6 级光学经纬仪的分微尺读数装置进行读数？如何使某方向水平度盘读数为 0°0′0″？
4. J6 级光学经纬仪与 J2 级光学经纬仪有何区别？J2 级光学经纬仪如何读数？
5. 对中、整平的目的是什么？如何利用光学对中器进行对中和整平？
6. 整理表 3-6 中的水平角测回法观测记录。

表 3-6　水平角测回法观测记录手簿

测站	盘位	目标	水平度盘读数 /(° ′ ″)	半测回角值 /(° ′ ″)	一测回角值 /(° ′ ″)	备注
B	左	A	0 02 24			
		C	76 23 42			
	右	A	180 02 54			
		C	256 23 54			
C	左	B	0 00 42			
		D	180 01 00			
	右	B	180 01 06			
		D	0 00 54			

7. 某水平角观测 4 个测回，各测回应如何配置水平度盘？为什么这样做？
8. 简述方向观测法的观测程序及计算方法。
9. 方向观测法有哪几项限差要求？它们的具体含义是什么？
10. 简述竖直度盘的构造。
11. 将某经纬仪置于盘左，当视线水平时，竖盘读数为 90°；当望远镜逐渐上仰，竖盘读数减小。判断该仪器的竖盘注记形式并写出竖直角计算公式。
12. 竖直角观测时，在读取竖盘读数前一定要使竖盘指标水准管气泡居中，为什么？
13. 什么是竖盘指标差？如何计算竖盘指标差？指标差的大小说明了什么问题？指标差的变化又说明了什么问题？
14. 表 3-7 中所列为竖直角观测数据。所用仪器为顺时针注记，试计算竖直角及竖盘指标差。

表 3-7　竖直角观测记录手簿

测站	目标	盘位	水平度盘读数 / (° ′ ″)	半测回角值 / (° ′ ″)	指标差 / (″)	一测回角值 / (° ′ ″)	备注
A	M	左	87　54　24				
		右	272　05　12				
	N	左	98　31　36				
		右	261　29　12				

15. 经纬仪有哪些主要轴线？它们之间应满足哪些主要条件，为什么？

16. 为什么检验视准轴时，目标要与仪器大致同高，而在检验横轴时，则要选较高的目标？在未做视准轴校正之前，能否进行横轴的检验？

17. 在观测水平角和竖直角时，采用盘左、盘右观测，可以消除哪些误差对测角的影响？

18. 竖轴误差是怎样产生的？如何减弱其对测角的影响？

19. 在什么情况下，对中误差和目标偏心差对测角的影响大？

20. 电子经纬仪与光学经纬仪有何不同？

第四章

距离测量与直线定向

如第一章所述,为求解待定点的平面位置,首先要确定地面上两点间的水平距离和直线的方向。为此,本章介绍测量距离和确定直线方向的方法。

距离测量的常用方法有钢尺量距、视距测距、电磁波测距。

第一节 钢尺量距

一、量距工具

钢尺由薄钢带制成,宽 10~15 mm,厚 0.2~0.4 mm,尺长有 20 m、30 m、50 m 等几种,卷放在金属架上或圆形盒内。钢尺的基本分划为厘米,在每米及每分米处刻有数字注记。一般钢尺在起点处一分米内有毫米分划;有的钢尺全部刻注毫米分划。由于尺的零点位置不同,钢尺可分为刻线尺和端点尺,如图 4-1 所示。端点尺以尺环外缘作为尺子的零点,而刻线尺以尺的前端零刻线作为起点。

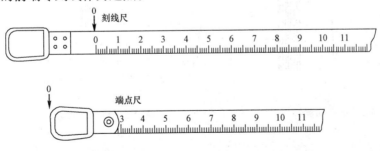

图 4-1 钢尺

钢尺由于其制造误差,经常使用中的变形以及丈量时温度和拉力不同的影响,使得其实际长度往往不等于名义长度。因此,丈量之前必须对钢尺进行检定,求出它在标准拉力和标准温度下的实际长度 l',以便对丈量结果加以改正。钢尺检定后,应给出尺长随温度变化的函数式,通常称为尺长方程式,其一般形式为

$$l_t = l_0 + \Delta l + \alpha\,(t - t_0)\,l_0 \tag{4-1}$$

式中　l_t——钢尺在温度 t ℃时的实际长度；

　　　l_0——钢尺名义长度；

　　　Δl——尺长改正数（$\Delta l = l' - l_0$）；

　　　α——钢尺的线膨胀系数（0.000 012 5 m/℃）；

　　　t——钢尺量距时的温度；

　　　t_0——钢尺检定时的温度。

丈量距离的工具，除钢尺外还有标杆 [图 4-2（a）]、测钎 [图 4-2（b）] 和垂球。标杆长 2～3 m，直径 3～4 cm，杆上涂以 20 cm 间隔的红、白油漆，以便远处清晰可见，用于标定直线。测钎用粗钢丝制成，用来标志所量尺段的起点和计算已量过的整尺段数。测钎一组为 6 根或 11 根。垂球用来投点。此外还有弹簧秤和温度计，用以控制拉力和测定温度。

二、一般量距

1. 直线定线

需要丈量的距离一般都比整尺要长，或地面起伏较大，为便于量距，需要在直线方向上标定一些点，这项工作称为直线定线。定线工作可用目估法和经纬仪定线法。对于一般精度量距，用目估法即可达到要求；对于精密量距，应使用经纬仪定线法。

目估法直线定线如图 4-3 所示，A、B 为待测距离的两个端点，先在 A、B 两点竖立标杆，甲站在 A 点标杆后约 1 m 处，指挥乙左右移动标杆，直到甲从 A 点沿标杆向一侧看到 A、1、B 三支标杆在同一直线上为止。同法可定出直线上的其他点。两点间定线，一般应由远到近。为了不挡住甲的视线，乙持标杆时，应站立在直线的左侧或右侧。

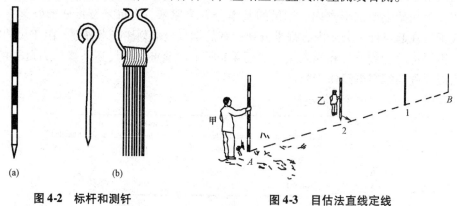

图 4-2　标杆和测钎　　　　　图 4-3　目估法直线定线

2. 量距方法

丈量距离会遇到地面平坦、地面起伏等各种情况。因此要因地制宜选择合理的测量方案。丈量距离一般需三人，前、后尺各一人，记录一人。在地形复杂地区应增加若干人。

（1）平坦地面距离丈量。如图 4-4 所示，后尺手站在 A 点，手持钢尺的零端，前尺手持末端，沿丈量方向前进，走到一整尺段处，按定线时标出的直线方向，将尺拉平。前尺手将尺拉紧，均匀增加拉力，当达到标准拉力后（对于 30 m 钢尺，一般为 10 kg；对于

50 m 钢尺，一般为 15 kg），喊"预备"；后尺手将尺零端对准起点 A，喊"好"，这时前尺手把测钎对准末端整尺段处的刻线垂直插入地面，即得 A～1 的水平距离。同法依次丈量其他各尺段，后尺手依次收集已测过尺段零端测钎。最后不足一整尺段时，由前、后尺手同时读数，即得余长 q。由于后尺手手中的测钎数等于量过的整尺数 n，所以 AB 的水平距离总长 D 为

$$D = nl + q \tag{4-2}$$

式中，l 为整尺段长度。

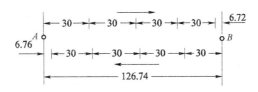

图 4-4 平坦地区量距

为了防止丈量中发生错误及提高量距精度，距离要往、返丈量。上述为往测，返测时要重新定线，最后取往、返测距离的平均值作为丈量结果。量距精度以相对误差表示，通常化为分子为 1 的分数形式。

【例 4-1】 某距离 AB，往测时为 166.32 m，返测时为 166.37 m，距离平均值为 166.345 m，求其相对误差。

解：其相对误差为

$$\frac{\Delta D}{D_{平均}} = \frac{|D_{往} - D_{返}|}{D_{平均}} = \frac{|166.32 - 166.37|}{166.345} \approx \frac{1}{3\,300}$$

在平坦地区，钢尺量距的相对误差一般应不大于 $\frac{1}{3\,000}$；在量距困难地区，其相对误差不应大于 $\frac{1}{1\,000}$。当量距的相对误差没有超出上述规定时，可取往、返测距离的平均值作为结果，否则应重测。

（2）倾斜地面距离丈量。

①平量法。沿倾斜地面丈量距离，当地势起伏不大时，可将钢尺拉平丈量。如图 4-5 所示，丈量由 A 向 B 进行，后尺手持零端，并将零刻线对准起点 A；前尺手将尺拉在 AB 方向上，接受立于 A 点后的另一人指挥，进行直线定线。前尺手将尺子抬高，并且目估使尺子水平，然后用垂球尖将尺段的末端投于地面上，再插以测钎。若地面倾斜较大，将钢尺抬平有困难，可将一尺段分成几段来平量，如图 4-5 中的 MN 段。由于从坡下向坡上丈量困难较大，一般采用两次独立丈量。

②斜量法。当倾斜地面的坡度均匀时，如图 4-6 所示，可以沿着斜坡丈量出 AB 的斜距 L，测出地面的倾斜角 α，或 A、B 两点间的高差 h，然后计算 AB 的水平距离 D，即

$$D = L\cos\alpha \tag{4-3}$$

或

$$D = \sqrt{L^2 - h^2} \tag{4-4}$$

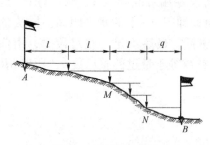
图 4-5 倾斜地面量距

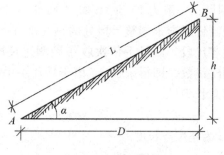
图 4-6 平距的换算

三、精密量距

1. 丈量方法

当量距精度要求在 $\frac{1}{10\,000}$ 以上时，要用精密量距法。精密量距前要先清理场地，将经纬仪安置在测线端点 A，瞄准 B 点，先用钢尺进行概量，在视线上依次定出比钢尺一整尺段略短的尺段，并打下木桩，木桩要高出地面 $2\sim3$ cm，桩上钉一镀锌薄钢板。利用经纬仪进行定线，在镀锌薄钢板上画一条线，使其与 AB 方向重合，并在其垂直方向上画一线，形成十字，作为丈量标志。量距要用经过检定的钢尺，丈量组由五人组成，两人拉尺，两人读数，一人指挥并读温度和记录。丈量时后拉尺员要用弹簧秤控制施加给钢尺的拉力。这个力应是钢尺检定时施加的标准拉力。前、后拉尺员应同时在钢尺上读数，估读到 0.5 mm，每尺段要移动钢尺前后位置 3 次。3 次测得的距离之差不应超过 3 mm。同时记录现场温度，估读到 0.5 ℃。用水准仪测尺段木桩顶间高差，往返测高差之差不应超过 ±10 mm。每尺段均应往返观测。

2. 成果改正计算

钢尺量距时，由于钢尺长度有误差，并且量距时的温度与标准温度不同，对于量距结果应进行尺长改正、温度改正；由于丈量的是斜距，还要将其改算为水平距离。

（1）尺长改正。钢尺名义长度 l_0，一般和实际长度不相等，每量一尺段都需加入尺长改正。在标准拉力、标准温度下经过检定实际长度为 l'，其差值 Δl 为整尺段的尺长改正数，即

$$\Delta l = l' - l_0$$

任一长度尺长改正公式为

$$\Delta l_d = \frac{\Delta l}{l_0} l \tag{4-5}$$

（2）温度改正。受温度影响，钢尺长度会伸缩。当野外量距时温度 t 与检定钢尺时的温度 t_0 不一致时，要进行温度改正，其改正公式为

$$\Delta l_t = \alpha (t - t_0) l \tag{4-6}$$

式中 α——钢尺膨胀系数，0.000 012 5/℃。

（3）改正后尺段斜距。加入尺长改正、温度改正后，各尺段的斜距为

$$L = l + \Delta l_d + \Delta l_t \tag{4-7}$$

（4）各尺段水平距离。根据各尺段斜距 L，高差 h，运用勾股定理计算各尺段水平距离 D 为

$$D = \sqrt{L^2 - h^2} \tag{4-8}$$

四、钢尺量距误差及注意事项

影响钢尺量距精度的因素很多,主要有定线误差、尺长误差、温度误差、倾斜误差、拉力误差、对准误差、读数误差等。现分析各项误差对量距的影响,要求各项误差对测距的影响在一般量距中不超过 1/10 000(对 30 m 钢尺的整尺段,即 3 mm),在精密量距中不超过 1/30 000(对 30 m 钢尺的整尺段,即 1 mm)。

1. 定线误差

在量距时由于钢尺没有准确地安放在待量距离的直线方向上,所量的是折线,不是直线,造成量距结果偏大,如图 4-7 所示。设定线误差为 e,一尺段的量距误差为

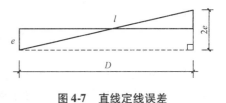

图 4-7 直线定线误差

$$\Delta e = l - \sqrt{l^2 - (2e)^2} \approx \frac{2e^2}{l} \tag{4-9}$$

在一般量距中,$l = 30$ m,$e \leq 0.21$ m 时,$\Delta e \leq 3$ mm;在精密量距中,当 $l = 30$ m,$e \leq 0.12$ m 时,$\Delta e \leq 1$ mm。用目估定线法,认真操作即可以达到精密量距的精度要求。

2. 尺长误差

钢尺名义长度与实际长度之差产生的尺长误差对量距的影响,是随着距离的增加而增加的。在一般量距中,钢尺的尺长误差不大于 ±3 mm,即可不考虑尺长改正。在精密量距中,应加入尺长改正数,并要求钢尺尺长检定误差不大于 ±1 mm。

3. 温度误差

根据钢尺温度改正公式,当量距时的温度与标准温度之差在 8 ℃ 内时,温度变化造成的量距误差为 1/10 000,因此在一般量距中,温度在此范围内(12 ℃ ~ 28 ℃)变化可不加温度改正。在精密量距中,温度测量误差不应超出 ±2.5 ℃。而在阳光暴晒下,钢尺与环境温度可差 5 ℃,所以量距宜在阴天进行。最好用半导体温度计测量钢尺的自身温度。

4. 拉力误差

钢尺具有弹性,受拉会伸长。钢尺弹性模量 $E = 2 \times 10^5$ MPa,对于 30 m 钢尺,设钢尺断面面积 $A = 4$ mm^2,钢尺拉力误差为 Δp,根据虎克定律,钢尺伸长

$$\Delta l_p = \frac{\Delta p l}{EA} \tag{4-10}$$

在一般量距中,当施加的拉力与标准拉力之差在 8 kg 以内,即对于 30 m 钢尺拉力为 2 kg ~ 18 kg 时,可不考虑拉力误差,因此应注意不可使"蛮力"。在精密量距中,以弹簧秤测量拉力的误差应在 3 kg 内,以保证拉力造成的误差不超过 1 mm。

5. 钢尺倾斜误差

钢尺量距时若钢尺不水平,或量距时两端高差测定有误差,对量距会产生误差,使距离测量值偏大。经统计,在一般量距中,目估持平钢尺时可能会产生 50′ 的倾斜,30 m 尺段相当于倾斜 0.42 m,对量距约产生 ±3 mm 的误差。因而要注意尽量使钢尺持平。在精密量距中,应使用水准仪测量尺段高差。

6. 钢尺对准及读数误差

在量距中，用铅垂线投点时因铅垂线摆动引起的误差、插测钎时测钎倾斜的误差，都将直接造成较大的距离误差。另外，在对零点读数时，若钢尺因拉力不稳定而前后窜动也将产生较大的量距误差。所以在量距时，应仔细认真投点、读数，并注意要在钢尺稳定后量距，还要防止读错、记错。

另外，在使用钢尺时应加强对钢尺的保护，严防压、折，丈量完毕应擦净钢尺，并涂油防锈。

第二节 视距测量

视距测量是一种光学间接测距方法，它利用测量仪器的望远镜内十字丝平面上的视距丝及水准尺，根据光学原理，可以同时测定两点间的水平距离和高差。其测定距离的相对精度约为1/300。视距测量曾广泛用于地形测量。

一、视线水平与尺垂直

在经纬仪或水准仪的十字丝平面内，与横丝平行且等间距的上下两根短丝称为视距丝。由于上、下视距丝的间距固定，因此从这两根视距丝引出去的视线在铅垂面内的夹角 φ 也是一个固定的角度，如图4-8所示。在 A 点安置仪器，并使其视线水平，在 B 竖立标尺，则视线与标尺垂直。下丝在标尺上的读数为 a，上丝在标尺上的读数为 b（设望远镜为倒像）。上、下丝读数之差称为尺间隔 l，即

$$l = a - b \tag{4-11}$$

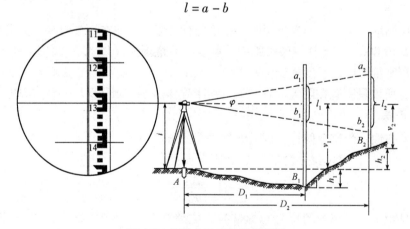

图4-8 视线水平时的视距测量

由于 φ 角是固定的，因此尺间隔 l 和立尺点离开测站的水平距离 D 成正比，即

$$D = Kl \tag{4-12}$$

式中，比例系数 K 称为视距常数，可以由上、下两根视距丝的间距来决定。在仪器制造时，使 $K = 100$。因此，当视准轴水平时，计算水平距离的公式为

$$D = 100l = 100(a - b) \tag{4-13}$$

视准轴水平时，十字丝的横丝在标尺的中丝读数为 v，再用卷尺量取仪器高 i（地面点至经纬仪横轴中心的高度或至水准仪望远镜的高度），计算测站点至立尺点的高差为

$$h = i - v \tag{4-14}$$

如果已知测站点的高程 H_A，则立尺点 B 的高程为

$$H_B = H_A + h = H_A + i - v \tag{4-15}$$

二、视线倾斜与尺不垂直

当地面起伏较大时，要使经纬仪的视准轴倾斜一个竖直角 α，才能在标尺上进行视距读数，如图 4-9 所示。

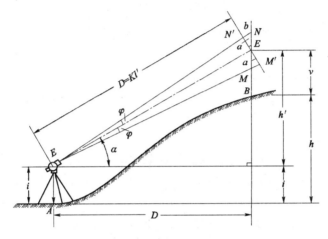

图 4-9 视线倾斜时的视距测量

视准轴倾斜时就不与标尺相垂直，而是相交成 $90° \pm \alpha$ 的角度。设想将标尺以中丝读数一点为中心，转动一个 α 角，使标尺仍与视准轴相垂直。设此时的尺间隔为 l'，$l' = M'N'$，则倾斜距离为

$$L = Kl'$$

倾斜距离化为水平距离为

$$D = Kl'\cos\alpha \tag{4-16}$$

在实际测量时，标尺总是直立的（不可能将标尺转到与经纬仪的倾斜视线垂直的位置），可以读得的尺间隔为 $l = MN$。由于 φ 角很小（约 $34'$），图 4-9 中的 $\angle EN'N$ 和 $\angle EM'M$ 可以近似地认为是直角，则

$$\frac{l'}{2} = \frac{l}{2}\cos\alpha$$

即

$$l' = l\cos\alpha \tag{4-17}$$

将式（4-17）代入式（4-16），得到视准轴倾斜的计算水平距离的公式：

$$D = Kl\cos^2\alpha \tag{4-18}$$

计算出两点间的水平距离后，可以根据竖直角 α，并量得仪器高 i 及读取中丝读数 v，按下式计算两点间的高差：

$$h = D\tan\alpha + i - v \tag{4-19}$$

当竖直角 α 很小时，水平距离 $D = Kl$，为提高观测速度，可在望远镜视线大致水平的情况下，用竖直微动螺旋使上丝（倒像望远镜）对在最近的整分米处，即可方便地"数出"尺间隔 l，然后精确地使望远镜视线水平，读出中丝读数 v。该方法称为上丝对整数法。

【例 4-2】 设测站点 A 的高程 $H_A = 120.35$ m，仪器高 $i = 1.46$ m，在视线大致水平的情况下，用竖直微动螺旋使上丝读数 $a = 1.400$ m，此时下丝读数 $b = 1.948$ m。严格使视线水平，读得中丝读数为 $v = 1.68$ m。计算 A 到 B 点的平距 D 及 B 点高程 H_B。

解：
$$D = 100\,(a - b) = 100 \times (1.948 - 1.400) = 54.8 \text{（m）}$$
$$h_{AB} = i - v = 1.46 - 1.68 = -0.22 \text{（m）}$$
$$H_B = H_A + h_{AB} = 120.35 - 0.22 = 120.13 \text{（m）}$$

在实际测量中，为简化计算，可使中丝读数 v 对准仪器高 i，即令 $i = v$，则 $h = D\tan\alpha$。该方法称为中丝仪器高法。

【例 4-3】 设测站点 A 的高程 $H_A = 120.35$ m，仪器高 $i = 1.46$ m，观测竖直角时以中丝切水准尺面使 $v = i = 1.46$ m，此时下丝读数 $a = 1.686$ m，上丝读数 $b = 1.148$ m，竖直度盘盘左读数 $L = 88°02′24″$（竖盘为顺时针注记，竖盘指标差为0）。计算 A 到 B 点的平距 D 及 B 点高程 H_B。

解：
$$\alpha = 90° - L = 90° - 88°02′24″ = 1°57′36″$$
$$D = 100\,(a - b)\cos^2\alpha = 100 \times (1.686 - 1.148)\cos^2 1°57′36″ = 53.74 \text{（m）}$$
$$h_{AB} = D\tan\alpha = 53.74\tan 1°57′36″ = 1.84 \text{（m）}$$
$$H_B = H_A + h_{AB} = 120.35 + 1.84 = 122.19 \text{（m）}$$

第三节　电磁波测距仪

电磁波测距是用电磁波（光波或微波）作为载波传输信号以测量两点间距离的一种方法。与传统的量距工具和方法相比，电磁波测距具有精度高、作业快、几乎不受地形限制等优点。

电磁波测距仪按其所采用的载波可分为：

（1）用微波段的无线电波作为载波的微波测距仪；
（2）用激光作为载波的激光测距仪；
（3）用红外光作为载波的红外光测距仪（称为红外测距仪）。

后两者又总称为光电测距仪。微波测距仪和激光测距仪多用于远程测距，测程可达数十千米，一般用于大地测量。红外测距仪用于中、短程测距，一般用于小区域控制测量、地形测量、土木工程测量、地籍测量和房产测量等。也有轻便的激光测距仪，用于更短距离测量，如室内量距。本节主要介绍光电测距仪的基本工作原理和测距精度。

一、光电测距仪的基本工作原理

光电测距仪的基本工作原理是利用已知光速 c 的光波，测定它在两点间的传播时间 t，以计算距离。如图 4-10 所示，欲测定 A、B 两点间的距离时，将一台发射和接收光波的测距仪主机安置在一端 A 点，另一端 B 点安置反射棱镜，则其距离 D 可按下式计算：

$$D = \frac{1}{2}ct \tag{4-20}$$

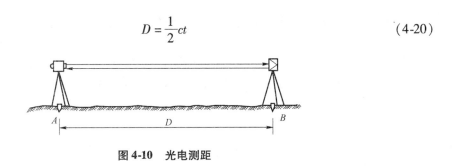

图 4-10 光电测距

A、B 点一般并不同高，光电测距测定的为斜距 L。再通过竖直角观测，将斜距归算为平距 D 和高差 h。

光在真空中的传播速度（光速）为一个重要的物理量，通过近代的科学实验，迄今所知光速的精确数值为 $c_0 = (299\,792\,458 \pm 1.2)$ m/s，光在大气中的传播速度为

$$c = \frac{c_0}{n} \tag{4-21}$$

式中，n 为大气折射率，它是光的波长 λ_g、大气温度 t 和大气气压 p 的函数，即

$$n = f(\lambda_g,\ t,\ p) \tag{4-22}$$

红外测距仪采用砷化镓（GaAs）发光二极管发出的红外光作为光源，其波长 $\lambda_g = 0.82 \sim 0.93$ μm（作为一台具体的红外测距仪，则为一个定值），由于影响光速的大气折射率随大气的温度、气压而变，因此在光电测距作业中，必须测定现场的大气温度和气压，对所测距离做气象改正。

光速是接近于 3×10^5 km/s 的已知数，其相对误差很小，测距的精度取决于测定时间的精度。例如，利用先进的电子脉冲计数，能精确测定到 $\pm 10^{-8}$ s，但由此引起的测距误差为 ± 1.5 m。为了进一步提高光电测距的精度，必须采用精度更高的间接测时手段——相位法测时，据此测定距离称为相位式测距。

相位式光电测距的原理为：采用周期为 T 的高频电振荡对测距仪的发射光源进行连续的振幅调制，使光强随电振荡的频率而周期性地明暗变化（每周相位 φ 的变化为 $0 \sim 2\pi$）。调制光波（调制信号）在待测距离上往返传播，使在同一瞬时发射光与接收光产生相位移（相位差）$\Delta\varphi$，如图 4-11 所示。根据相位差间接计算出传播时间，从而计算距离。

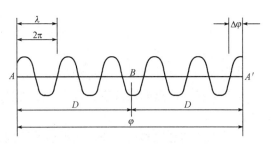

图 4-11 相位式光电测距原理

设调制信号的频率为 f（每秒振荡次数），其周期 $T = 1/f$ [每振荡一次的时间（s）]，则调制光的波长为

$$\lambda = cT = \frac{c}{f} \tag{4-23}$$

因此

$$c = \lambda f = \frac{\lambda}{T} \tag{4-24}$$

调制光波在往返传播时间内，调制信号的相位变化了 N 个整周（NT）及不足一个整周期的尾数 ΔT，即

$$T = NT + \Delta T \tag{4-25}$$

由于一个周期中相位差的变化为 2π，不足一整周的相位差尾数为 $\Delta\varphi$，因此

$$\Delta T = \frac{\Delta\varphi}{2\pi}T \tag{4-26}$$

则

$$t = T\left(N + \frac{\Delta\varphi}{2\pi}\right) \tag{4-27}$$

将式（4-24）、式（4-27）代入式（4-20），得到相位式光电测距的基本公式：

$$D = \frac{\lambda}{2}\left(N + \frac{\Delta\varphi}{2\pi}\right) \tag{4-28}$$

由式（4-28）可知，相位式测距的原理和钢尺量距相仿，相当于用一支长度为 $\lambda/2$ 的"光尺"来丈量距离，N 为"整尺段数"，$(\lambda/2) \times (\Delta\varphi/2\pi)$ 为"余长"。

由于对于某种光源的波长 λ_p，在标准气象状态下（一般取气温 $t = 15$ ℃，气压 $p = 101.3$ kPa）的光速可以算得，因此调制光的光尺长度可以由调制信号的频率 f 来决定。

由此可见，调制频率决定光尺长度。当仪器在使用过程中，由于电子元件老化等原因，实际的调制频率与设计的标准频率有微小变化时，例如尺长误差会影响所测距离，其影响与距离的长度呈正比。经过测距仪的检定，可以得到改正距离用的比例系数，称为测距仪的乘常数 K。必要时，在测距计算时加以改正。

在测距仪的构件中，用相位计按相位比较的方法只能测定往、返调制光波相位差的尾数 $\Delta\varphi$，而无法测定整周数 N，因此使式（4-28）产生多解，只有当待测距离小于光尺长度时，才能有确定的数值。另外，用相位计一般也只能测定 4 位有效数值。因而在相位式测距仪中有两种调制频率，即两种光尺长度。例如，$f_1 = 15$ MHz，$\lambda/2 = 10$ m（称为精尺）可以测定距离尾数的米、分米、厘米、毫米数；$f_2 = 150$ MHz，$\lambda/2 = 1\ 000$ m（称为粗尺）可以测定百米、十米、米数。这两种尺子联合使用，可以测定 1 km 以内的距离值。

由于电子信号在仪器内部线路中通过也需要花一定的时间，这就相当于附加了一段距离，因此测距仪内部还设置了内光路，利用活动的内光路棱镜使发射信号经过光导管，直接在仪器内部回到接收系统。通过相位计比相，可以测定仪器内部线路的长度，称为内光路距离。所要测定的两点间距离应为外光路距离与内光路距离之差。经过计算，显示两点间距离的数值。

电子元件的老化和反射棱镜的更换等原因，往往使仪器显示的距离与实际距离不一致，而存在一个与所测距离长短无关的常数差，称为测距仪的加常数 C。通过测距仪的检定，可以求得加常数 C，必要时在测距计算中加以改正。

二、影响测距精度的因素和测距仪的标称精度

1. 影响测距精度的因素

根据测距仪的基本公式并顾及仪器的加常数 C，则所测距离为

$$D = \frac{c_0}{2nf}(N + \Delta N) + C = \frac{c_0}{2nf}\left(N + \frac{\Delta\varphi}{2\pi}\right) + C \tag{4-29}$$

式中 c_0——光在真空中的传播速度；
  n——大气折射率。

由式（4-29）可知，c_0、n、f、$\Delta\varphi$、C 的测定误差直接影响测距精度。

对式（4-29）进行全微分得

$$\mathrm{d}D = \frac{D}{c_0}\mathrm{d}c_0 - \frac{D}{n}\mathrm{d}n - \frac{D}{f}\mathrm{d}f - \frac{\lambda}{4\pi}\mathrm{d}\varphi + \mathrm{d}C \tag{4-30}$$

根据误差传播定律，可求得距离的中误差为

$$m_D^2 = \left(\frac{m_{c0}^2}{c_0^2} + \frac{m_n^2}{n^2} + \frac{m_f^2}{f^2}\right)D^2 + \frac{\lambda^2}{16\pi^2}m_\varphi^2 + m_c^2 \tag{4-31}$$

式（4-31）中第一项与距离有关，是比例误差，后两项与距离无关，是固定误差。

2. 测距仪的标称精度

通常测距仪的标称精度采用下式来表示：

$$m_D = \pm (a + bD)$$

式中 a——固定误差；
  b——比例误差。

第四节 全站仪

一、全站仪的结构原理

全站型电子速测仪简称全站仪。它由光电测距仪、电子经纬仪和微处理机组成。它可在一个测站上同时测距和测角，能自动计算出待定点的坐标和高程，并能完成点的放样工作。全站仪通过传输接口将野外采集的数据传输给计算机，配以绘图软件以及绘图设备，可实现测图的自动化，也可将设计数据传输给全站仪，进行高效率的施工测量工作。

全站仪分为分体式和整体式两类。分体式全站仪的测距部分和电子经纬仪不是一个整体，进行作业时将测距部分安装在电子经纬仪上，作业结束后卸下来分开装箱。整体式全站仪是分体式全站仪的进一步发展，测距镜头与电子经纬仪的望远镜结合在一起，形成一个整体，使用起来更方便。

全站仪的结构原理如图 4-12 所示。图中上半部分包含测量的四大光电系统，即测距、测水平角、测竖直角和水平补偿。键盘是测量过程的控制系统，测量人员通过按键便可调用内部指令指挥仪器的测量工作过程和测量数据处理。以上各系统通过 I/O 接口接入总线与数字计算机系统联系起来。

微处理机是全站仪的核心部件，它如同计算机的中央处理机（CPU），主要由寄存器系列（缓冲寄存器、数据寄存器、指令寄存器等）、运算器和控制器组成。

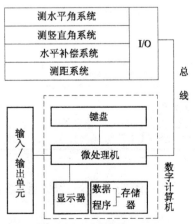

图 4-12 全站仪的结构原理

微处理机的主要功能是根据键盘指令启动仪器进行测量工作,执行测量过程中的检核和数据的传输、处理、显示、储存等工作,保证整个光电测量工作有条不紊地完成。输入/输出单元是与外部设备连接的装置(接口)。为便于测量人员设计软件系统,处理某种目的的测量工作,在全站仪的数字计算机中还提供程序存储器。

现在世界上有许多著名测绘仪器厂商生产了各种型号的全站仪,本节将简要介绍南方 NTS-352 系列全站仪。

二、南方 NTS-352 系列全站仪的主要特点和技术指标

NTS-352 全站仪是广州南方测绘公司生产的系列产品,有以下主要特点。

(1) 功能丰富:南方 NTS-352 全站仪具备丰富的测量程序,同时具有数据存储功能、参数设置功能,功能强大,适用于各种专业测量和工程测量。

(2) 数字键盘操作快速:南方 NTS-352 全站仪功能丰富,操作相当简单,操作按键改进了 NTS-320 的软键盘方式,采用了软键盘和数字键盘结合的方式,按键方便、快速,易学易用。

(3) 强大的内存管理:采用了具有内存的程序模块,可同时存储测量数据和坐标数据多达 3 440 点,若仅存放样坐标数据可存储 10 000 点以上,并可以方便地进行内存管理,可对数据进行增加、删除、修改、传输。

(4) 自动化数据采集:野外自动化的数据采集程序,可以自动记录测量数据和坐标数据,可直接与计算机传输数据,实现真正的数字化测量。

(5) 特殊测量程序:在常用的基本测量模式(角度测量、距离测量、坐标测量)之外,还具有特殊的测量程序,可进行悬高测量、对边测量、距离放样、坐标放样、后方交会、面积计算,功能相当丰富,可满足专业测量的要求。

(6) 中文界面和菜单:NTS-352 全站仪采用了汉化的中文界面,对于国内用户更直观、更便于操作,显示屏更大,设计更加人性化,字体更清晰、美观。

南方 NTS-352 系列全站仪的主要技术指标见表 4-1。

表 4-1 南方 NTS-352 系列全站仪主要技术指标

项目		NTS-352	NTS-355	NTS-355s
放大倍率		30×	30×	30×
视场角和最短视距		1°30′, 1 m	1°30′, 1 m	1°30′, 1 m
水平角、竖直角测角中误差		±2″	±5″	±5″
双轴自动补偿范围		±3′	±3′	±3′
最大量程/km	单个棱镜	1.8	1.6	1.4
	三个棱镜	2.6	2.3	2.0
测距中误差/mm		±(2+2 ppm)	±(2+2 ppm)	±(2+2 ppm)

三、南方 NTS-352 系列全站仪的结构与键盘设置

NTS-352 系列全站仪的外貌和结构如图 4-13 所示。由图可见,其结构与经纬仪相似,区别主要是望远镜体积庞大,这是因为红外测距的镜头与望远镜合为一体。

第四章 距离测量与直线定向

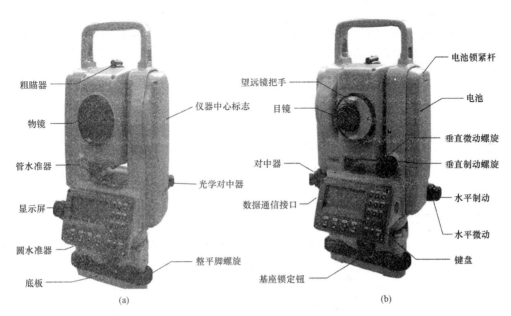

图 4-13 南方 NTS – 352 系列全站仪的外貌和结构

南方 NTS – 352 系列全站仪键盘的设置情况如图 4-14 所示。

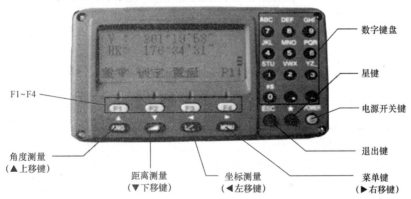

图 4-14 南方 NTS – 352 系列全站仪的操作键盘

南方 NTS – 352 系列全站仪键盘上 9 个按键的主要功能及键盘所显示的符号内容见表 4-2。

表 4-2 南方 NTS – 352 系列全站仪键盘各键功能及所显示的符号内容

按键符号	名称	功能	显示符号	内容
ANG	角度测量键	进入角度测量模式	HR	水平角（右角）
◢	距离测量键	进入距离测量模式	HL	水平角（左角）
╱	坐标测量键	进入坐标测量模式	HD	水平距离
MENU	菜单键	进入菜单模式	VD	高差

续表

按键符号	名称	功能	显示符号	内容
ESC	退出键	返回上一级状态或返回测量模式	SD	倾斜
POWER	电源开关键	电源开关	N	北向坐标
F1～F4	软件（功能键）	对应于显示的信息	E	东向坐标
0～9	数字键	输入数字和字母小数点、负号	Z	高程
★	星键	进入星键模式	*	EDM（电子测距）正在进行

在全站仪操作中，键盘所显示的功能及信息如图 4-15～图 4-17 及表 4-3～表 4-5 所示。
(1) 角度测量模式（三个界面菜单）。

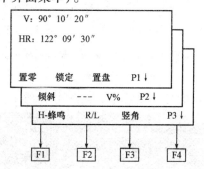

图 4-15　南方 NTS-352 系列全站仪测角模式

表 4-3　测角模式所显示的信息内容

页数	软键	显示符号	功　　能
第1页 (P1)	F1	置零	水平角置 0°0′0″
	F2	锁定	水平角读数锁定
	F3	置盘	通过键盘输入数字设置水平角
	F4	P1↓	显示第 2 页软键功能
第2页 (P2)	F1	倾斜	设置倾斜改正开或关，若选择开则显示倾斜改正
	F2	—	
	F3	V%	垂直角与百分比坡度的切换
	F4	P2↓	显示第 3 页软键功能
第3页 (P3)	F1	H-蜂鸣	仪器转动至水平角 0°、90°、180°、270°是否进行了蜂鸣设置
	F2	R/L	水平角右/左计数方向的转换
	F3	竖角	垂直角显示格式的切换
	F4	P3↓	显示第 1 页软键功能

（2）距离测量模式（两个界面菜单）。

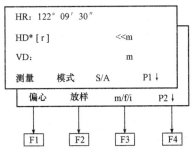

图 4-16　南方 NTS–352 系列全站仪测距模式

表 4-4　测距模式所显示的信息内容

页数	软键	显示符号	功能
第 1 页（P1）	F1	测量	启动测量
	F2	模式	设置测距模式为精测/跟踪
	F3	S/A	温度、气压、棱镜常数等设置
	F4	P1↓	显示第 2 页软键功能
第 2 页（P2）	F1	偏心	偏心测量模式
	F2	放样	距离放样模式
	F3	m/f/i	距离单位的设置米/英尺/英寸
	F4	P2↓	显示第 1 页软键功能

（3）坐标测量模式（三个界面菜单）。

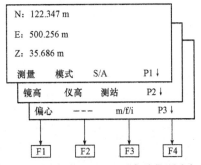

图 4-17　南方 NTS–352 系列全站仪测坐标模式

表 4-5　测坐标模式所显示的信息内容

页数	软键	显示符号	功能
第 1 页（P1）	F1	测量	启动测量
	F2	模式	设置测距模式为精测/跟踪
	F3	S/A	温度、气压、棱镜常数等设置
	F4	P1↓	显示第 2 页软键功能

续表

页数	软键	显示符号	功能
第2页 （P2）	F1	镜高	设置棱镜
	F2	仪高	设置仪器高度
	F3	测站	设置测站坐标
	F4	P2↓	显示第3页软键功能
第3页 （P3）	F1	偏心	偏心测量模式
	F2	—	—
	F3	m/f/i	距离单位的设置：米/英尺/英寸
	F4	P3↓	显示第1页软键功能

（4）星键模式，按下星键可以设置以下内容：

①对比度调节：按星键后，通过按［▲］或［▼］，可以调节液晶显示对比度。

②照明：按星键后，通过按 F1 选择"照明"，按 F1 或 F2 选择开关背景光。

③倾斜：按星键后，通过按 F2 选择"倾斜"，按 F1 或 F2 选择开关倾斜改正。

④S/A：按星键后，通过按 F4 选择"S/A"，可以对棱镜常数和温度、气压进行设置，并且可以查看回光信号的强弱。

（5）在利用全站仪进行测量时，应该首先对仪器进行常规的初始设置，如温度、气压、大气改正、棱镜常数等。

①设置温度和气压。预先测得测站周围的温度和气压。例如，温度 25 ℃，气压 1 017.5 hPa，操作过程见表4-6。

表 4-6 温度和气压设置操作过程

步骤	操作	操作过程	显示
第1步	按键 ◢	进入距离测量模式	HR: 170°30′20″ HD: 235.343 m VD: 36.551 m 测量　模式　S/A　P1↓
第2步	按键 F3	进入设置（由距离测量或坐标测量模式预先测得测站周围的温度和气压）	设置音响模式 PSM: 0.0　　PPM: 2.0 信号　【１１１１１】 棱镜　　PPM　　T-P　　---
第3步	按键 F3	按键 F3 执行【T-P】	设置音响模式 PSM: 0.0　　PPM: 2.0 信号　【１１１１１】 棱镜　　PPM　　T-P　　---

续表

步骤	操作	操作过程	显示
第4步	按键 F1 输入温度 按键 F4 输入气压	按键 F1 执行【输入】输入温度与气压，按键 F4 执行【回车】确认输入	温度和气压设置 温度 -> 25.0 ℃ 气压: 1 017.5 hPa 输入 --- --- 回车

②设置大气改正。全站仪发射红外光的光速随大气的温度和压力而改变，仪器一旦设置了大气改正值即可自动对测距结果实施大气改正，大气改正的计算公式如下：

$$\Delta S = 273.8 - 0.290\,0p/(1 + 0.003\,66T)\;(\text{ppm}) \tag{4-32}$$

式中 ΔS——改正系数；

p——气压，hPa；

T——温度。

③设置反射棱镜常数。南方全站仪的棱镜常数的出厂设置为 -30，若使用棱镜常数不是 -30 的配置棱镜，则必须设置相应的棱镜常数。一旦设置了棱镜常数，则关机后该常数仍被保存。反射棱镜常数设置操作过程见表4-7。

表4-7 反射棱镜常数设置操作过程

步骤	操作	操作过程	显示
第1步	F3	由距离测量或坐标测量模式按 F3 (S/A) 键	设置音响模式 PSM: -30.0 PPM: 0.0 信号【1 1 1 1 1】 棱镜 PPM T-P ---
第2步	F1	按 F1 (棱镜) 键	棱镜常数设置 棱镜: 0.0 mm 输入 --- --- 回车
第3步	F1 输入数据 F4	按 F1 键输入棱镜常数改正值，按 F4 键确认，显示屏返回到设置模式	设置音响模式 PSM: 0.0 PPM: 0.0 信号【1 1 1 1 1】 棱镜 PPM T-P ---

④设置仪器常数。仪器常数设置操作过程见表4-8。

表 4-8　仪器常数设置操作过程

操作过程	操作	显示
①按住 F1 键，开机	F1 + 开机	校正模式 F1：垂直角零基准 F2：仪器常数
②按 F2 键	F2	仪器常数设置 仪器常数 　　　　　－0.5 mm 输入　――――　回车
③输入常数值	F1	仪器常数设置 仪器常数： 　　　　　1.5 mm 输入　――――　回车
④关机	输入常数 F4 关机	校正模式 F1：垂直角零基准 F2：仪器常数

四、南方 NTS-352 系列全站仪的操作与使用

1. 测前的准备

（1）安装内部电池。测前应检查内部电池的充电情况，如电力不足，要及时充电，充电时间需要 12~15 h，不要超出规定时间，测时装上电池，测量结束应卸下。

（2）安置仪器。仪器的安置包括对中和整平。仪器装有尺寸较大的光学对中器，放大倍率为 3 倍，使用很方便。仪器设有双向倾斜补偿器，补偿范围为 3′，所以仪器整平后，气泡稍有偏离对观测并无影响。

（3）开机并设置水平与竖直度盘指标。开机后仪器自动进入自检，通过后显示电池电力情况，之后即可设置水平与竖直度盘指标。将仪器照准部旋转一周，听到鸣响即显示水平角，然后将望远镜竖直旋转，听到鸣响即显示竖直角，至此两项指标设置完毕。

（4）设置仪器参数。根据测量的具体要求，测前应通过仪器的键盘操作选择和设置参数。如测量高程时，应在测前选择设置气象改正系数。

2. 仪器的操作与使用

这里主要介绍南方 NTS-352 全站仪角度测量、距离测量、标准测量、对边测量、悬高测量、距离放样等方法。

第四章　距离测量与直线定向

（1）角度测量。

①水平角（右角）和垂直角的测量首先确认处于角度测量模式，角度测量操作过程见表4-9。

表4-9　角度测量操作过程

操作过程	操作	显示
①照准第一个目标A	照准A	V:　　　　82°09′30″ HR:　　　　90°09′30″ 置零　锁定　置盘　　P1↓
②设置目标A的水平角为0°00′00″；按 F1 （置零）键和 F3 （是）键	F1 F3	水平角置零 　　>OK? －－－　－－－　[是]　[否] V:　　　　82°09′30″ HR:　　　　0°00′00″ 置零　锁定　置盘　　P1↓
③照准第二个目标B，显示目标B的V、HR	照准目标B	V:　　　　92°09′30″ HR:　　　　67°09′30″ 置零　锁定　置盘　　P1↓

②水平角的设置。在进行角度测量时，可以用两种方法来设置水平角：一是通过锁定角度值进行设置；二是通过键盘输入进行设置。这两种方法的操作过程分别见表4-10和表4-11。

表4-10　通过锁定角度值进行设置操作过程

操作过程	操作	显示
①用水平微动螺旋转到所需的水平角	显示角度	V:　　　　122°09′30″ HR:　　　　90°09′30″ 置零　锁定　置盘　　P1↓
②按 F2 （锁定）键	F2	水平角锁定 HR:　　　　90°09′30″ -设置? －－－　－－－　[是]　[否]
③照准目标	照准	
④按 F3 （是）键完成水平角设置，显示窗变为正常的角度测量模式	F3	V:　　　　122°09′30″ HR:　　　　90°09′30″ 置零　锁定　置盘　　P1↓

表 4-11 通过键盘输入进行设置操作过程

操作过程	操作	显示
①照准目标	照准	V: 122°09′30″ HR: 90°09′30″ 置零　锁定　置盘　P1↓
②按 F3（置盘）键	F3	水平角设置 HR: 输入　———　———　[回车]
③通过键盘输入所要求的水平角，如150°10′20″	F1 150 10 20 F4	V: 122°09′30″ HR: 150°10′20″ 置零　锁定　置盘　P1↓

（2）距离测量。距离测量分为连续测量和 N 次/单次测量，其操作过程见表 4-12、表 4-13。

①连续测量。确认处于测角模式，连续测量操作过程见表 4-12。

表 4-12 连续测量操作过程

操作过程	操作	显示
①照准棱镜中心	照准	V: 90°10′20″ HR: 170°30′20″ H-蜂鸣　R/L　竖角　P3↓
②按  ◢ 键，距离测量开始	 ◢	HR: 170°30′20″ HD* [r] ≪m VD: m 测量　模式　S/A　P1↓ HR: 170°30′20″ HD* 235.343 m VD: 36.551 m 测量　模式　S/A　P1↓
显示测量的距离，再次按  ◢ 键，显示变为水平角（HR）、垂直角（V）和斜距（SD）	 ◢	V: 90°10′20″ HR: 170°30′20″ SD* 241.551 m 测量　模式　S/A　P1↓

注：当进行距离测量时，应先设置大气改正和棱镜常数（-30）

②N次测量/单次测量。当输入测量次数后,仪器就按设置的次数进行测量,并显示出距离平均值。当输入测量次数为 1 时,因为是单次测量,仪器不显示距离平均值。其操作过程见表 4-13。

表 4-13 N 次测量/单次测量操作过程

操作过程	操作	显示
①照准棱镜中心	照准	V: 122°09′30″ HR: 90°09′30″ 置零　　锁定　　置盘　　P1↓
②按  ◢ 键,连续测量开始	 ◢	HR: 170°30′20″ HD* [r]　　<<m VD:　　　　　　　m 测量　　模式　　S/A　　P1↓
③当连续测量不再需要时,可按 F1 (测量)键,测量模式为 N 次测量模式;当光电测距(EDM)正在工作时,再按 F1 (测量)键,模式转变为连续测量模式	F1	HR: 170°30′20″ HD: [n]　　<<m VD:　　　　　　　m 测量　　模式　　S/A　　P1↓ HR: 170°30′20″ HD:　　　566.346 m VD:　　　　89.678 m 测量　　模式　　S/A　　P1↓

(3)标准测量。

①设置测站点。可利用内存中的坐标数据来设定或直接由键盘输入。本书利用内存中的坐标数据来设置测站点,操作步骤见表 4-14。

表 4-14 利用内存中的坐标数据设置测站点操作过程

操作过程	操作	显示
①由数据采集菜单1/2,按 F1 (输入测站点)键,即显示原有数据	F1	点号　　　　　->PT-01 标识符: 仪高:　　　　0.000 m 输入　　查找　　记录　　测站
②按 F4 (测站)键	F4	测站点 点号:　　PT-01 输入　　调用　　坐标　　回车

续表

操作过程	操作	显示
③按 F1 （输入）键	F1	测站点 点号： PT-01 回退　空格　数字　回车
④输入点号，按 F4 键	输入点号 F4	点号　　　　　->PT-11 标识符： 仪高：　　　　0.000 m 输入　查找　记录　测站
⑤输入标识符、仪高	输入标识符 输入仪高	点号　　　　　->PT-11 标识符： 仪高：　　　　1.235 m 输入　查找　记录　测站
⑥按 F3 （记录）键	F3	点号　　　　　->PT-11 标识符： 仪高-> 　　　 1.235 m 输入　查找　记录　测站 >记录?　　　[是]　[否]
⑦按 F3 （是）键，显示屏返回数据采集菜单1/3	F3	数据采集　　　　　1/2 F1: 输入测站点 F2: 输入后视点 F3: 测量　　　　　P↓

注：如果不需要输入仪高，则可按 F3 （记录）键。
在数据采集中存入的数据有点号、标识符和仪高。
如果在内存中找不到给定的点，则就会在显示屏上显示"该点不存在"

②设置后视点。通过输入点号设置后视点，将后视定向角数据寄存在仪器内表，操作过程见表4-15。

表 4-15　设置后视点操作过程

操作过程	操作	显示
①由数据采集菜单 1/2 按 F2（后视），即显示原有数据	F2	后视点-> 编码： 镜高：　　　　　0.000 m 输入　　置零　　测量　　后视
②按 F4（后视）键	F4	后视 点号-> 输入　　调用　　NE/AZ　[回车]
③按 F1（输入）键	F1	后视 点号： 回退　　空格　　数字　　回车
④输入点号，按 F4（ENT）键，按同样方法，输入点编码、反射棱镜高	输入 PT # F4	后视点　　->PT-22 编码： 镜高：　　　　　0.000 m 输入　　置零　　测量　　后视
⑤按 F3（测量）键	F3	后视点　　->PT-22 编码： 镜高：　　　　　0.000 m 角度　　*斜距　　坐标　　---
⑥照准后视点，选择一种测量模式并按相应的软键 例：F2（斜距）键。 进行斜距测量，根据定向角计算结果设置水平度盘读数，测量结果被寄存，显示屏返回数据采集菜单 1/2	照准 F2	V:　　　　90° 00′ 00″ HR:　　　　0° 00′ 00″ SD*　　　　<<< m >测量… 数据采集　　　　　　1/2 F1:　输入测站点 F2:　输入后视点 F3:　测量　　　　　P↓

③碎部测量。即进行待测点测量，并存储数据，碎部测量操作过程见表4-16。

表4-16 碎部测量操作过程

操作过程	操作	显示
①由数据采集菜单1/2，按 F3 （测量）键，进入待测点测量	F3	数据采集　　　　　　　　　1/2 F1:　　测站点输入 F2:　　输入后视 F3:　　测量　　　　　　　P↓ 点号　　—> 编码： 镜高：　　　　　　　　0.000 m 输入　　查找　　测量　　同前
②按 F1 （输入）键，输入点号后按 F4 确认	F1 输入点号 F4	点号　　　　=PT-01 编码： 镜高：　　　　　　　　0.000 m 回退　　空格　　数字　　回车 点号　　　　=PT-01 编码：　　—> 镜高：　　　　　　　　0.000 m 输入　　查找　　测量　　同前
③按同样的方法输入编码、棱镜高	F1 输入编码 F4 F1 输入镜高 F4	点号　　　　PT-01 编码：　　—>　　SOUTH 镜高：　　　　　　　　1.200 m 输入　　查找　　测量　　同前 角度　　*斜距　　坐标　　偏心
④按 F3 （测量）键	F3	
⑤照准目标点	照准	
⑥按 F1 到 F3 中的一个键，例如 F2 （斜距）键，开始测量，数据被存储，显示屏变换到下一个镜点	F2	V:　　　　90°00′00″ HR:　　　　0°00′00″ SD*　[n]　　　　<<< m >测量… <完成>

续表

操作过程	操作	显示
⑦输入下一个镜点数据并照准该点		点号　　　　　->PT-02 编码：　　　　SOUTH 镜高：　　　　1.200 m 输入　　查找　　测量　　同前
⑧按 F4 （同前）键，按照上一个镜点的测量方式进行测量，测量数据被存储。 按同样的方式继续测量。 按 ESC 键即可结束数据采集模式	照准 F4	V:　　　　　　90°00′00″ HR:　　　　　　0°00′00″ SD*　[n]　　　　<<< m >测量… <完成> 点号　　　　　->PT-03 编码：　　　　SOUTH 镜高：　　　　1.200 m 输入　　查找　　测量　　同前

（4）对边测量。对边测量模式有两个：①MLM-1（A-B，A-C）：测量 A-B，A-C，A-D，…；②MLM-2（A-B，B-C）：测量 A-B，B-C，C-D，…。

本书以 MLM-1（A-B，A-C）模式为例。MLM-2（A-B，B-C）模式的测量过程与 MLM-1 模式基本相同。其操作过程见表4-17。

表4-17　MLM-2（A-B，A-C）模式操作过程

操作过程	操作	显示
①按 MENU 键，再按 F4 （P↓），进入第2页菜单	MENU F4	菜单　　　　　　　　　2/3 F1：程序 F2：格网因子 F3：照明　　　　　　　P1↓
②按 F1 键，进入程序	F1	菜单　　　　　　　　　1/2 F1：悬高测量 F2：对边测量 F3：Z坐标　　　　　　P1↓

续表

操作过程	操作	显示
③按 F2 （对边测量）键	F2	对边测量 F1：使用文件 F2：不使用文件
④按 F1 或 F2 键，选择是否使用坐标文件，例如，F2：不使用坐标文件	F2	格网因子 F1：使用格网因子 F2：不使用格网因子
⑤按 F1 或 F2 键，选择是否使用坐标格网因子	F2	对边测量 F1：MLM-1 (A-B，A-C) F2：MLM-2 (A-B，B-C)
⑥按 F1 键	F1	MLM-1(A-B，A-C) <第一步> HD：　　　　　　　　m 测量　　镜高　　坐标　　设置
⑦照准棱镜 A，按 F1 （测量）键显示仪器至棱镜 A 之间的平距（HD）	照准 A F1	MLM-1 (A-B，A-C) <第一步> HD* [n]　　　　　　<< m 测量　　镜高　　坐标　　设置 MLM-1 (A-B，A-C) <第一步> HD*　　　　　　287.882 m 测量　　镜高　　坐标　　设置

· 88 ·

续表

操作过程	操作	显示
⑧测量完毕，棱镜的位置被确定	F4	MLM-1 (A-B, A-C) <第二步> HD:　　　　　　　　m 测量　　镜高　　坐标　　设置
⑨照准棱镜 B，按 F1（测量）键显示仪器到棱镜 B 的平距（HD）	照准 B F1	MLM-1 (A-B, A-C) <第二步> HD*　　　　　　　　<<m 测量　　镜高　　坐标　　设置 MLM-1 (A-B, A-C) <第二步> HD*　　　　　　233.846 m 测量　　镜高　　坐标　　设置
⑩测量完毕，显示棱镜 A 与 B 之间的平距（dHD）和高差（dVD）	F4	MLM-1 (A-B, A-C) dHD:　　　　　　21.416 m dVD:　　　　　　　1.256 m ---　　---　　平距　　---
⑪按　　键，可显示斜距（dSD）	◢	MLM-1 (A-B, A-C) dSD:　　　　　　263.376 m HR:　　　　　　10°09′30″ ---　　---　　平距　　---
⑫测量 A、C 之间的距离，按 F3（平距）	F3	MLM-1 (A-B, A-C) <第二步> HD:　　　　　　　　m 测量　　镜高　　坐标　　设置
⑬照准棱镜 C，按 F1（测量）键显示仪器到棱镜 C 的平距（HD）	照准棱镜 C F1	MLM-1 (A-B, A-C) <第二步> HD: <<m 测量　　镜高　　坐标　　设置

续表

操作过程	操作	显示
⑭测量完毕，显示棱镜 A 与 C 之间的平距（dHD）、高差（dVD）	F4	MLM-1 (A-B，A-C) dHD:　　　　3.846 m dVD:　　　　12.256 m ———　———　平距　———
⑮测量 A、D 之间、距离，重复操作步骤⑫~⑭		

（5）悬高测量。为了得到不能放置棱镜的目标点高度，只需将棱镜架设于目标点所在铅垂线上的任一点，然后进行悬高测量，操作过程见表4-18。

表 4-18　悬高测量操作过程

操作过程	操作	显示
①按 MENU 键，再按 F4（P↓）键，进入第 2 页菜单	MENU F4	菜单　　　　　　　　　2/3 F1：程序 F2：格网因子 F3：照明　　P1↓
②按 F1 键，进入程序	F1	程序　　　　　　　　　1/2 F1：悬高测量 F2：对边测量 F3：Z坐标
③按 F1（悬高测量）键	F1	悬高测量 F1：输入镜高 F2：无须镜高
④按 F1 键	F1	悬高测量-1 ＜第一步＞ 镜高：　　　　　　0.000 m 输入　———　———　回车
⑤输入棱镜高	输入棱镜高1.3 F4	悬高测量-1 ＜第二步＞ HD：　　　　　　　　m 测量　———　———　设置

续表

操作过程	操作	显示
⑥照准棱镜	照准P	悬高测量-1 <第二步> HD*　　　　　<< m 测量
⑦按 F1（测量）键，测量开始显示仪器至棱镜之间的水平距离（HD）	F1	悬高测量-1 <第二步> HD*　　　　　123.342 m 测量　　　　　　　　　设置
⑧测量完毕，棱镜的位置被确定	F4	悬高测量-1 VD:　　　　　3.435 m ———　镜高　平距　———
⑨照准目标K，显示垂直距离（VD）	照准K	悬高测量-1 VD:　　　　　24.287 m ———　镜高　平距　———

（6）距离放样。该功能可显示出测量的距离与输入的放样距离之差即测量距离与放样距离之差。放样时可选择平距（HD）、高差（VD）和斜距（SD）中的任意一种放样模式，其操作过程见表4-19。

表4-19　距离放样操作过程

操作过程	操作	显示
①在距离测量模式下按 F4（↓）键，进入第2页功能	F4	HR:　　　170°30′20″ HD:　　　　566.346 m VD:　　　　89.678 m 测量　　模式　S/A　　P1↓ 偏心　　放样　m/f/i　　P2↓
②按 F2（放样）键，显示出上次设置的数据	F2	放样 HD:　　　　0.000 m 平距　　高差　　斜距　　———

续表

操作过程	操作	显示
③通过按 F1 ～ F3 键选择测量模式。 F1：平距；F2：高差； F3：斜距 例如，水平距离	F1	放样 HD:　　　　　　　0.000 m 输入　　---　　---　　回车
④输入放样距离 350 m	F1 输入 350 F4	放样 HD:　　　　　　350.000 m 输入　　---　　---　　回车
⑤照准目标（棱镜），测量开始，显示出测量距离与放样距离之差	照准 P	HR:　　　120°30′20″ dHD*[r]　　　　　　　<<m VD:　　　　　　　　　　m 输入　　---　　---　　回车
⑥移动目标棱镜，直至距离差等于 0 m 为止		HR:　　　120°30′20″ dHD*[r]　　　　　25.688 m VD:　　　　　　　2.876 m 测量　　模式　　S/A　　P1↓

以上仅介绍了 NTS-352 全站仪的一些基本操作，要全面掌握其性能及使用方法，应详细阅读 NTS-352 全站仪使用说明书。

五、全站仪使用的注意事项和养护

全站仪是一种结构复杂、价格很高的先进测量仪器。如果仪器损坏或发生故障，会给生产带来直接影响。因此，必须严格遵守操作规程，正确使用。

使用仪器前应认真阅读使用说明书，最大限度地熟悉仪器操作方法。电池充电应按说明书的要求进行。在测量过程中，测距镜头不能直接照准太阳，以免损坏测距的发光二极管。在阳光或阴雨天气进行作业时，应打伞遮阳、遮雨。测距时，视线方向上不能有玻璃镜面或其他反光物体。在有强磁场干扰时，全站仪、测距仪会产生较大误差，故应避开高压线、发电机、电动机等的干扰。仪器应保持干燥，遇雨后应将仪器擦干，放在通风处，完全晾干后才能装箱。仪器在运输过程中应注意防震，在使用、运输、保存过程中还要注意防尘。

第五节 GPS-RTK 测量系统

一、RTK 测量原理

RTK（Real-Time Kinematic）即实时动态差分法，是一种新型常用 GPS 测量方法。以前的静态、快速静态、动态测量都需要事后进行解算才能获得厘米级的精度，而 RTK 是能够在野外实时得到厘米级定位精度的测量方法。它采用了载波相位动态实时差分方法，能够实时地提供测站点在指定坐标系中的三维定位结果，是 GPS 应用的重大里程碑，它的出现为工程放样、地形测图、各种控制测量带来便利，极大地提高了外业作业效率。

在 RTK 作业模式下，基准站通过数据链将其观测值和测站坐标信息一起传送给流动站。流动站不仅通过数据链接收来自基准站的数据，还要采集 GPS 观测数据，并在系统内组成差分观测值进行实时处理，同时给出定位结果，历时不足 1 s。相对于传统测量手段，GPS 动态测量技术具有以下特点：

（1）GPS 观测的精度明显高于一般常规测量，在小于 50 km 的基线上，其相对定位精度可达 1×10^{-6}，在大于 1 000 km 的基线上可达 1×10^{-8}；

（2）GPS 测量不需要测站间相互通视，可根据实际需要确定点位，使得选点工作更加灵活方便；

（3）在进行 GPS 测量时，静态相对定位每站仅 20 min 左右，动态相对定位仅需几秒钟；

（4）GPS 接收机自动化程度越来越趋于操作智能化，观测人员只需对中、整平、量取天线高及开机后设定参数，接收机即可进行自动观测和记录；

（5）提供信号接收与发送的卫星数目多且分布均匀，可保证在任何时间、任何地点连续进行观测，一般不受天气状况的影响；

（6）GPS 测量可同时精确测定测站点的三维坐标，其高程精度已可满足四等水准测量的要求；

（7）GPS 系统不仅可用于测量、导航，还可用于测速、测时，测速的精度可达 0.1 m/s，测时的精度可达几十毫微秒。

现在世界上许多著名测绘仪器厂商生产有各种型号的导航系统，本节将简要介绍南方导航推出的 Mini 三星三防银河 1 测量系统。

二、银河 1 测量系统的主要功能及特点

银河 1 测量系统具有双频系统静态测量，可准确完成高精度 GPS 控制网、变形观测监测网、相控测量，能够配合工程之星快速完成控制点加密、公路地形图测绘、横断面测量、纵断面测量，并能够完美配合南方的各种测量软件，做到快速、方便地完成数据采集，可进行大规模点、线、平面的放样工作及电力线路的测量定向、测距、角度计算等工作。

银河 1 是南方卫星导航仪器有限公司生产的系列产品，有以下主要特点：

（1）小型化：银河 1 主机高 11.2 cm，直径 12.9 cm，体积仅 1.02 L，质量仅 1.02 kg，是体形最小、质量最小的国产全功能 GNSS 接收机。

（2）倾斜测量：在测量作业中，使用者不需要严格对中后再采点，内置的倾斜补偿器能够根据对中杆倾斜的方向和角度自动进行坐标校正，得到正确的地面坐标。

(3) 电子气泡：检查对中杆是否整平时，用户不必再关注对中杆的物理气泡，手簿测量软件上电子气泡实时精确显示对中杆的整平状态。

(4) 手簿：高性能、全键盘的工业型手簿，Cortex – A8 主频，1 GHz 高速 CPU，3.7″高分辨率半透屏，高效的数据传输方案，快速的蓝牙闪触配对方式，配合南方专业级软件，让 RTK 测量更有效率。

(5) 全星座：多星座、多频段接收技术，全面支持所有现行的和规划中的 GNSS 卫星信号，特别支持北斗三频 B1、B2、B3，支持单北斗系统定位。

(6) 全新的网络程序架构，无缝兼容现有 CORS 系统，3.5 G 高速网络，可扩展至 4 G，移动、电信、联通三网模块定制，更多配置自由选择。

三、银河1测量系统的主机及手簿连接

1. 主机

银河1测量系统主要由主机、手簿、电台、配件四大部分组成，组装及架设如图 4-18 所示。

图 4-18　银河1测量系统示意图

银河1主机呈圆柱状，高 112 mm，直径 129 mm，体积 1.02 L。密封橡胶圈到底面高 78 mm。主机前侧为按键和指示灯面板。仪器底部有电台和网络接口，以及一串条形码编号，是主机机身号。主机背面有电池仓和 SIM 卡卡槽。银河1的电池安放在仪器背面，安装/取出电池的时候须翻转仪器。主机正面、背面及底部如图 4-19 所示。

第四章 距离测量与直线定向

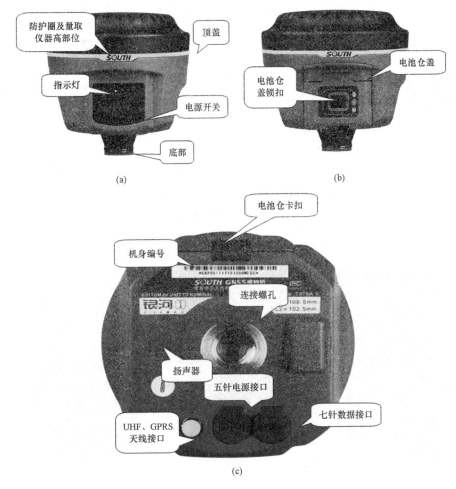

图 4-19 银河 1 主机正面、背面及底部示意图
(a) 正面；(b) 背面；(c) 底部

2. 控制面板

新款银河 1 已经重新设计了控制面板，拥有四个指示灯，简单并明确地指示各种状态，各指示灯含义见表 4-20。

表 4-20 各指示灯含义

指示灯	状态	含义
蓝牙	常灭	未连接手簿
	常亮	已连接手簿
信号/数据	闪烁	静态模式：记录数据时，按照设定采集间隔闪烁
		基准或移动模式：正在发射或接收信号
	常灭	基准或移动模式：内置模块未能收到信号
卫星	闪烁	锁定卫星数量，每隔 5 s 循环一次

· 95 ·

续表

指示灯	状态	含义
POWER	常亮	正常电压：内置电池 7.4 V 以上
	闪烁	电池电量不足

3. 手簿

银河 1 测量系统采用的是北极星 Polar X3 手簿，是南方测绘自主生产的工业级三防手簿，拥有全字母、全数字键盘，并配备高分辨率 3.5 英寸液晶触摸屏。该款手簿采用微软 Windows Mobile 操作系统，配合专业的测量软件，为 RTK 测量工作提供强力支持。手簿外部特征如图 4-20 所示。

图 4-20　手簿示意图
（a）正面；（b）背面；（c）键盘

该手簿带有触屏功能，如触摸屏出现问题或反应不灵敏，可以用键盘来实现。每次只能按一个键，键盘的操作功能见表 4-21。

表 4-21　银河 1 测量系统手簿键盘各键功能

功能	按键
开机/关机	电源键
打开键盘背光灯	背光灯键
移动光标	光标键
同 PC 上 Shift 键功能	〈Shift〉
输入空格	〈SPACE〉空格键
输入数字或字母时，光标向左删除一位	〈Bksp〉
同 PC 上 Ctrl 键功能	〈Ctrl〉
打开文件夹或文件，确认输入字符完毕	〈Enter〉

续表

功能	按键
光标右移或下移一个字段	〈TAB〉
关闭或退出（不保存）	〈Esc〉
辅助启用字符输入功能	黄色 Shift
辅助启用功能键	蓝键
切换输入法状态	〈Ctrl + Space〉
禁用或启用屏幕键盘	〈Ctrl + Esc〉

4．手簿连接

在进行操作前，需要将主机和手簿进行连接，首先主机开机，然后对北极星 Polar X3 手簿进行如下设置：

（1）依次按"资源管理器"→"设置"→"蓝牙"键。

（2）在蓝牙设备管理器窗口中选择"添加新设备"，开始进行蓝牙设备扫描。如果在附近（小于 20 m 的范围内）有可被连接的蓝牙设备，在"选择蓝牙设备"对话框将显示搜索结果。

（3）选择"S82…."数据项，单击"下一步"按钮，弹出"输入密码"窗口，直接单击"下一步"跳过。

（4）出现"设备已添加"窗口，单击完成。

（5）再回到"蓝牙"界面，选中"COM 端口"选项卡，选择"新建发送端口"界面。

（6）选择要连接的 GPS 主机编号，选择"下一步"，在弹出的"端口"界面选择 COM0 ~ COM9 中的任一项，单击"完成"。至此，手簿连接 GPS 主机蓝牙设置阶段已经完成。

5．数据传输

北极星 Polar X3 手簿可以通过连接器与计算机连接，在连接之前需要在计算机上安装 Microsoft ActiveSync 软件，当手簿与计算机同步后，打开"我的电脑"，找到"移动设备"，可浏览移动设备（手簿）中的所有内容，同时可进行文件的删除、拷贝等操作。

四、GPS – RTK 实施方法

1．工作环境

（1）观测站（即接收天线安置点）应远离大功率的无线电发射台和高压输电线，以避免其周围磁场对 GPS 卫星信号的干扰，接收机天线与干扰源距离一般不得小于 200 m。

（2）观测站附近不应有大面积的水域或对电磁波反射强烈的物体，以减弱多路径效应的影响。

（3）观测站应设在易于安置接收设备的地方，且视野开阔。在视场内周围障碍物的高度角，一般应大于 10°，以减弱对流层折射的影响。

（4）观测站应选在交通便利且便于用其他测量手段进行联测和扩展的地方。

（5）对于基线较长的 GPS 网，还应考虑观测站附近具有良好的通信设施和电力供应，以供观测站之间的联络和设备用电。

2. 实施方案

RTK 技术是全球卫星导航定位技术与数据通信技术相结合的载波相位实时动态差分定位技术，包括基准站和移动站，基准站将其数据通过电台或网络传给移动站后，移动站进行差分解算，便能够实时地提供测站点在指定坐标系中的坐标。根据差分信号传播方式的不同，RTK 分为电台模式和网络模式两种，本书以电台模式为例进行介绍。

（1）架设基准站。

①将接收机设置为基准站模式；

②架好三脚架，放置电台天线的三脚架最好放到高一些的位置，两个三脚架之间保持至少 3 m 的距离；

③固定好机座和基准站接收机（如果架在已知点上，要做严格对中、整平），打开基准站接收机；

④安装好电台发射天线，把电台挂在三脚架上，将蓄电池放在电台的下方。

（2）启动基准站。第一次启动基准站时，需要对启动参数进行设置，设置步骤如下：

①使用手簿上的工程之星连接：配置→仪器设置→基准站设置（主机必须是基准站模式），界面如图 4-21 所示。

②对基站参数进行设置：一般的基站参数设置只需设置差分格式就可以，其他使用默认参数。设置完成后单击右边的 ，基站就设置完成了。

图 4-21　基站设置界面

③保存好设置参数后，单击"启动基站"（一般来说基站都是任意架设的，发射坐标不需要自己输入）启动基站成功后，以后如果不改变配置，直接打开基准站主机即可自动启动。

④设置电台通道：共有 8 个频道可供选择，在测量距离不太远的情况下为降低干扰，应选择功率较低的频道发射，电台成功发射后，其 TX 指示灯会按发射间隔进行闪烁。

（3）架设移动站。确认基准站发射成功后，即可架设移动站，步骤如下：

①将接收机设置为移动站电台模式；

②打开移动站主机，将其固定在对中杆上，拧上差分天线；

③安装好手簿托架和手簿；

（4）设置移动站。移动站架设好后需要对移动站进行设置才能达到固定解状态，步骤如下：

①将手簿及工程之星连接；

②移动站设置：配置→仪器设置→移动站设置（主机必须是移动站模式）；

③对移动站参数进行设置，一般只需要设置差分数据格式，选择与基准站一致的差分数据格式即可，确定后回到主界面；

④通道设置：配置→仪器设置→电台通道设置，将电台通道切换为与基准站电台一致的通道号。

设置完毕，移动站达到固定解后，即可在手簿上看到高精度的坐标。

五、CORS 系统简介

当前，利用多基站网络 RTK 技术建立的连续运行卫星定位服务综合系统（Continuous Operational Reference System，CORS）已成为城市 GPS 应用的发展热点之一。CORS 系统是卫星定位技术、计算机网络技术、数字通信技术等高新科技多方位、深度结晶的产物。它不仅是一个动态的、连续的定位框架基准，也是快速、高精度获取空间数据和地理特征的重要城市基础设施，随着 GPS 技术的飞速进步和应用普及，CORS 在城市测量中的作用已越来越重要。CORS 可在城市区域内向大量用户同时提供高精度、高可靠性、实时定位信息，并实现城市测绘数据的完整统一，这将对现代城市基础地理信息系统的采集与应用产生深远的影响。

（1）CORS 系统组成：CORS 系统由基准站网、数据处理中心、数据传输系统、定位导航数据播发系统、用户应用系统五个部分组成，各基准站与监控分析中心通过数据传输系统连接成一体，形成专用网络。基准站网由范围内均匀分布的基准站组成，负责采集 GPS 卫星观测数据并输送至数据处理中心，同时提供系统完好的监测服务。数据处理中心是系统的控制中心，是 CORS 的核心单元，用于接收各基准站数据，进行数据处理，形成多基准站差分定位用户数据，组成一定格式的数据文件，分发给用户。数据传输系统包括数据传输硬件设备及软件控制模块。数据播发系统是通过移动网络等形式向用户播发定位导航数据。用户应用系统包括用户信息接收系统、网络型 RTK 定位系统、事后和快速精密定位系统以及自主式导航系统和监控定位系统等。

（2）CORS 系统改变了传统 RTK 测量作业方式，其主要优势体现在：
①改进了初始化时间，扩大了有效工作范围；
②采用连续基站，用户随时可以观测，使用方便，提高了工作效率；
③拥有完善的数据监控系统，可以有效地消除系统误差和周跳，增强差分作业的可靠性；
④用户不需架设参考站，真正实现单机作业，减少了费用；
⑤使用固定可靠的数据链通信方式，减少了噪声干扰；
⑥提供远程 Internet 服务，实现了数据的共享；
⑦扩大了 GPS 在动态领域的应用范围，更有利于车辆、飞机和船舶的精密导航。

（3）建立 CORS 的必要性和意义主要体现在以下几个方面：
①CORS 的建立可以大大提高测绘精度、速度与效率，降低测绘劳动强度和成本，省去测量标志保护与修复的费用。
②CORS 的建立可以对工程建设进行实时、有效、长期的变形监测，对灾害进行快速预报。CORS 项目完成将为城市诸多领域如气象、车船导航定位、物体跟踪、公安消防、测绘、GIS 应用等提供精度达厘米级的动态实时 GPS 定位服务，将极大地加快该城市基础地理信息的建设。
③CORS 是城市信息化的重要组成部分，并由此建立起城市空间基础设施的三维、动态、地心坐标参考框架，从而从实时的空间位置信息面上实现城市真正的数字化。

第六节　直线定向

确定地面上两点间的平面位置关系，不仅要确定两点间的水平距离，还要确定直线的方向。确定直线的方向实质上就是确定直线与标准方向间的水平夹角，该项工作称为直线定向。直线定向要解决两个问题，即选择标准方向和确定直线与标准方向之间的水平夹角。

一、三个标准方向和三种方位角

1. **真子午线方向**

通过地球表面某点的真子午线的切线方向，称为该点的真子午线方向。某点的真子午线方向可用天文测量、陀螺经纬仪测量的方法测出，通常用指向北极星的方向来表示近似的真子午线方向。不同真子午线上各点的真子午线方向不同，并且收敛于南北极。

2. **磁子午线方向**

通过地球表面上某点的磁子午线的切线方向，称为该点的磁子午线方向。磁针在地球磁场的作用下，自由静止时其轴线指示的方向即磁子午线方向，磁子午线方向可用罗盘仪测定。同样，不同磁子午线上各点的磁子午线方向不同，也收敛于南北极。

3. **坐标纵轴方向**

我国采用高斯平面直角坐标系，其每一投影带中央子午线的投影为坐标纵轴方向，因此在该带内确定直线方向，就用该带的坐标纵轴方向作为标准方向。如采用假定坐标系，则用假定的坐标纵轴作为标准方向。在一个小范围内的同一平面直角坐标系中，各点处的坐标纵轴方向是相同的。

4. **三种方位角**

测量工作中，常采用方位角来表示直线的方向。由标准方向的北端起，顺时针量至某直线的水平夹角，称为该直线的方位角。角值为 $0°\sim360°$。根据标准方向的不同，方位角又分为真方位角、磁方位角和坐标方位角三种，如图 4-22 所示。

图 4-22 中，若以坐标纵轴方向为标准方向，则直线 12 的方位角 α 称为该直线的坐标方位角；若以过 1 点的真子午线方向为标准方向，则直线 12 的方位角 $A_真$ 称为该直线的真方位角；若以过 1 点的磁子午线方向为标准方向，则直线 12 的方位角 $A_磁$ 称为该直线的磁方位角。

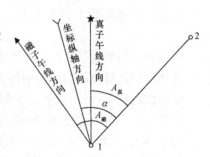

图 4-22　三种方位角及其关系

二、两种偏角及方位角换算

1. **磁偏角 δ**

由于地磁南北极与地球的南北极并不重合，因此过地面上某点的真子午线方向与磁子午线方向常不重合，两者之间的夹角称为磁偏角 δ，如图 4-23 所示。磁针北端偏于真子午线以东称为东偏，偏于真子午线以西称为西偏。直线的真方位角与磁方位角之间可用下式换算：

$$A_{真} = A_{磁} + \delta \tag{4-33}$$

式中，磁偏角 δ，东偏取正值，西偏取负值。我国磁偏角的变化为 $+6° \sim -10°$。

2. 子午线收敛角 γ

中央子午线在高斯平面上是一条直线，作为该带的坐标纵轴，而其他子午线投影后为收敛于两极的曲线，如图 4-24 所示。图中地面上 M、N 等点的真子午线方向与中央子午线之间的夹角，称为该点真子午线与中央子午线的收敛角 γ（简称子午线收敛角）。在中央子午线以东地区，各点的坐标纵轴偏在真子午线的东侧，γ 取正值；在中央子午线以西地区，γ 为负值。某点的子午线收敛角 γ，可用该点的大地经纬度计算：

$$\gamma = (L - L_0) \sin B \tag{4-34}$$

式中　L_0——中央子午线的经度；

L、B——计算点的经纬度。

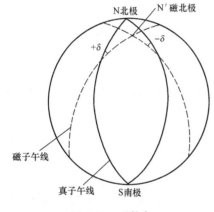

图 4-23　磁偏角

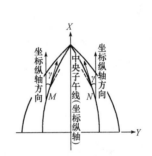

图 4-24　子午线收敛角

真方位角与坐标方位角之间的关系，可用下式进行换算：

$$A_{真} = \alpha + \gamma \tag{4-35}$$

3. 坐标方位角与磁方位角之间的关系

若已知某点的磁偏角 δ 与子午线收敛角 γ，则坐标方位角与磁方位角之间的换算式为

$$\alpha = A_{磁} + \delta - \gamma \tag{4-36}$$

三、正、反坐标方位角及其推算

测量工作中的直线都是具有一定方向的，如图 4-25 所示。直线 12 的 1 点是起点，2 点是终点；通过起点 1 的坐标纵轴方向与直线 12 所夹的坐标方位角 α_{12}，称为直线 12 的正坐标方位角。过终点 2 的坐标纵轴方向与直线 21 所夹的坐标方位角，称为直线 12 的反坐标方位角（是直线 21 的正坐标方位角）。正、反坐标方位角相差 180°，即

$$\alpha_{21} = \alpha_{12} \pm 180° \tag{4-37}$$

由于地面上各点的真（或磁）子午线收敛于两极，并不平行，致使直线的正真（或磁）方位角不与反真（或磁）方位角互差 180°，给测量计算带来不便，故在小区域测量工作中，直线的定向多采用坐标方位角。

为了整个测区坐标系统的统一，测量工作中并不直接测定每条边的方向，而是通过与三已知点（其坐标值已知）的联测，以推算出各边的坐标方位角。如图 4-26 所示，A、B 为两已知点，为确定 $B1$、12 两直线的坐标方位角，用经纬仪测定 B、1 两点处的水平角。图中沿前进方向 A—B—1—2 左侧的水平角称为左角，如 $\beta_{B左}$、$\beta_{1左}$；沿前进方向右侧的水平角称为右角，如 $\beta_{B右}$、$\beta_{1右}$。

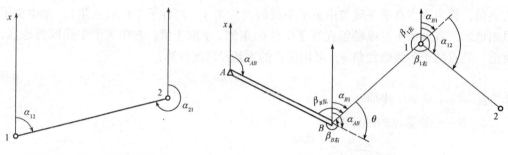

图 4-25　正、反坐标方位角　　　　　图 4-26　方位角的推算

为计算 α_{B1}，在 B 点延长直线 AB 方向，设该方向与 $B1$ 方向间的夹角为 θ。可以看出，待求坐标方位角 α_{B1} 与已知坐标方位角 α_{AB} 之间相差 θ，而 θ 可据已测得的 B 点水平角 $\beta_{B左}$ 或 $\beta_{B右}$ 与 $180°$ 之差求得。据此，推算坐标方位角的公式为

$$\alpha_{B1} = \alpha_{AB} + \beta_{B左} \mp 180° \tag{4-38}$$

或

$$\alpha_{B1} = \alpha_{AB} - \beta_{B右} \pm 180° \tag{4-39}$$

用左角推算坐标方位角时，式中的 $180°$ 前多取 "$-$" 号；用右角推算坐标方位角时，式中的 $180°$ 前多取 "$+$" 号。要根据具体情况确定是 "$+$" 还是 "$-$"，使推算的方位角值为 $0° \sim 360°$。

四、象限角

为了计算上的方便，测量工作中常取直线与标准方向所夹的锐角来表示直线的方向。即由标准方向的北端或者南端起，顺时针或者逆时针方向量至直线的锐角，并注出象限的名称，称为象限角。象限角为 $0° \sim 90°$，用 R 表示。图 4-27 所示中直线 $O-1$、$O-2$、$O-3$ 和 $O-4$ 的象限角依次写为北东 R_1、南东 R_2、南西 R_3 和北西 R_4。

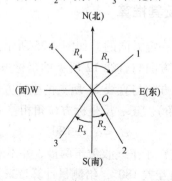

图 4-27　象限角

第四章 距离测量与直线定向

坐标方位角与象限角之间的换算关系见表 4-22。

表 4-22 坐标方位角与象限角之间的换算关系

直线方向	由坐标方位角推算象限角	由象限角推算坐标方位角
北东第 1 象限	$R = \alpha$	$\alpha = R$
南东第 2 象限	$R = 180° - \alpha$	$\alpha = 180° - R$
南西第 3 象限	$R = \alpha - 180°$	$\alpha = R + 180°$
北西第 4 象限	$R = 360° - \alpha$	$\alpha = 360° - R$

思考题

1. 影响量距精度的因素有哪些？如何提高量距精度？

2. 在平坦地面，用钢尺量距一般方法丈量 A、B 两点间的水平距离，往测为 76.254 m，返测为 76.240 m，则水平距离 D_{AB} 的结果如何？其精度如何？

3. 已知钢尺的尺长方程式为 $l_t = 30 + 0.005 + 1.25 \times 10^{-5} (t - 20\ ℃) \times 30$，今用该钢尺在 25 ℃ 时，丈量 AB 的倾斜距离为 29.545 m，A、B 两点间的高差为 2.365 m，计算 A、B 两点间的实际水平距离。

4. 用竖盘为顺时针注记的光学经纬仪（竖盘指标差忽略不计）进行视距测量，测站点高程 $H_A = 201.53$ m，仪器高 $i = 1.45$ m，视距测量结果见表 4-23，计算各点所测水平距离和高差。

表 4-23 视距测量表

点号	下丝读数 上丝读数	尺间隔	中丝读数	竖盘读数	竖直角	高差	水平距离	高程
1	1.845 0.965		1.40	90°00′				
2	1.865 0.935		1.40	97°24′				
3	1.566 1.242		1.45	87°18′				
4	1.850 1.100		1.48	93°18′				

5. 试述光电测距仪的基本原理。

6. 仪器常数指的是什么？它们的具体含义是什么？

7. 什么是直线定向？为什么要进行直线定向？

8. 试述 NTS-352 全站仪、银河 1 测量系统的特点。

9. 已知 A 点的子午线收敛角为 +6′，过 A 点的磁子午线与真子午线的磁偏角为西偏 16′，AB 直线方向的坐标方位角为 88°25′，求 AB 直线的真方位角和磁方位角，并绘图说明。

10. 如图 4-28 所示，已知 $\alpha_{12} = 118°26'44''$，观测了四边形的各内角 $\beta_1 = 82°02'56''$，$\beta_2 = 101°59'05''$，$\beta_3 = 86°25'24''$，$\beta_4 = 89°32'35''$，计算各边的坐标方位角。

11. 如图 4-29 所示，已知 $\alpha_{12} = 48°35'06''$，$\beta_2 = 131°19'20''$，$\beta_3 = 226°55'45''$，计算 23、34 边的坐标方位角。

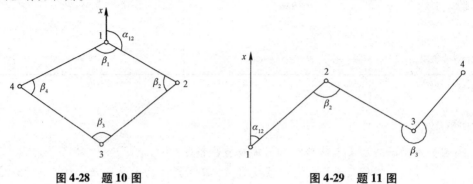

图 4-28　题 10 图　　　　　　图 4-29　题 11 图

12. 钢尺量距时，为什么要进行往返丈量？

第五章

测量误差基本知识

第一节 测量误差概述

一、观测与观测误差

对未知量进行测量的过程,称之为观测。测量所获得的数值为观测值。进行多次测量时,观测值之间往往存在差异。这种差异实质上表现为真实值(简称为真值)与各观测值之间的差异,这种差异称为测量误差或观测误差。用 l_i 代表观测值,X 代表真值,则有

$$\Delta_i = X - l_i \tag{5-1}$$

式中,Δ_i 就是观测误差,通常称为真误差,简称为误差。

一般情况下,只要是观测值必然含有误差。例如,同一人用一台经纬仪对某一固定角度重复观测若干测回,各测回的观测值往往互不相等;同一组人员,用同样的测距工具,对 A、B 两点之间的距离重复测量若干次,各次观测值也往往互不相等。又如,平面三角形内角和的真值应等于 180°,但三个内角的观测值之和往往不等于 180°;闭合水准路线中各测段高差之和的真值应为 0,但事实上各测段高差的观测值之和一般不等于 0。这些现象在测量实践中是经常发生的。究其原因,是由于观测值中不可避免地含有观测误差。

二、观测误差的来源

测量是观测者使用某种仪器、工具,在一定的条件下进行的。观测误差来源于以下三个方面:观测者的视觉鉴别能力和技术水平;仪器、工具的精密程度;观测时外界条件的好坏。通常我们把这三个方面综合起来,称为观测条件。为研究问题方便,我们通常将观测条件相同的各次观测称为等精度观测;观测条件不同的各次观测,称为不等精度观测。

一般认为,在测量中人们总希望使每次观测所出现的测量误差越小越好,甚至趋近于零。但要真正做到这一点,就要使用极其精密的仪器,采用十分严密的观测方法,这将付出很高的代价。然而,在实际生产中,根据不同的测量目的,是允许在测量结果中含有一定程度的测量误差的。因此,我们的目标并不是简单地使测量误差越小越好,而是要设法将测量误差限制在与测量目的相适应的范围内。

三、观测误差的分类及其处理方法

根据性质不同，观测误差可分为粗差、系统误差和偶然误差三种，即
$$\Delta = \Delta_1 + \Delta_2 + \Delta_3 \tag{5-2}$$
式中，Δ_1、Δ_2、Δ_3 分别为粗差、系统误差、偶然误差。

（一）粗差

粗差是一种量级较大的观测误差。例如，超限的观测值中往往就含有粗差。粗差也包括测量过程中各种失误引起的误差。

产生粗差的原因较多：可能由于作业人员疏忽大意、失职而引起，如大数读错、读数被记录员记错、照错了目标等；也可能是由于仪器自身的问题或受外界干扰发生故障所引起，如全站仪在高压线下、发电机附近观测，受强磁场干扰而测错等。

在观测中应尽量避免出现粗差。发现粗差的有效方法是：进行必要的重复观测，构成多余观测条件，采用必要而又严密的检核、验算等。严格执行国家技术监督部门和测绘管理机构制定的各类测量规范，一般能起到防止粗差出现和发现粗差的作用。

含有粗差的观测值都不能使用。因此，一旦发现粗差，该观测值必须舍弃并重测。

尽管观测十分认真、谨慎，粗差有时仍然难以避免。因此，如何在观测数据中发现和剔除粗差，或在数据处理中削弱粗差对观测成果的影响，乃是测绘界十分关注的课题之一。

（二）系统误差

在一定的观测条件下对某量进行一系列观测，若误差的符号和大小保持不变或按一定规律变化，这种误差称为系统误差。例如，钢尺的实际尺长与名义尺长不符对距离测量的影响，水准仪的视准轴与水准管轴不平行对读数的影响，经纬仪的竖直度盘指标差对竖直角的影响，地球曲率对测距和高程的影响，均属系统误差。系统误差在观测成果中具有累积性。

在测量工作中，应尽量设法消除或减小系统误差。方法有三种：一是严格检验与校正仪器，将仪器结构方面的误差限制在最小，如对仪器水准管的校正、各轴之间关系的校正等；二是采用对称观测的方法和程序，限制或削弱系统误差的影响，如角度测量中采用盘左、盘右观测，水准测量中前后视距相等；三是通过找出产生系统误差的原因和规律，对观测值进行系统误差的计算改正，如对距离观测值进行尺长改正、温度改正和倾斜改正，对竖直角进行指标差改正等。

（三）偶然误差

在一定的观测条件下对某量进行一系列观测，如果误差的符号和大小均呈现偶然性，即从表面现象看，误差的大小和符号没有规律性，这种误差称为偶然误差。

产生偶然误差的原因往往是不固定和难以控制的，如观测者的估读误差、照准误差等。不断变化着的温度、风力等外界环境也会产生偶然误差。

粗差可以被发现并剔除，系统误差能够在很大程度上被限制、抵消或加以改正，因而偶然误差在观测误差中占主导地位。从单个偶然误差来看，其出现的符号和大小没有一定的规律性，但对大量的偶然误差进行统计分析，就能发现规律性，并且误差个数越多，规律性越明显。

例如,某一测区在相同观测条件下观测了 358 个三角形的全部内角。由式(5-1)计算 358 个三角形内角观测值之和的真误差,将真误差取误差区间 $d\Delta = 3''$,并按绝对值大小进行排列,分别统计各区间的正负误差个数 k,将 k 除以总数 n(此处 $n = 358$),求得各区间的 k/n,k/n 称为误差出现的频率,结果列于表 5-1 中。

从表 5-1 中可以看出,该组误差的分布表现出如下规律:小误差比大误差出现的频率高,绝对值相等的正、负误差出现的个数和频率相近,最大误差不超过 24″。

统计大量的实验结果,表明偶然误差具有如下特性:

特性 1　在一定观测条件下的有限个观测中,偶然误差的绝对值不超过一定的限值。

特性 2　绝对值较小的误差出现的频率大,绝对值较大的误差出现的频率小。

特性 3　绝对值相等的正、负误差出现的频率大致相等。

特性 4　当观测次数无限增多时,偶然误差平均值的极限为 0,即

$$\lim_{n\to\infty}\frac{\Delta_1 + \Delta_2 + \cdots + \Delta_n}{n} = \lim_{n\to\infty}\frac{[\Delta]}{n} \tag{5-3}$$

本书用"[ ]"表示取括号中下标变量的代数和,即记 $\sum \Delta_i = [\Delta]$。

表 5-1　偶然误差的区间分布

误差区间 $d\Delta$	负误差		正误差		合　计	
	个数 k	频率 k/n	个数 k	频率 k/n	个数 k	频率 k/n
0″~3″	45	0.126	46	0.128	91	0.254
3″~6″	40	0.112	41	0.115	81	0.227
6″~9″	33	0.092	33	0.092	66	0.184
9″~12″	23	0.064	21	0.059	44	0.123
12″~15″	17	0.047	16	0.045	33	0.092
15″~18″	13	0.036	13	0.036	26	0.072
18″~21″	6	0.017	5	0.014	11	0.031
21″~24″	4	0.011	2	0.006	6	0.017
>24″	0	0	0	0	0	0
右侧各列的和	181	0.505	177	0.495	358	1.000

用图示方法可以直观地表示偶然误差的分布情况。用表 5-1 的数据,以误差的大小为横坐标,以频率 k/n 与区间 $d\Delta$ 的比值为纵坐标建立坐标系,如图 5-1 所示。这种图称为频率直方图。

可以设想,当误差个数 $\to\infty$,同时又无限缩小误差区间,各矩形的顶边折线就成为一条光滑的曲线,如图 5-2 所示。该曲线称为误差分布曲线,是正态分布曲线。其函数式为

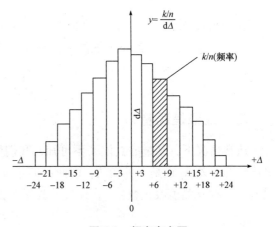

图 5-1　频率直方图

$$y = f(\Delta) = \frac{1}{\sqrt{2\pi}\sigma} e^{-\frac{\Delta^2}{2\sigma^2}} \quad (5\text{-}4)$$

式中 π——圆周率；

e——自然对数的底；

σ——误差分布的标准差。

即正态分布曲线上任一点的纵坐标 y 均为横坐标 Δ 的函数。标准差的大小可以反映观测精度的高低，其定义为

$$\sigma = \pm \lim_{n \to \infty} \sqrt{\frac{[\Delta\Delta]}{n}} \quad (5\text{-}5)$$

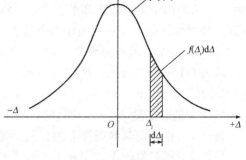

图 5-2 正态分布曲线

在图 5-1 中各矩形的面积是频率 k/n。由频率统计可知，频率 k/n 就是真误差出现在 $\mathrm{d}\Delta$ 区间上的概率 $p(\Delta)$，记为

$$p(\Delta) = \frac{k/n}{\mathrm{d}\Delta}\mathrm{d}\Delta = f(\Delta)\,\mathrm{d}\Delta \quad (5\text{-}6)$$

式（5-4）和式（5-6）中 $f(\Delta)$ 是误差分布的概率密度函数，简称密度函数。

在测量工作中，可采取下列三种方法限制偶然误差对测量成果的影响：一是从仪器、观测者、外界条件三方面入手，提高观测条件，减小偶然误差的分布区间；二是增加观测次数，使偶然误差平均值趋近于 0；三是对观测成果求其最或是值。

学习测量误差基本知识的目的，在于了解误差产生的规律，正确地处理观测成果，即根据一组观测数据，求出未知量的最或是值，并衡量其精度；根据误差理论来指导实践；自觉地执行测量规范，使观测作业达到预期的精度要求。测量误差的基本理论和方法，同样适用于其他科学研究工作中观测资料和实验数据的处理。

第二节　观测值的算术平均值

一、算术平均值原理

在等精度观测条件下，对真值为 X 的某量进行了 n 次观测，其观测值分别为 l_1，l_2，…，l_n，取其算术平均值作为真值 X 的最或是值 x。即

$$x = \frac{[l]}{n} \quad (5\text{-}7)$$

二、最或是误差

通常情况下，某量的真值 X 不可知，我们用其最或是值 x 代替；由于真值不可知，各观测值的真误差 Δ_i 也是不可知的，因而我们定义算术平均值与观测值之差为观测值的最或是误差（又称观测值改正数）v_i，以代替真误差 Δ_i，即

$$v_i = x - l_i \quad (5\text{-}8)$$

将上式两端取和，得

$$[v] = nx - [l]$$

将 $x = \dfrac{[l]}{n}$ 代入上式，得

$$[v] = 0 \tag{5-9}$$

即观测值改正数的和等于零。这一结论可作为计算工作的校核。

三、最小二乘法原理

1. 最小二乘法原理的意义

在实际工作中，我们经常会遇到根据一系列点的坐标，回归出其参数方程的问题。如图 5-3 所示，欲根据已测得点的平面直角坐标 (x, y)，拟合出直线方程 $y = ax + b$，可以取得无数个拟合结果。记实验点至直线的距离为 v_i $(i = 1, 2, \cdots, n)$，最小二乘法原理认为其中满足

$$[vv] = 最小 \tag{5-10}$$

的估值为真值的最或是值。

式中，$[vv] = v_1^2 + v_2^2 + \cdots + v_n^2$。

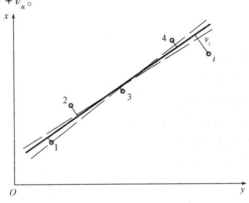

图 5-3　最小二乘法原理的意义

2. 用最小二乘法证明算术平均值原理

根据最小二乘法及式（5-8）有

$$[vv] = (x - l_1)^2 + (x - l_2)^2 + \cdots + (x - l_n)^2 \tag{5-11}$$

将式（5-11）对 x 取一阶导数得

$$[vv]' = 2(x - l_1) + 2(x - l_2) + \cdots + 2(x - l_n) \tag{5-12}$$

再将式（5-11）对 x 取二阶导数得

$$[vv]'' = 2 + 2 + \cdots + 2 = 2n > 0$$

$[vv]$ 有最小值，且当 $[vv]$ 的一阶导数为 0 时，$[vv]$ 取得最小值。令式（5-12）等于零，即

$$2(x - l_1) + 2(x - l_2) + \cdots + 2(x - l_n) = 0$$

因此

$$x = \frac{[l]}{n}$$

可见，按最小二乘法原理求得的最或是值，就是等精度观测的算术平均值。

第三节 衡量观测值精度的标准

为了衡量观测结果的精度优劣，必须建立衡量精度的统一标准，有了标准才能进行比较。衡量精度的标准有很多种，这里介绍主要的几种。

一、中误差

由式（5-5）定义的标准差是衡量精度的一种标准，但在测量实践中观测次数不可能无限多，因此定义标准差的估值中误差 m 作为衡量精度的一种标准：

$$m = \pm\sqrt{\frac{[\Delta\Delta]}{n}} \tag{5-13}$$

在一组观测值中，当中误差 m 确定后，可以绘出它所对应的误差正态分布曲线。在式（5-4）中，当 $\Delta=0$ 时，以中误差 m 代替标准差 σ，$f(\Delta) = \dfrac{1}{\sqrt{2\pi}m}$ 是最大值。因此在一组观测值中，当小误差比较集中时，m 较小，则曲线的纵轴顶峰较高，曲线形状较陡峭，如图5-4中的 $f_1(\Delta)$ 表示该组观测精度较高；$f_2(\Delta)$ 的曲线形状较平缓，其误差分布比较离散，m_2 较大，表明该组观测精度低。

如果令 $f(\Delta)$ 的二阶导数等于0，可求得曲线拐点的横坐标

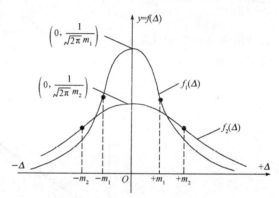

图5-4 不同精度的误差分布曲线

$$\Delta_{拐} = \sigma \approx m \tag{5-14}$$

也就是说，中误差的几何意义即偶然误差分布曲线两个拐点的横坐标。

用式（5-13）计算中误差，需要知道观测值的真误差 Δ_i，而真误差往往是不知道的，因而我们用最或是误差代替真误差计算中误差。

将式（5-1）、式（5-8）对应相减，得

$$\Delta_i - v_i = X - x$$

设 $X - x = \delta$，移项后得

$$\Delta_i = v_i + \delta$$

将上式分别自乘，然后取和，得

$$[\Delta\Delta] = [vv] + 2[v]\delta + n\delta^2$$

上式两端除以 n，并将 $[v]=0$ 代入，则得

$$\frac{[\Delta\Delta]}{n} = \frac{[\Delta\Delta]}{v} + \delta^2 \tag{5-15}$$

而

$$\delta = X - x = X - \frac{[l]}{n} = \frac{[X-l]}{n} = \frac{[\Delta]}{n}$$

即算术平均值的真误差等于各观测值真误差的算术平均值。
故
$$\delta^2 = \left(\frac{[\Delta]}{n}\right)^2 = \frac{1}{n^2}(\Delta_1^2 + \Delta_2^2 + \cdots + \Delta_n^2 + 2\Delta_1\Delta_2 + 2\Delta_1\Delta_3 + \cdots)$$
$$= \frac{[\Delta\Delta]}{n^2} + \frac{2}{n^2}(\Delta_1\Delta_2 + \Delta_1\Delta_3 + \cdots)$$

由于 Δ_1, Δ_2, $\cdots$, Δ_n 是偶然误差列，故 $\Delta_1\Delta_2$，$\Delta_1\Delta_3$，$\cdots$ 也具有偶然误差的性质。

根据偶然误差特性 4，当 n 趋于无穷大时，其总和应趋于 0；当 n 为较大的有限值时，其值也远比 $[\Delta\Delta]$ 小，故可忽略不计。于是式（5-15）变为

$$\frac{[\Delta\Delta]}{n} = \frac{[vv]}{n} + \frac{[\Delta\Delta]}{n^2}$$

根据中误差的定义，得
$$m = \frac{[vv]}{n} + \frac{m^2}{n}$$

即
$$m = \pm\sqrt{\frac{[vv]}{n-1}} \tag{5-16}$$

式（5-16）即为利用观测值的最或是误差（改正数）计算中误差的公式，称为白塞尔公式。

在等精度观测中，以观测值的算术平均值作为一组观测值的最后结果。算术平均值的中误差 m_x 为

$$m_x = \pm\frac{m}{\sqrt{n}} = \pm\sqrt{\frac{[\Delta\Delta]}{n(n-1)}} \tag{5-17}$$

式中，n 为观测次数。

本公式将在本章第四节中予以证明。

【例 5-1】 设用经纬仪测量某角度 6 个测回，观测值列于表 5-2 中，求观测值中误差、算数平均值及其中误差。

表 5-2 有关数据

测回	观测值 /（° ′ ″）	v/（″）	vv	计算
1	36 50 30	−4	16	$x = \frac{[l]}{n} = \frac{221°02'36''}{6} = 36°50'26''$
2	36 50 26	0	0	
3	36 50 28	−2	4	$m = \pm\sqrt{\frac{[vv]}{n-1}} = \pm\sqrt{\frac{34}{6-1}} = \pm 2.6'$
4	36 50 24	+2	4	
5	36 50 25	+1	1	$m_x = \pm\frac{m}{\sqrt{n}} = \pm\sqrt{\frac{34}{6\times(6-1)}} = \pm 1.1'$
6	36 50 23	+3	9	
Σ	$[l]$ = 221°02′36″	$[v]$ = 0	$[vv]$ = 34	

解：（1）求各角度观测值的和，计算算术平均值 x。

（2）计算最或是误差 $v_i = x - l_i$，检核 $[v] = 0$。

(3) 计算观测值中误差 m、算术平均值中误差 m_x。

二、相对误差

中误差和真误差都是绝对误差。在衡量观测值精度的时候，单纯用绝对误差有时还不能完全表达精度的优劣。例如，分别测量长度为 100 m 和 200 m 的两段距离，其中误差皆为 ±0.02 m。显然，我们不能认为这两段距离的测量精度是相同的。为了更客观地衡量精度，还必须引入相对误差的概念。相对误差 K 是绝对误差的绝对值与观测值 D 之比。它是一个不名数，通常以分子为 1 的分式来表示

$$K = \frac{|m|}{D} = \frac{1}{\frac{D}{|m|}} \tag{5-18}$$

式中，当 m 为中误差时，K 称为相对中误差。在上例中用相对中误差来衡量，就可容易地看出，后者比前者精度高。

在距离测量中，往往用往返测的相对较差来进行检核。相对较差定义为

$$\frac{|D_{往} - D_{返}|}{D_{平均}} = \frac{\Delta D}{D_{平均}} = \frac{1}{\frac{D_{平均}}{|\Delta D|}} \tag{5-19}$$

相对较差是相对真误差，它反映往返测量的相对符合程度，作为测量结果的检核。显然，相对较差越小，观测结果越可靠。

应该指出，不能用相对误差的概念来衡量测角精度，因为测角误差与角值的大小无关。

三、极限误差和容许误差

1. 极限误差

由偶然误差的特性 1 可知，在一定的观测条件下，偶然误差的绝对值不会超过一定的限值。这个限值就是极限误差。我们知道，标准差或中误差是衡量观测精度的一种指标，它不能代表个别观测值误差的大小，但从统计意义上来讲，它们却存在一定的联系。根据式 (5-4) 和式 (5-6) 有

$$p(-\sigma < \Delta < \sigma) = \frac{1}{\sqrt{2\pi}\sigma} \int_{-\sigma}^{\sigma} e^{\frac{\Delta^2}{2\sigma^2}} d\Delta \approx 0.683 \tag{5-20}$$

表示误差落在区间（$-\sigma$，$+\sigma$）内的概率等于 0.683。同理可得

$$p(-2\sigma < \Delta < 2\sigma) = \frac{1}{\sqrt{2\pi}\sigma} \int_{-2\sigma}^{2\sigma} e^{\frac{\Delta^2}{2\sigma^2}} d\Delta \approx 0.955 \tag{5-21}$$

$$p(-3\sigma < \Delta < 3\sigma) = \frac{1}{\sqrt{2\pi}\sigma} \int_{-3\sigma}^{3\sigma} e^{\frac{\Delta^2}{2\sigma^2}} d\Delta \approx 0.997 \tag{5-22}$$

上列三式结果的概率含义是：在一组等精度观测中，误差在 ±σ 范围以外的个数约占误差总数的 32%；在 2σ 范围以外的个数约占 4.5%；在 ±3σ 范围以外的个数只占 0.3%。

绝对值大于 3σ 的误差出现的概率很小，因此可以认为 3σ 是误差实际出现的极限，即 3σ 是极限误差

$$\Delta_{极限} = 3\sigma \tag{5-23}$$

2. 容许误差

测量实践是在极限误差范围内利用容许误差对偶然误差的大小进行限制的。在实际应用的测量规范中，常以2倍或3倍中误差作为偶然误差的容许值，称为容许误差，即

$$\Delta_{容} = 2\sigma \approx 2m \tag{5-24}$$

或

$$\Delta_{容} = 3\sigma \approx 3m \tag{5-25}$$

前者要求较严，后者要求较宽。如果观测值中出现了大于容许误差的偶然误差，则认为该观测值不可靠，应舍去不用并重测。

第四节 误差传播定律及应用举例

一、误差传播定律推导

在实际测量工作中，某些需要的量并不是直接观测值，而是通过其他观测值间接求得的，这些量称为间接观测值。设 Z 是独立变量 X_1，X_2，…，X_n 的函数，即

$$Z = f(X_1, X_2, \cdots, X_n) \tag{5-26}$$

其中，函数 Z 的中误差为 m_Z，各独立变量 X_1，X_2，…，X_n 对应的观测值中误差分别为 m_1，m_2，…，m_n。如果知道了 m_Z 与 m_i 之间的关系，就可以由各变量的观测值中误差来推求函数的中误差。各变量的观测值中误差与其函数的中误差之间的关系式，称为误差传播定律。

据式（5-1）有

$$l_i = X_I - \Delta_i \tag{5-27}$$

式中 l_i——各独立变量 X_i 相应的观测值；

Δ_i——l_i 的偶然误差。

以各观测值代替其真值代入式（5-26），则

$$Z = f(X_1 - \Delta_1, X_2 - \Delta_2, \cdots, X_n - \Delta_n) \tag{5-28}$$

按泰勒级数展开，有

$$Z = f(X_1, X_2, \cdots, X_n) + \left(\frac{\partial f}{\partial X_1}\Delta_1 + \frac{\partial f}{\partial X_2}\Delta_2 + \cdots + \frac{\partial f}{\partial X_n}\Delta_n\right) \tag{5-29}$$

与式（5-26）比较，等式右边第二项就是函数 Z 的真误差 Δ_Z，即

$$\Delta_Z = \frac{\partial f}{\partial X_1}\Delta_1 + \frac{\partial f}{\partial X_2}\Delta_2 + \cdots + \frac{\partial f}{\partial X_n}\Delta_n \tag{5-30}$$

又设各独立变量 X_i 都观测了 k 次，则其误差 Δ_Z 的平方和为

$$[\Delta_Z \Delta_Z] = \left(\frac{\partial f}{\partial X_1}\right)^2 [\Delta_1 \Delta_1] + \left(\frac{\partial f}{\partial X_2}\right)^2 [\Delta_2 \Delta_2] + \cdots + \left(\frac{\partial f}{\partial X_n}\right)^2 [\Delta_n \Delta_n] + \\ 2\left(\frac{\partial f}{\partial X_1}\right)\left(\frac{\partial f}{\partial X_2}\right)\sum_{j=1}^{k}\Delta_{1j}\Delta_{2j} + 2\left(\frac{\partial f}{\partial X_1}\right)\left(\frac{\partial f}{\partial X_3}\right)\sum_{j=1}^{k}\Delta_{1j}\Delta_{3j} + \cdots \tag{5-31}$$

由偶然误差特性4可知，当观测次数 $k \to \infty$ 时，上式中 $\Delta_i\Delta_j$（$i \neq j$）的总和趋近于0，又根据中误差的定义式，有

$$\frac{[\Delta_Z \Delta_Z]}{k} = m_Z^2 \qquad \frac{[\Delta_i \Delta_i]}{k} = m_i^2$$

上式中 $i = 1, 2, \cdots, n$。

则

$$m_Z^2 = \left(\frac{\partial f}{\partial X_1}\right)^2 m_1^2 + \left(\frac{\partial f}{\partial X_2}\right)^2 m_2^2 + \cdots + \left(\frac{\partial f}{\partial X_n}\right)^2 m_n^2 \tag{5-32}$$

或

$$m_Z = \pm \sqrt{\left(\frac{\partial f}{\partial X_1}\right)^2 m_1^2 + \left(\frac{\partial f}{\partial X_2}\right)^2 m_2^2 + \cdots + \left(\frac{\partial f}{\partial X_n}\right)^2 m_n^2} \tag{5-33}$$

这就是一般函数的误差传播定律，利用它不难导出表 5-3 所列简单函数的误差传播定律。

表 5-3　简单函数的中误差传播公式

函数名称	函数式	中误差传播公式
倍数函数	$Z = KZ$	$m_Z = \pm Km$
和差函数	$Z = X_1 \pm X_2 \pm \cdots \pm X_n$	$M_Z = \pm \sqrt{m_1^2 + m_2^2 + \cdots + m_n^2}$
线性函数	$Z = K_1 X_1 \pm K_2 X_2 \pm \cdots \pm K_n X_n$	$m_Z = \pm \sqrt{K_1^2 m_1^2 + K_2^2 m_2^2 + \cdots + K_n^2 m_n^2}$

误差传播定律在测绘领域应用十分广泛，利用它不仅可以求得观测值函数的中误差，而且可以确定容许误差值以及分析观测可能达到的精度等，下面举例说明应用方法。

【例 5-2】　在 1:500 地形图上量得 A、B 两点间的距离 $d = 350.5$ mm，中误差 $m_d = \pm 0.2$ mm。求 A、B 两点间的实地水平距离 D 及其中误差 m_D。

解：
$$D = Md = 500 \times \frac{350.5}{1\,000} = 175.25 \text{ (m)}$$

根据表 5-3 中 1 式，有

$$m_D = Mm_d = 500 \times \frac{0.2}{1\,000} = 0.1 \text{ (m)}$$

距离结果可写为 $D = 175.25$ m ± 0.1 m。

【例 5-3】　对一个三角形观测了其中 α、β 两个角，测角中误差分别为 $m_\alpha = \pm 3''$，$m_\beta = \pm 4''$，按公式 $\gamma = 180° - \alpha - \beta$ 求得另一个角 γ。试求 γ 角的中误差 m_γ。

解： 根据表 5-3 中 2 式，有

$$m_\gamma = \pm \sqrt{m_\alpha^2 + m_\beta^2} = \pm \sqrt{3^2 + 4^2} = \pm 5''$$

【例 5-4】　对某量等精度观测 n 次，其各次观测值为 $l_1, l_2, \cdots, l_n$，各测回观测值中误差为 m，求其算术平均值的中误差。

解： 由于是等精度观测，其各次观测值的中误差

$$m_1 = m_2 = \cdots = m_n = m$$

算术平均值为

$$x = \frac{[l]}{n} = \frac{1}{n} l_1 + \frac{1}{n} l_2 + \cdots + \frac{1}{n} l_n$$

据表 5-3 中 3 式，有

$$m_x^2 = \left(\frac{1}{n}\right)^2 m_1^2 + \left(\frac{1}{n}\right)^2 m_2^2 + \cdots + \left(\frac{1}{n}\right)^2 m_n^2$$
$$= \frac{m^2}{n}$$

所以
$$m_x = \pm \frac{m}{\sqrt{n}}$$

由上式可见，算术平均值的中误差与观测次数的平方根成反比。因此，增加观测次数可以提高算术平均值的精度。但当观测次数达到一定数值（例如 $n = 10$）后，再增加观测次数，工作量增加而精度提高的效果就不明显。所以，不能单纯靠增加观测次数来提高测量成果的精度，还应通过提高观测条件来提高观测精度。

【例 5-5】 $h = D\tan\alpha$，观测值 $D = 135.25 \text{ m} \pm 0.05 \text{ m}$，$\alpha = 16°35'00'' \pm 30''$，求 h 及其中误差 m_h。

解：
$$\frac{\partial h}{\partial D} = \tan D \qquad \frac{\partial h}{\partial D} = D\sec^2\alpha$$

根据式（5-33），有
$$m_h = \pm\sqrt{\left(\frac{\partial h}{\partial D}\right)^2 m_D^2 + \left(\frac{\partial h}{\partial \alpha}\right)^2 m_\alpha^2}$$
$$= \pm\sqrt{\tan^2\alpha\, m_D^2 + (D\sec^2\alpha)^2 \left(\frac{m_\alpha''}{\rho''}\right)^2}$$
$$= \pm\sqrt{\tan^2 16°35'00'' \times 0.05^2 + (135.25 \times \sec^2 16°35'00'')^2 \times \left(\frac{30''}{206\,265''}\right)^2}$$
$$= \pm 0.02 \text{ （m）}$$

二、测量误差应用举例

1. 水准测量误差分析

（1）四等水准测量往返测较差的推导。在高程测量中，一条水准路线的观测高差 $\sum_h = h_1 + h_2 + \cdots + h_n$。因各测站高差 $h_1 + h_2 + \cdots + h_n$ 是等精度观测，用 $m_{站}$ 表示各测站高差观测中误差，按误差传播定律，有

$$m_{\sum h} = \pm\sqrt{n}\, m_{站} \tag{5-34}$$

式中 n——测站数。

设 L 是水准路线长，S 是每测站的长度，$n = L/S$ 是每千米的测站数，则每千米的高差观测中误差 $m_{km} = \sqrt{n_{km}}\, m_{站} = \sqrt{\frac{1}{S_{站}}}\, m_{站}$。显然，$L$ 千米的高差中误差为

$$m_{\sum h} = \pm\sqrt{\frac{L}{S}}\, m_{站} = \pm\sqrt{\frac{1}{S_{站}}}\, m_{站}\sqrt{L} = \pm m_{km}\sqrt{L} \tag{5-35}$$

在四等水准测量中，规范规定 m_{km} 的限值为 $\pm 5 \text{ mm}$，则单程高差中误差是 $\pm 5\sqrt{2} \text{ mm}$，

故上式为
$$m_{\Sigma h} = \pm 5\sqrt{2} \cdot \sqrt{L}$$
往返较差中误差为 $m_h = \pm\sqrt{2}m_{\Sigma h} = \pm 10\sqrt{L}$（mm）。
$$f_{h容} = \pm 2m_h = \pm 20\sqrt{L} \text{（mm）}$$

（2）水准路线高差的中误差。如果在一段水准路线当中一共观测了 n 站，则总高差为：$h = h_1 + h_2 + \cdots + h_n$，设每站的高差中误差均为 $m_{站}$，则 $m_h = \sqrt{n} * m_{站} = \pm 4\sqrt{n}$（mm），取 3 倍中误差为限差，则普通水准路线的容许误差为：

$$f_{h容} = \pm 12\sqrt{n} \text{（mm）} \tag{5-36}$$

（3）一个测站的高差中误差。水准仪在测站上对后视尺及前视尺读数一次，就可以求出两立尺点的高差
$$h = a - b$$
各种偶然误差及系统误差都反映在水准尺的读数上，用 m_t 表示整个误差的影响。根据式（5-33）可知，高差中误差 m_h 为
$$m_h = \sqrt{2}m_t$$
水准测量测站检核一般都用变动仪器高法或双面尺法，并取其中数作为每测站的最后成果，故测站高差中数的中误差为
$$m_{中} = \frac{m_h}{\sqrt{2}} = m_t$$
由误差来源情况可知，影响 m_t 的主要因素有：望远镜的照准误差 m_v；水准气泡居中误差 m_τ。设其他仪器误差为 m_1，外界影响为 m_2，则
$$m_t^2 = m_v^2 + m_\tau^2 + m_1^2 + m_2^2$$
根据实际经验，在上式中，后两项误差与前两项误差基本相等，即
$$m_t^2 = 2(m_v^2 + m_\tau^2) \tag{5-37}$$
现以三等水准测量为例，水准仪的等级为 S_3，望远镜放大倍率为 30 倍，水准管分划值 $\tau'' = 20''/2$ mm，并规定前后视距不超过 75 m。由式（2-14）可计算水准管气泡居中误差为
$$m_\tau = \pm \frac{0.15 \times 20''}{2 \times 206\,265''} \times 75 \times 10^3 = \pm 0.55 \text{（mm）}$$
由式（2-15）可计算照准误差为
$$m_v = \frac{60''}{v} \times \frac{D \times 10^3}{\rho''} = \frac{60''}{30} \times \frac{75 \times 10^3}{206\,265''} = \pm 0.73 \text{（mm）}$$
由式（5-37）
$$m_t = \pm \sqrt{2 \times (0.55)^2 + 2 \times (0.73)^2} = \pm 1.29 \text{（mm）}$$

（4）每千米高差中数的中误差。

设每千米测了 n 个测站，则往返测中数的中误差为 $m_x = \frac{\sqrt{n}}{\sqrt{2}}m_t$。

设测站至标尺的距离为 D，则每千米的测站数为 $\frac{1\,000}{2D}$，于是

$$m_x = \frac{m_t}{\sqrt{2}}\sqrt{\frac{1\,000}{2}} \tag{5-38}$$

$D = 75$ m，则

$$m_x = \pm\frac{1.29}{\sqrt{2}}\sqrt{\frac{1\,000}{2\times 75}} = \pm 2.36 \;(\text{mm/km})$$

三等水准测量要求最大视距为 75 m，一般情况下小于 75 m，考虑其他因素的影响，规范规定三等水准测量每千米往返测高差中数的偶然误差不超过 3 mm。至于四等水准测量，使用的仪器和观测方法与三等水准测量基本相同，但考虑到四等水准测量的作业地区的地形一般较三等水准测量复杂，故规定四等水准测量每千米高差中数的偶然中误差可放宽至 +5 mm。

2. 水平角观测的误差分析

(1) 由三角形闭合差计算测角中误差——菲列罗公式。

设在三角网中等精度观测各三角形内角，其测角中误差均为 m_β，各三角形闭合差为 f_i，闭合差的中误差 m_Σ 为：$m_\Sigma = \pm\sqrt{\frac{[f_if_i]}{n}}$，闭合差是内角的和函数，内角等精度：$m_\Sigma = \pm\sqrt{3}*m_\beta$，测角中误差：

$$m_\beta = m_\Sigma/\sqrt{3} = \pm\sqrt{\frac{[f_if_i]}{3n}} \tag{5-39}$$

这就是菲列罗公式。

(2) 上下半测回互差。J6 经纬仪的"6"指的是一测回方向值中误差不超过 $\pm 6''$，一测回方向值是盘左、盘右方向值的平均值，故半测回方向值（即每次方向读数）中误差 $m_{半方} = \pm 6''\sqrt{2} \approx \pm 8.5''$，半测回角值为两方向读数值之差函数，故其中误差 $m_{半角} = \pm m_{半方}\sqrt{2} \approx \pm 12''$，上、下半侧回角值误差的中误差 $m_{互差} = \pm m_{半角}\sqrt{2} = \pm 12''\sqrt{2} \approx \pm 17''$，取容许误差为中误差的 2 倍，则上、下半测回互差容许值为

$$f_\beta = 2m_{互差} \approx \pm 34'' \approx \pm 40''$$

(3) 用 DJ6 光学经纬仪测量 n 边形各内角。

各角均为一个测回，试计算 n 边形角度最大闭合差。

设 n 边形各内角的观测值为 $\beta_1, \beta_2, \cdots, \beta_n$。$n$ 边形内角和的理论值为 $(n-2)\cdot 180°$，故闭合差为

$$W = \beta_1 + \beta_2 + \cdots + \beta_n - (n-2)\cdot 180°$$
$$W = \Delta\beta_1 + \Delta\beta_2 + \cdots + \Delta\beta_n$$

由于闭合差的真值应为零，故 W 值即为真误差。设各观测角的中误差 $m_{\beta 1} = m_{\beta 2} = \cdots = m_{\beta n} = \pm 8.5''$。则根据误差传播定律，角度闭合差的中误差 m_W 为

$$m_W^2 = nm_\beta^2$$

即

$$m_W = \sqrt{n}\,m_\beta \tag{5-40}$$

将 $m_{\beta n} = \pm 8.5''$ 代入上式，得

$$m_W = \pm 8.5''\sqrt{n}$$

最大闭合差取 3 倍中误差

$$W_{max} = 3 \cdot m_W \approx \pm 30''\sqrt{n}$$

工程测量规范规定，n 边形内角和的闭合差应在 $\pm 40''\sqrt{n}$ 范围之内，因此用 DJ6 型光学经纬仪测一个测回完全可达到要求。

第五节　加权平均值及其中误差

前面已经阐述，在等精度观测中取各观测值的算术平均值作为真值的最或是值。然而，在不等精度观测中，就不能用算术平均值来求未知量的最或是值及其中误差，而要用加权平均值进行计算。

一、加权平均值

设对某量进行了等精度观测，第一组观测了两次，其各独立观测值分别为 l'_1、l'_2，第二组观测了四次，其各独立观测值为 l''_1、l''_2、l''_3、l''_4，设每次独立观测的中误差均为 m，则两组的算术平均值及其中误差分别为

第一组　　　　$L_1 = \dfrac{l'_1 + l'_2}{2}$　　　　$m_1 = \dfrac{m}{\sqrt{2}}$

第二组　　　　$L_2 = \dfrac{l''_1 + l''_2 + l''_3 + l''_4}{4}$　　　　$m_2 = \dfrac{m}{\sqrt{4}}$

可以看出，虽然两组的每个观测值是等精度的，但两组观测值的算术平均值不等精度，因此就不能取两个算术平均值 L_1、L_2 的算术平均值为最后结果。可按 6 个等精度观测值取算术平均值：

$$x = \frac{(l'_1 + l'_2) + (l''_1 + l''_2 + l''_3 + l''_4)}{6} = \frac{2L_1 + 4L_2}{2 + 4}$$

令 $P_1 = 2$、$P_2 = 4$，代入上式，则 $x = \dfrac{P_1 L_1 + P_2 L_2}{P_1 + P_2}$。

式中，P_1、P_2 代表两组算术平均值在最后结果中所占的权重系数，称之为观测值的权。显然，权与观测值的精度有关，精度越高，其权就越大；精度越低，其权就越小。权与中误差的平方根成反比。

设对某量做 n 次不等精度观测，其观测值为 L_i（$i = 1, 2, \cdots, n$），相应的权为 P_i，则该量的加权平均值即为其最或是值：

$$x = \frac{P_1 L_1 + P_2 L_2 + \cdots + P_n L_n}{P_1 + P_2 + \cdots + P_n} = \left[\frac{PL}{P}\right] \tag{5-41}$$

【例 5-6】　对同一量不等精度观测 n 次，得到 n 个观测值 $l_1, l_2, \cdots, l_n$。相应的中误差分别为 $m_1, m_2, \cdots, m_n$，求该量的最小二乘估计量。

解：（1）权的确定：

设单位权中误差为 u，则观测值的权为：

$$P_i = \frac{u^2}{m_i^2} \quad (i = 1, 2, \cdots, n)$$

(2) 设观测值向量为 $l = \begin{bmatrix} l_1 \\ l_2 \\ \vdots \\ l_n \end{bmatrix}$,则观测值的权为:

$$P = \begin{bmatrix} P_1 & 0 & \cdots & 0 \\ 0 & P_2 & \cdots & 0 \\ \vdots & \vdots & & \vdots \\ 0 & 0 & \cdots & P_n \end{bmatrix}$$

(3) 设该量的最小二乘估计量为 x,则各观测值的改正数为 $xv_i = x - l_i$。

(4) 根据最小二乘原理: $V^T P V = \min$

则:
$$\frac{\partial}{\partial v} V^T P V = V^T P \begin{bmatrix} 1 \\ 1 \\ \vdots \\ 1 \end{bmatrix} = 0$$

$$V^T P \begin{bmatrix} 1 \\ 1 \\ \vdots \\ 1 \end{bmatrix} = [(x-l_1)(x-l_2)\cdots(x-l_n)] \begin{bmatrix} P_1 & 0 & \cdots & 0 \\ 0 & P_2 & \cdots & 0 \\ \vdots & \vdots & & \vdots \\ 0 & 0 & \cdots & P_n \end{bmatrix} \begin{bmatrix} 1 \\ 1 \\ \vdots \\ 1 \end{bmatrix}$$

$$= [P_1(x-l_1) P_2(x-l_2) \cdots P_n(x-l_n)] \begin{bmatrix} 1 \\ 1 \\ \vdots \\ 1 \end{bmatrix}$$

$$= P_1 x + P_2 x + \cdots + P_n x - (P_1 l_1 + P_2 l_2 + \cdots + P_n l_n)$$

$$= x[P] - [Pl] = 0$$

$$\therefore \quad x = \frac{[Pl]}{P}$$

结论:加权平均值是该量的最小二乘估计量。

二、权的意义

设观测值 L_i 的中误差为 m_i,则该观测值的权 P_i 定义为

$$P_i = \frac{\mu^2}{m_i^2} \tag{5-42}$$

由上式可定出各观测值的权之间的比例关系为

$$P_1 : P_2 : \cdots : P_n = \frac{\mu^2}{m_1^2} : \frac{\mu^2}{m_2^2} : \cdots : \frac{\mu^2}{m_n^2} = \frac{1}{m_1^2} : \frac{1}{m_2^2} : \cdots : \frac{1}{m_n^2} \tag{5-43}$$

又有

$$P_1 m_1^2 = P_2 m_2^2 = \cdots = P_n m_n^2 = \mu^2 \qquad (5\text{-}44)$$

由此可见，对于一组观测值而言，其权之比等于相应中误差平方的倒数之比，它客观地反映了观测值之间的关系。用权来衡量各观测值之间的精度高低，不限于对同一个量的观测值，同样也适用于对不同量的观测值。

在权的定义式中，μ 是可以任意选定的常数。对同一组中误差而言，选定了一个 μ 值，即有一组相对应的权值。一组观测值的权，其大小随 μ 值的不同而异，但可以看出，该组各观测值的权之间的比例关系不变。为了起到比较精度高低的作用，在同一组观测中只选定一个 μ 值。中误差用来反映观测值的绝对精度，而权用来比较各观测值之间的精度高低，因此权的意义不在于它本身数值的大小，而在于它们之间的比例关系。虽然 μ 是可以任意选定的常数，但一经选定，就有一定的含义。设某个观测值的中误差为 m，若取 $\mu = m$，则 $P = 1$，则称 μ 为单位权观测值中误差，简称单位权中误差，而把权等于 1 的观测值称为单位权观测值。

三、确定权的常用方法

用权的定义式确定权，首先要知道中误差，而实际工作中往往需要在观测值中误差尚未求得之前就要确定各观测值的权。下面介绍几种常用的确定权的方法。

1. 水准测量的权

如图 5-5 所示，有几条水准路线（图中 $n = 3$），每条路线测得的高差为 h_i，各路线的测站数为 N_i。线路长为 L_i，设每站高差观测值的精度相同，其中误差均为 $m_{站}$，由误差传播定律知，各路线的高差中误差为

$$m_i = m_{站} \sqrt{N_i}$$

若以 P_i 代表 h_i 的权，并以 C 个测站的中误差作为单位权中误差，即令 $\mu = m_{站} \sqrt{C}$，则由式（5-42）得

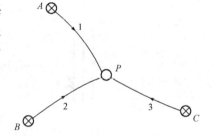

图 5-5 单结点水准网

$$P_i = \frac{\mu^2}{m_i^2} = \frac{m_{站}^2 C}{m_{站}^2 N_i} = \frac{C}{N_i} \quad (i = 1, 2, \cdots, n) \qquad (5\text{-}45)$$

【例 5-7】 在图 5-5 中，设三条水准路线的测站数分别为 $N_1 = 18$，$N_2 = 12$，$N_3 = 24$，试确定其权。

解：设 100 个测站的高差中误差为单位权中误差，即令 $C = 100$，由式（5-45）得

$$P_1 = \frac{100}{18} = 5.56 \qquad P_2 = \frac{100}{12} = 8.33 \qquad P_3 = \frac{100}{24} = 4.17$$

在以路线长度确定高差中误差的情况下，设每千米高差中误差为 m_{km}，各路线的长度为 S_i，有

$$m_i = m_{km} \sqrt{S_i}$$

若令 C 千米的高差中误差为单位权中误差，即 $\mu = m_{km} \sqrt{C}$，有

$$P_i = \frac{\mu^2}{m_i^2} = \frac{m_{km}^2 C}{m_{km}^2 S_i} = \frac{C}{S_i} \quad (i = 1, 2, \cdots, n) \qquad (5\text{-}46)$$

【例 5-8】 在图 5-5 中，设三条水准路线长度分别为 $S_1 = 3.6$ km，$S_2 = 2.4$ km，$S_3 = 4.8$ km，试确定其权。

解:设以10 km高差中误差为单位权中误差,即 $C = 10$ km,由式(5-46)得

$$P_1 = \frac{10}{3.6} = 2.78 \qquad P_2 = \frac{10}{2.4} = 4.17 \qquad P_3 = \frac{10}{4.8} = 2.08$$

2. 距离丈量的权

若单位距离丈量的中误差相等,设为 m,则各边长 S_i 的丈量中误差为

$$m_i = m\sqrt{S_i}$$

令 C 个单位距离丈量中误差为单位权中误差,则令 $\mu = m\sqrt{C}$,有

$$P_i = \frac{\mu^2}{m_i^2} = \frac{m_{站}^2 C}{m_{站}^2 N_i} = \frac{C}{N_i} \quad (i = 1, 2, \cdots, n) \tag{5-47}$$

3. 算术平均值的权

设有 n 个不等精度的观测值 L_i,它们分别是 N_i 次等精度观测值的平均值,若设每次观测值的中误差均为 m,则各观测值 L_i 的中误差为

$$m_i = \frac{m}{\sqrt{N_i}}$$

若以 P_i 代表 L_i 的权,并令 C 次观测值的平均值作为单位权观测值,则令 $\mu = \frac{m}{\sqrt{C}}$,有

$$P_i = \left(\frac{m}{\sqrt{C}}\right)^2 \bigg/ \left(\frac{m}{\sqrt{N_i}}\right)^2 = \frac{N_i}{C} \tag{5-48}$$

【例 5-9】 设对某角做两组观测,第一组测 3 个测回,平均值为 $\beta_1 = 32°12'14''$,第二组测 9 个测回,平均值为 $\beta_2 = 32°12'14''$,求该角的最或是值。

解:令 $C = 3$,即 3 个测回的平均值为单位权观测值,按式(5-48)得

$$P_1 = \frac{3}{3} = 1 \qquad P_2 = \frac{9}{3} = 3$$

加权平均值

$$\beta = 32°12' + \frac{1 \times 14'' + 3 \times 24''}{1 + 3} = 21°12'21.5''$$

四、加权平均值中误差

由于加权平均值为

$$x = \left[\frac{PL}{P}\right] = \frac{P_1}{[P]}L_1 + \frac{P_2}{[P]}L_2 + \cdots + \frac{P_n}{[P]}L_n$$

由误差传播定律得

$$m_x^2 = \left(\frac{P_1}{[P]}\right)^2 m_1^2 + \left(\frac{P_2}{[P]}\right)^2 m_2^2 + \cdots + \left(\frac{P_n}{[P]}\right)^2 m_n^2$$

$$= \frac{1}{[P]^2}(P_1^2 m_1^2 + P_2^2 m_2^2 + \cdots + P_n^2 m_n^2)$$

$$= \frac{1}{[P]^2}(P_1^2 \mu^2 + P_2^2 \mu^2 + \cdots + P_n^2 \mu^2)$$

$$= \frac{\mu^2}{[P]^2}[P]$$

$$= \frac{\mu^2}{[P]}$$

所以

$$m_x = \pm \frac{\mu}{\sqrt{[P]}} \tag{5-49}$$

由式（5-42）可知，$[P]$ 是加权平均值的权 P_x，P_x 等于各观测值权之和。

五、单位权中误差

由式（5-42）知，在不等精度观测中，只要求出单位权中误差 $m_{km} = \pm 5$，就可根据任一观测值及其函数确定其权，计算其中误差。

设有一组不等精度的观测值 L_i，权为 P_i，其真误差为 Δ_i，则单位权中误差 μ 为

$$\mu = \pm \sqrt{\frac{[P\Delta\Delta]}{n}} \tag{5-50}$$

以加权平均值 x 代替真值 X，以各观测值的最或是误差（观测值的改正数）$V_i = x - L_i$ 代替其真误差 Δ_i，有

$$[PV] = 0 \tag{5-51}$$

用最或是误差（改正数）计算单位权中误差 μ 的公式为

$$\mu = \pm \sqrt{\frac{[PVV]}{n-1}} \tag{5-52}$$

【例 5-10】 如图 5-5 所示，从已知水准点 A、B、C 出发，分别沿三条路线测量点 P 的高程，求 P 点高程的最或是值及其中误差。已知数据及观测数据列于表 5-4 中。

表 5-4 已知数据及观测数据

路线	已知点	已知点高程 /m	高差观测值 /m	P点观测高程 /m	路线长 /km	权 P_i	改正数 V_i/mm	PV	PVV
AP	A	78.324	-7.980	70.344	4	2.5	+13	+32.5	422.5
BP	B	64.374	+5.992	70.366	2.5	4.0	-9	-36.0	324
CP	C	24.836	+45.516	70.352	8.5	1.2	+5	+6	30
Σ						7.7		+2.5	776.5

解：（1）列表填写已知数据，计算 P 点的观测高程。

（2）设 100 km 高差观测值的权为 1，即令 $C = 100$，按 $P_i = 100/L_i$ 计算各观测高程的权。在观测高程中，A、B、C 点的高程没有误差，因此观测高程的权就是观测高差的权，观测高程的中误差就是观测高差的中误差。

（3）计算加权平均值：$X = [PL]/[P] = 70.357$（m）

（4）计算改正数：$V_i = X - H_i$

（5）检核：$[PV] = +2.5$（由凑数误差造成）

（6）单位权中误差：$\mu = \pm\sqrt{\dfrac{[PVV]}{n-1}} = \pm\sqrt{\dfrac{776.5}{3-1}} = \pm 19.7$（mm）

(7) 各观测值中误差：

$$m_1 = \frac{\mu}{\sqrt{P_1}} = \frac{\pm 19.7}{\sqrt{2.5}} = \pm 12.4 \text{（mm）}$$

$$m_2 = \frac{\mu}{\sqrt{P_2}} = \frac{\pm 19.7}{\sqrt{4.0}} = \pm 9.9 \text{（mm）}$$

$$m_3 = \frac{\mu}{\sqrt{P_3}} = \frac{\pm 19.7}{\sqrt{1.2}} = \pm 18.0 \text{（mm）}$$

(8) 每千米高差观测值的权为 $P_{km} = C/1 = 100/1 = 10$，则每千米高差中误差

$$m_{km} = \frac{\mu}{\sqrt{P_{km}}} = \pm \frac{19.7}{\sqrt{10}} = \pm 6.2 \text{（mm）}$$

(9) 加权平均值的中误差：$m_X = \frac{\mu}{\sqrt{P_X}} = \frac{\mu}{\sqrt{[P]}} = \pm \frac{19.7}{\sqrt{7.7}} = \pm 7.1 \text{（mm）}$

思考题

1. 偶然误差和系统误差有何区别？偶然误差具有哪些特点？

2. 观测值的真误差 Δ_i、观测值的中误差 m 和算术平均值中误差 m_x 有何区别与联系？

3. 何谓中误差、容许误差、相对误差？

4. 某水平角以等精度观测 4 个测回，观测值分别是 55°40′47″、55°40′40″、55°40′42″、55°40′46″，试求观测一测回的中误差、算术平均值及其中误差。

5. 某直线丈量 6 次，其观测结果分别为 246.52 m、246.48 m、246.56 m、246.46 m、246.40 m、246.58 m。试计算其算术平均值、算术平均值中误差及其相对中误差。

6. 设有一 n 边形，每个角的测角中误差为 $m = \pm 10″$，试求该 n 边形内角和的中误差。

7. 量得一圆的半径 $R = 31.3$ mm，其中误差为 ± 0.3 mm，求其圆面积及其中误差。

8. 如图 5-6 所示，测得 $a = 150.11$ m ± 0.05 m，$\angle A = 64°24′ \pm 1′$，$\angle B = 35°10′ \pm 2′$，试计算边长 c 及其中误差。

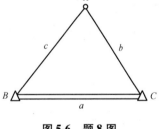

图 5-6　题 8 图

9. 已知四边形各内角的测角中误差为 $\pm 20″$，容许误差为中误差的 2 倍，求该四边形闭合差的容许误差。

10. 如图 5-7 所示，A 为已知水准点，$H_A = 206.357$ m，测得 $h_{AB} = +1.233$ m，$h_{BC} = +0.856$ m，路线长 $S_{AB} = 9$ km，$S_{BC} = 7$ km，若每千米观测高差的中误差 $m_{km} = \pm 5$ mm，试求 B、C 点的高程及其中误差。

11. 在三角形 ABC 中，对每个角的各测回采用等精度观测，角 A 观测了 4 测回，角 B 观测了 6 测回，角 C 观测了 9 测回，试确定三内角的权。

12. 如图 5-8 所示的水准网中，有水准点 A、B、C 向待定点 D 进行水准测量，以测定 D 点高程。各路线的长度为：$S_1 = 2$ km，$S_2 = S_3 = 4$ km，$S_4 = 1$ km，设以 2 km 路线观测值为单位权观测值，其中误差为 ± 2 mm，试求：

(1) D 点高程最或是值中误差 m_D；

(2) A、D 间高差观测值的中误差 m_{AD}。

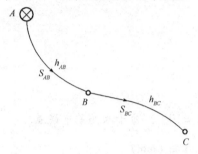

图 5-7　题 10 图

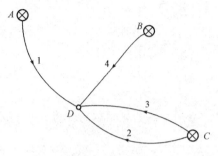

图 5-8　题 12 图

13. 如图 5-5 所示，为了求得 P 点高程，分别从 A、B、C 三个水准点向 P 点进行了同等级水准测量，其观测成果列于表 5-5 中，试求 P 点的高程及其中误差，并求每千米高差中误差。

表 5-5　观测成果

路线	已知点	已知点高程/m	高差高程值/m	P 点观测高程/m	路线长/km	权 P_i	改正数 V_i/mm	PV	PVV
AP	A	200.145	+1.538		2.5				
BP	B	204.030	-2.330		4.0				
CP	C	199.898	+1.782		2.0				
Σ									

14. 对某量进行 n 次同精度观测，为什么取 n 次观测的平均值作为最后的结果？

第六章

小区域控制测量

第一节 控制测量概述

测绘的基本工作是确定地面上地物和地貌特征点的位置，即确定空间点的三维坐标。若从一个原点开始，逐步依据前一个点测定后一个点的位置，必然会将前一个点的误差带到后一个点上，误差逐步积累，将会达到惊人的程度。所以，为了保证所测点位的精度，减少误差积累，测绘工作应遵循"从整体到局部""从高级到低级""先控制后碎部"的原则。为此，无论是测绘地形图还是各种工程的施工测量，必须首先建立控制网，然后通过控制点进行碎部测量或具体的施工测设。

由在测区内所选定的若干控制点相互连接所构成的具有一定形状的几何图形，称为控制网。建立并测定控制点平面位置（X、Y）和高程（H）的工作，称为控制测量。根据测量的内容不同，控制测量可分为平面控制测量和高程控制测量。

一、国家控制测量

1. 国家平面控制测量

建立平面控制网的经典方法有三角测量和导线测量。如图6-1所示，把选定的平面控制点 A、B、C、D、E、F 组成互相连接的三角形，观测所有三角形的内角，应至少已知一个点的坐标和一条直线的方位角，并以已知（或测量）一条边长作为起算边，通过计算就可获得各点之间的相对位置或各点的平面坐标。这种三角形的顶点称为三角点，构成的三角网状图形称为三角网，进行这种控制测量称为三角测量。

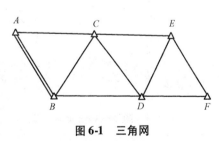

图6-1 三角网

如图6-2所示，把选定的1、2、3、4、5、6点用折线连接起来，测量各边边长和各转折角，通过计算同样获得各控制点的平面坐标。这种控制点称为导线点，这种控制测量称为导线测量。

平面控制网除上述方法外，还有卫星大地测量，目前常用的是 GPS 卫星定位。如图 6-3 所示，在地面 A、B、C、D 控制点上，同时接收 GPS 卫星 S_1、S_2、S_3、S_4、…发射的无线电信号，从而确定地面点位，称为 GPS 控制测量。

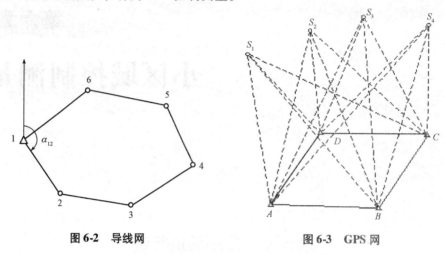

图 6-2　导线网　　　　　　　　图 6-3　GPS 网

国家平面控制网是在全国范围内建立的控制网，逐级控制，按其精度分为一、二、三、四等。它是全国各种比例尺测图和工程建设的基本控制网，也为空间科学技术和军事提供精确的点位坐标、距离、方位等资料，并为研究地球形状和大小、地震与气象预报等科学研究工作提供重要资料。图 6-4、图 6-5 所示为国家一、二等三角控制网的示意图。

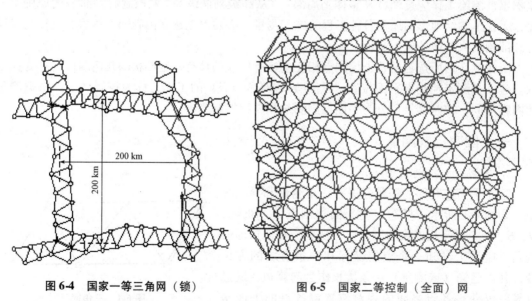

图 6-4　国家一等三角网（锁）　　　　　图 6-5　国家二等控制（全面）网

随着科学技术的发展和现代化测量仪器的出现，三角测量这一传统定位技术部分已被卫星定位技术所替代。国家规范《全球定位系统（GPS）测量规范》（GB/T 18314—2009）将 GPS 控制网分成 A、B、C、D、E 五级。我国已于 1992 年布设了覆盖全国的 A 级 GPS 网点 27 个，1996 年完成了覆盖全国的 B 级 GPS 网点 730 个。在各种大型工程建设中，GPS 技术也正在取代传统的三角测量成为平面控制测量的首选方案。

2. 国家高程控制测量

高程控制测量的主要方法是水准测量，在山区也可以采用光电测距三角高程测量。光电测距三角高程测量不受地形起伏的影响，工作速度快，但其精度较水准测量低，采取一定的观测方法可达到四等水准测量的精度要求。在平原地区，也可采用 GPS 方法代替四等水准测量。但在地形比较复杂或地质构造复杂的地区，采用 GPS 方法时，需进行高程异常改正。

国家水准测量同样按精度分为一、二、三、四等，逐级布设，如图 6-6 所示。一、二等水准测量用高精度水准仪和精密水准测量方法进行施测，其成果供全国范围的高程控制、科学研究应用。三、四等水准测量除用于国家高程控制网的加密外，在小地区用作建立首级高程控制网。

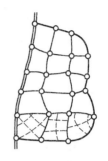

━━━ 一等水准线路
━━━ 二等水准线路
━━━ 三等水准线路
--- 四等水准线路

图 6-6 国家水准网

二、工程控制测量

工程测量控制网的布网原则与国家平面控制网相同，工程测量中也可直接应用国家控制测量成果，但对于种类繁多、测区面积悬殊的工程测量，国家控制测量的等级、密度等往往显得不适应，因此在《工程测量规范》（GB 50026—2007）中规定了工程测量控制网的布设方案和技术要求。

1. 工程平面控制测量

工程测量平面控制网与国家平面控制网相比具有如下特点：①工程测量控制网等级多；②各等级控制网的平均边长较相应等级的国家平面控制网的边长短，即点的密度大；③各等级控制网均可作为首级控制；④各等级控制网分别作为首级网和加密网时，对其起算边的精度要求也不相同。《工程测量规范》（GB 50026—2007）中对三角测量、导线测量的技术要求分别见表 6-1 和表 6-2。《全球定位系统（GPS）测量规范》（GB/T 18314—2009）对 GPS 控制网的技术要求见表 6-3。

表 6-1 三角测量的主要技术要求

等级		平均边长/km	测角中误差/(″)	起始边边长相对中误差	最弱边边长相对中误差	测回数			三角形最大闭合差/(″)
						DJ1	DJ2	DJ6	
二等		9	1	$\leq \dfrac{1}{250\ 000}$	$\leq \dfrac{1}{120\ 000}$	12	—	—	3.5
三等	首级	4.5	1.8	$\leq \dfrac{1}{150\ 000}$	$\leq \dfrac{1}{70\ 000}$	6	9	—	7
	加密			$\leq \dfrac{1}{120\ 000}$					
四等	首级	2	2.5	$\leq \dfrac{1}{100\ 000}$	$\leq \dfrac{1}{40\ 000}$	4	9	—	9
	加密			$\leq \dfrac{1}{70\ 000}$					
一级小三角		1	5	$\leq \dfrac{1}{40\ 000}$	$\leq \dfrac{1}{20\ 000}$	—	2	4	15

续表

等级	平均边长/km	测角中误差/(″)	起始边边长相对中误差	最弱边边长相对中误差	测回数 DJ1	测回数 DJ2	测回数 DJ6	三角形最大闭合差/(″)
二级小三角	0.5	10	$\leq \dfrac{1}{20\ 000}$	$\leq \dfrac{1}{10\ 000}$	—	1	2	30

表6-2 导线测量的主要技术要求

等级	附合导线长度/km	平均边长/km	测角中误差/″	测距中误差/mm	测距相对中误差	测回数 DJ1	测回数 DJ2	测回数 DJ6	方位角闭合差/″	导线全长相对闭合差
三等	14	3	1.8	20	$\leq \dfrac{1}{150\ 000}$	6	10	—	$3.6\sqrt{n}$	$\leq \dfrac{1}{55\ 000}$
四等	9	1.5	2.5	18	$\leq \dfrac{1}{80\ 000}$	4	6	—	$5\sqrt{n}$	$\leq \dfrac{1}{35\ 000}$
一级	4	0.5	5	15	$\leq \dfrac{1}{30\ 000}$	—	2	4	$10\sqrt{n}$	$\leq \dfrac{1}{15\ 000}$
二级	2.4	0.25	8	15	$\leq \dfrac{1}{14\ 000}$	—	1	3	$16\sqrt{n}$	$\leq \dfrac{1}{10\ 000}$
三级	1.2	0.1	12	15	$\leq \dfrac{1}{7\ 000}$	—	1	2	$24\sqrt{n}$	$\leq \dfrac{1}{5\ 000}$

表6-3 GPS控制网主要技术要求

等级	平均边长/km	固定误差A/mm	比例误差系数B/(mm·km^{-1})	约束点间的边长相对中误差	约束平差后最弱边相对中误差
二等	9	≤10	≤2	≤1/250 000	≤1/120 000
三等	4.5	≤10	≤5	≤1/150 000	≤1/70 000
四等	2	≤10	≤10	≤1/100 000	≤140 000
一级	1	≤10	≤20	≤1/40 000	≤1/20 000
二级	0.5	≤10	≤40	≤1/20 000	≤1/10 000

2. 工程高程控制测量

根据《工程测量规范》(GB 50026—2007)的规定,小区域或各种工程的高程控制测量,可分别采用二、三、四、五等4个等级的水准测量作为高程控制测量。其主要技术要求见表6-4。

表6-4 水准测量的主要技术要求

等级	每千米高差中误差/mm	路线长度/km	水准仪型号	水准尺	观测次数 与已知点联测	观测次数 附合或环线	往返较差、附合或环线闭合差 平地/km	往返较差、附合或环线闭合差 山地/mm
二等	2	—	DS1	因瓦	往、返各一次	往、返各一次	$4\sqrt{L}$	—
三等	6	≤50	DS1	因瓦	往、返各一次	往一次	$12\sqrt{L}$	$4\sqrt{n}$
三等	6	≤50	DS3	双面	往、返各一次	往、返各一次	$12\sqrt{L}$	$4\sqrt{n}$
四等	10	≤16	DS3	双面	往、返各一次	往一次	$20\sqrt{L}$	$6\sqrt{n}$
五等	15	—	DS3	双面	往、返各一次	往一次	$30\sqrt{L}$	—

水准点间的距离，一般地区应为 1～3 km，工厂区应不大于 1 km。一个测区至少应设立 3 个水准点，构成必要的检核。

在山区无法进行水准测量时，也可以在一定数量水准点的控制下，布设三角高程路线或三角高程网进行高程控制测量。

三、图根控制测量

直接为测图建立的控制网，称为图根控制网。图根控制网应尽可能与国家控制网、城市控制网或工程控制网相连接，形成统一的坐标系统。个别地区连接有困难时，也可以建立独立的图根控制网。图根点的密度和精度主要根据测图比例尺和测图方法确定。表 6-5 所示是对平坦开阔地区、平板仪测图图根点密度所做的规定。对山地或通视困难，地貌、地物复杂地区，图根点密度可适当增大；而采用测距仪、全站仪测图时，密度要求可适当放宽。图根平面控制测量的主要技术要求见表 6-6～表 6-7。图根水准测量的技术要求参见第二章有关内容。

表 6-5　图根点密度的规定

测图比例尺	1:500	1:1 000	1:2 000	1:5 000
图幅尺寸/cm	50×50	50×50	50×50	40×40
平板仪测图每幅图解析控制点个数	8	12	15	30
全站仪测图每幅图解析控制点个数	2	3	4	6
GPS-RTK 测图每幅图解析控制点个数	1	1～2	2	3

表 6-6　图根小三角测量主要要求

边长/m	测角中误差/(″)	三角形个数	DJ6 测回数	三角形最大闭合差/(″)	方位角闭合差/(″)
≤1.7 倍测图最大视距	20	≤13	1	60	$40\sqrt{n}$

表 6-7　图根导线测量的主要技术要求

导线长度/m	相对闭合差	测角中误差/(″)		方位角闭合差/(″)	
		一般	首级控制	一般	首级控制
≤αM	≤1/(2 000×α)	30	20	$60\sqrt{n}$	$40\sqrt{n}$

注：α 为比例系数，取值宜为 1。
　　M 为测图比例尺的分母。

第二节　导线测量

一、导线测量概述

将测区内相邻控制点连成直线而构成的折线，称为导线。导线的各个控制点，称为导线点。导线测量就是测定各导线边的长度和各转折角值，根据起算点坐标和起始边的坐标方位角，推算各导线边的坐标方位角，从而算出各导线点坐标的测量过程。

如图 6-7 所示，A 为已知点，其平面坐标为 (x_A, y_A)，AB 为已知方向，其坐标方位角为 α_{AB}，1、2、3 分别为待测坐标 (x_i, y_i) 的导线点。待求点 1 的坐标 (x_1, y_1) 为未知数，为得到其值，就应观测观测值（称为必需观测），为此需要观测导线点 A 的转折角（水平角）β，据此可计算出直线 $A1$ 的方位角 α_{A1}：

$$\alpha_{A1} = \alpha_{AB} + \beta \qquad (6\text{-}1)$$

再观测 $A1$ 的边长（指水平距离）D_{A1}。可以设想：从一个确定的点出发，沿确定的方向，走过确定的距离所到达的 1 点是唯一确定的。从图 6-7 中可以得出 A、1 两点间 x、y 坐标之差，称为坐标增量 Δx_{A1}、Δy_{A1}。

$$\begin{aligned}\Delta x_{A1} &= D_{A1}\cos\alpha_{A1} \\ \Delta y_{A1} &= D_{A1}\sin\alpha_{A1}\end{aligned} \qquad (6\text{-}2)$$

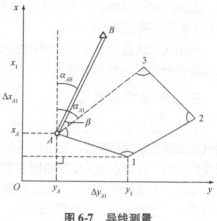

图 6-7 导线测量

据 A 点坐标可得 1 点坐标：

$$\begin{aligned}x_1 &= x_A + \Delta x_{A1} \\ y_1 &= y_A + \Delta y_{A1}\end{aligned} \qquad (6\text{-}3)$$

为了求解 2 点坐标（x_2，y_2），观测转折角 β_1、边长 D_{12}，根据式（4-38）或式（4-39）可推算出方位角 α_{12}，再据式（6-2）、式（6-3）可得 2 点坐标。同理，可得 3 点坐标。上述过程，即根据已知点坐标，据式（6-2）、式（6-3）计算待定点坐标的过程，称为坐标正算。根据已知 A、B 两点坐标（x_A，y_A）和（x_B，y_B），计算两点间水平距离 D_{AB} 和直线 AB 的坐标方位角 α_{AB} 的过程，称为坐标反算。计算公式如下：

$$\begin{aligned}D_{AB} &= \sqrt{(x_B - x_A)^2 + (y_B - y_A)^2} \\ \alpha_{AB} &= \tan^{-1}\left(\frac{y_B - y_A}{x_B - x_A}\right)\end{aligned} \qquad (6\text{-}4)$$

式中，$\Delta x_{AB} = x_B - x_A$，$\Delta y_{AB} = y_B - y_A$。

应当指出，由式（6-4）计算得到的并不一定是 AB 的坐标方位角，还应根据 Δy_{AB}、Δx_{AB} 的符号将其转化为坐标方位角，其转化方法见表 6-8。

表 6-8 坐标方位角的转化

Δy_{AB}	Δx_{AB}	坐标方位角
+	+	α_{AB}
+	−	$180° - \alpha_{AB}$
−	−	$180° + \alpha_{AB}$
−	+	$60° - \alpha_{AB}$

函数型计算器上均有直角坐标与极坐标互换功能，可以方便地完成坐标正、反算。坐标正、反算是测量工作中最常用的基本计算，应熟练掌握。

导线测量是小区域平面控制测量的一种常用方法，特别是在地物分布较复杂的建筑区、视线障碍较多的隐蔽区和带状地区，多采用导线测量的方法。尤其是近年来，随着光电测距仪、全站型电子速测仪的出现,大大降低了导线测量的工作量,提高了作业效率,使得导线测量更加实用。

二、导线的布设形式

按照图 6-7 所示解决问题的思路,在一个有 n 个待定点的导线中,分别观测 n 个转折角(水平角)和 n 个边长(水平距离),即可求得各待定点的平面直角坐标 (x,y)。但测量工作要求"时时有检核、处处有检核",为此,与水准测量路线检核类似,要将导线布设成一定的路线形式。

1. 闭合导线

起止于同一已知点及方向的导线,称为闭合导线。如图 6-8 所示,导线从已知控制点 A 及已知方向出发,经待定点 1、2、3,最后回到起点 A,构成一个闭合多边形。在图中,有 3 个待定点,即有 6 个未知数,为此应有 6 个必需观测,实际上观测 5 个转折角、4 条边长,就有 3 个多余观测,从而产生 3 个检核条件:一个角条件——内角和应满足多边形内角和定理;两个坐标条件——从 A 点出发最后回到 A 的坐标 (x_A, y_A) 应与其已知值相等。

2. 附合导线

布设在两已知点之间的导线,称为附合导线。如图 6-9 所示,导线从已知控制点 B 及已知方向 AB 出发,经待定点 1、2、3,最后附合到另一已知控制点 C 和已知方向 CD 上。与闭合导线相同,附合导线中也进行了 3 个多余观测,从而产生 3 个检核条件。

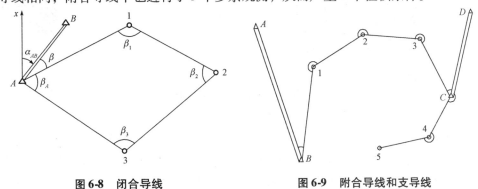

图 6-8　闭合导线　　　　图 6-9　附合导线和支导线

3. 支导线

由一已知点和一已知方向出发,既不附合到另一已知点,又不回到原起始点的导线,称为支导线。图 6-9 中,从已知点 C、D 布设的 4、5 为支导线点。因为支导线缺乏检核条件,规定支导线一般不得超过 3 条边。

三、导线测量的外业工作

导线测量的外业工作包括踏勘选点、角度测量、边长测量。

1. 踏勘选点

在踏勘选点前应尽量搜集测区已有的地形图、已有控制点的坐标和高程、控制点点之记等成果资料,在图上拟定导线布设方案,然后到野外踏勘,实地选点并埋设标志。

实地选点时,应注意下列几点:

(1) 点位应选在土质坚实处，便于保存标志和安置仪器；
(2) 相邻导线点间通视良好，地势较平坦，便于测角和量距；
(3) 等级导线点应便于加密低等级点时应用，图根点应选在视野开阔、便于测图的地方；
(4) 导线各边的长度应大致相等，并尽量避免由长边突然转到短边，相邻边长之比不应超过3；
(5) 导线点应分布均匀、密度合理，便于控制整个测区。

导线点选定后，要在地面上建立标志，并沿导线走向顺序编号，绘制导线略图。对等级导线点应按规范埋设混凝土桩，如图6-10（a）所示。同时，为了便于寻找，应量出导线点与附近固定且明显地物点的距离，并绘制草图，注明尺寸，称为点之记，如图6-10（b）所示。

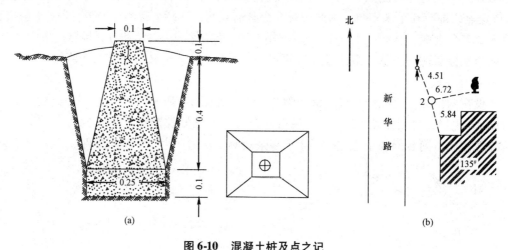

图 6-10　混凝土桩及点之记

2. 角度测量

角度测量一般使用DJ2级或DJ6级经纬仪用测回法施测，或皆测导线左角，或皆测导线右角，对于闭合导线应测内角。角度测量的测回数、精度要求参见本章第一节。导线应与高级控制点联测，才能得到起始方位角，这一工作称为连接角测量，也称为导线定向。如图6-8中的β_A即为连接角。如果附近无高级控制点，则应用罗盘仪施测导线起始边的磁方位角，并假定起始点的坐标为起算数据。

3. 边长测量

导线边长可用电磁波测距仪或全站仪测定，对于图根导线也可采用钢尺量距。往返丈量的相对误差不大于1/3 000，特殊困难地区不大于1/1 000，并进行倾斜改正。

导线外业所测量的各种数据，应按照给定的记录表格认真填写、检核，并注意妥善保管，避免丢失。

4. 联测

导线与高级控制网连接，必须观测连接角、连接边，作为传递坐标方位角和坐标之用。如果附近无高级控制点，则应用罗盘仪施测导线起始边的磁方位角，并假定起始点的坐标为起算数据。

四、导线测量的内业计算

导线测量内业是在外业工作的基础上，根据起算数据，对所测的数据进行平差，解算出导线边的坐标方位角及坐标增量，最后求出各导线坐标的工作。

导线内业计算之前，应全面检查导线测量外业记录及成果是否符合精度要求，然后绘制导线图，标注实线边长、转折角、连接角和起始坐标，以便于导线坐标计算，如图6-11所示。

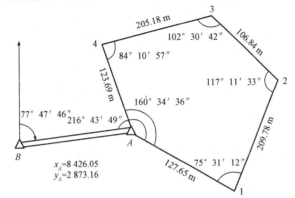

图 6-11 闭合导线略图

内业计算中对数字取位的要求：对于四等以下的小三角及导线，角值取秒位，边长坐标取至毫米（mm）；对于图根三角锁及图根导线，角值取至秒，边长和坐标取至厘米（cm）。

1. 闭合导线计算

闭合导线测量中，由3个多余观测产生的两组3个条件，是导线外业成果是否合格的检核条件，也是内业平差的基本与核心工作。

（1）角度闭合差计算与调整。由于闭合导线本身构成一个多边形，故其内角和的理论值为

$$\sum \beta_\text{理} = (n-2) \times 180° \tag{6-5}$$

由于测角误差的存在，产生角度闭合差

$$f_\beta = \sum \beta_\text{测} - (n-2) \times 180° \tag{6-6}$$

各级导线角度闭合差的容许值见表6-2、表6-7。若f_β超过$f_{\beta容}$，则说明角度不符合要求，应重新观测。

若$|f_\beta| \le |f_{\beta容}|$，可将闭合差反符号平均分配到各观测角中，即各观测角改正数

$$V_i = \frac{-f_\beta}{n} \tag{6-7}$$

将其填入表6-9中第3栏，各角度改正数之和应与角度闭合差等值反号，即

$$\sum V_i = -f_\beta \tag{6-8}$$

作为计算检核。

各改正后角值

$$\beta'_i = \beta_i + V_i \tag{6-9}$$

将其填入表6-9中第4栏，经过改正后的内角和应满足

$$\sum \beta'_i = (n-2) \times 180° \tag{6-10}$$

以资检核。

（2）推算坐标方位角。根据起始边的已知坐标方位角及改正后的各观测角，推算其他各导线边的坐标方位角，即

$$\alpha_{前} = \alpha_{后} + \beta_{左} \mp 180°$$
$$\alpha_{前} = \alpha_{后} - \beta_{右} \pm 180° \tag{6-11}$$

推算各边坐标方位角时，坐标方位角值应为 $0° \sim 360°$。

逐边推算各边坐标方位角，填入表 6-9 中第 5 栏。最后回到起始边检核，应满足

$$\alpha_{AB(已知)} = \alpha_{AB(计算)} \tag{6-12}$$

作为计算检核。

（3）计算坐标增量。据式（6-2）写出各点间坐标增量计算公式：

$$\Delta x = D\cos\alpha$$
$$\Delta y = D\sin\alpha \tag{6-13}$$

按式（6-13）计算各导线点间的坐标增量，并填入表 6-9 中第 7、第 8 栏。建议使用计算器的极坐标与直角坐标互换功能。

（4）坐标增量闭合差的计算与调整。闭合导线构成封闭的多边形，因此各边的纵、横坐标增量代数和的理论值应为零，即

$$\sum \Delta x_{理} = 0$$
$$\sum \Delta y_{理} = 0 \tag{6-14}$$

受量边误差和角度闭合差调整后残余误差的影响，$\sum \Delta x_{测}$、$\sum \Delta y_{测}$ 不一定等于零，而产生纵坐标增量闭合差 f_x 与横坐标增量闭合差 f_y，即

$$f_x = \sum \Delta x_{测}$$
$$f_y = \sum \Delta y_{测} \tag{6-15}$$

如图 6-12 所示，由于坐标增量闭合差 f_x、f_y 的存在，实测的闭合导线不能形成理论上封闭的多边形，而出现了一个"缺口"，该缺口的长度，称为导线全长闭合差，用 f_D 表示。坐标增量闭合差的几何意义就是导线全长闭合差在坐标轴上的投影。f_D 的大小可用下式计算：

$$f_D = \sqrt{f_x^2 + f_y^2} \tag{6-16}$$

导线全长闭合差 f_D 的数值大小仅仅反映导线测量的绝对精度，还不能作为衡量导线测量整体精度高低的指标，为此计算导线全长相对闭合差 K。其含义为导线全长闭合差 f_D 与导线全长 $\sum D$ 之比，并化为分子为 1 的分数形式，即

$$K = \frac{|f_D|}{\sum D} = \frac{1}{\dfrac{\sum D}{f_D}} \tag{6-17}$$

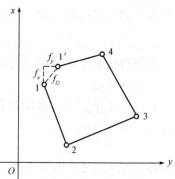

图 6-12　导线全长闭合差

不同等级的导线全长相对闭合差的容许值参见表6-2和表6-7。若K超过$K_{容}$，则说明成果不合格，首先应检查内业计算有无错误，然后检查外业观测成果，必要时重测；若K不超过$K_{容}$，则说明符合精度要求，可以对纵、横坐标增量进行调整。

坐标增量闭合差的调整：将f_x、f_y反符号按与边长成正比的原则分配到各边的纵、横坐标增量中去。

以V_{x_i}、V_{y_i}分别表示第i边的纵、横坐标增量改正数，则纵、横坐标增量改正数为

$$V_{x_i} = -\frac{f_x}{\sum D}D_i$$
$$V_{y_i} = -\frac{f_y}{\sum D}D_i \quad (6\text{-}18)$$

将算出的各坐标增量改正数（取位到cm，和题中所给最小单位一致）填入表6-9中的第7、第8两栏增量计算值的右上方（如-2、$+2$等）。

纵、横坐标增量改正数之和应满足

$$\sum V_{x_i} = -f_x$$
$$\sum V_{y_i} = -f_y \quad (6\text{-}19)$$

作为计算检核。

各边坐标增量加改正数，即得各边改正后坐标增量：

$$\Delta x'_i = \Delta x_i + V_{x_i}$$
$$\Delta y'_i = \Delta y_i + V_{y_i} \quad (6\text{-}20)$$

填入表6-9中的第9、第10两栏。

改正后纵、横坐标增量之代数和应分别为零，作为计算检核，即

$$\sum \Delta x'_i = 0$$
$$\sum \Delta y'_i = 0 \quad (6\text{-}21)$$

（5）计算各点坐标。计算出各导线边改正后的坐标增量后，根据起始点的已知坐标，利用式（6-3）依次推算各未知点的平面坐标，填入表6-9中的第11、第12两栏。

最后还应推算起点A的坐标，其值应与原有的数值相等，以资检核，即

$$X'_A = X_A$$
$$Y'_A = Y_A \quad (6\text{-}22)$$

2. 附合导线坐标计算

附合导线坐标计算的方法、步骤与闭合导线相类似，只是由于两者在布设形式上不同，导致其几何条件的检核方法有所区别，进而体现在角度闭合差与坐标增量闭合差计算上也稍有区别。下面着重介绍其不同点。

设有一附合导线，如图6-13所示，已知控制点B、C的坐标分别为(x_B, y_B)、(x_C, y_C)，已知坐标方位角α_{AB}、α_{CD}（或据已知控制点A、B、C、D的坐标反算得出α_{AB}、α_{CD}）；观测了导线各转折角β_B、β_C、β_i（$i = 1, 2, 3, \cdots, n$），各导线边长D_{B1}、D_{12}、$\cdots$、D_{nC}。

表 6-9 闭合导线坐标计算表

点号	观测角（左角）/ (° ′ ″)	改正数 / (″)	改正角 4=2+3 / (° ′ ″)	坐标方位角 α / (° ′ ″)	距离 D/m	增量计算值 Δx/m	增量计算值 Δy/m	改正后增量 Δx/m	改正后增量 Δy/m	坐标值 x/m	坐标值 y/m	点号
1	2	3	4=2+3	5	6	7	8	9	10	11	12	13
1										500.00	800.00	1
				124 59 43	105.22	−3 −60.34	−3 −86.20	−60.37	+86.22			
2	107 48 30	+13	107 48 43							439.63	886.22	2
				52 48 26	80.18	−2 +48.47	+2 +63.87	+48.45	+63.89			
3	73 00 20	+12	73 00 32							488.08	950.11	3
				305 48 58	129.34	−3 +75.69	+2 −104.88	+75.66	−104.86			
4	89 33 50	+12	89 34 02							563.74	845.25	4
				215 23 00	78.16	−2 −63.32	+1 −45.26	−63.74	−45.25			
1	89 36 30	+13	89 36 43							500.00	800.00	1
				124 59 43								
2												
总和	359 59 10	+50	360 00 00		392.90	+0.10	−0.07	0.00	0.00			

辅助计算

$\sum \beta_\text{测} = 359°59'10''$

$\sum \beta_\text{理} = 360°00'00''$

$f_\beta = -50''$

$f_{\beta容} = \pm 40''\sqrt{4} = \pm 80''$

导线全长闭合差 $f_D = \sqrt{f_x^2 + f_y^2} = \pm 0.12 \text{ m}$

相对闭合差 $K = \dfrac{0.12}{392.90} \approx \dfrac{1}{3\,200}$

容许的相对闭合差 $K_容 = \dfrac{1}{2\,000}$

$f_x = \sum \Delta x_\text{测} = +0.10$

$f_y = \sum \Delta y_\text{测} = -0.07$

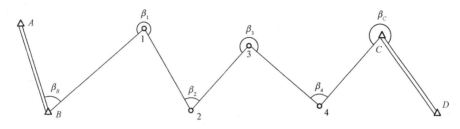

图 6-13 附合导线略图

(1) 角度闭合差的计算与调整。

①角度闭合差的计算。根据起始边已知坐标方位角 α_{AB} 及观测的左角 β_i（包括连接角 β_B、β_C），可以依次算出各导线边直至终边 CD 的坐标方位角，公式为

$$\alpha_{B1} = \alpha_{AB} + \beta_B \mp 180°$$

$$\alpha_{12} = \alpha_{B1} + \beta_1 \mp 180°$$

$$\alpha_{23} = \alpha_{12} + \beta_2 \mp 180°$$

$$\cdots \quad \cdots \quad \cdots$$

$$\alpha_{nC} = \alpha_{n-1,n} + \beta_N \mp 180°$$

$$\alpha'_{CD} = \alpha_{nC} + \beta_C \mp 180°$$

将上面各式相加，并消去同类项，则有

$$\alpha'_{CD} = \alpha_{AB} + \sum \beta_左 \mp n \times 180° \tag{6-23}$$

式（6-23）的各个观测角均为左角，若均为右角，则有

$$\alpha'_{CD} = \alpha_{AB} - \sum \beta_右 \pm n \times 180° \tag{6-24}$$

由于测角误差的影响，通过上面的式子计算得到的终边坐标方位角 α'_{CD} 与其已知值 α_{CD} 不相等，两者之差称为附合导线的角度闭合差 f_β，即

$$f_\beta = \alpha'_{CD} - \alpha_{CD} \tag{6-25}$$

②角度闭合差的调整。当用左角计算 f_β 时，将闭合差与 f_β 反符号平均分配到各角度观测值；当用右角计算 f_β 时，将闭合差与 f_B 同号平均分配到各角度观测值中。这一点应特别注意。

(2) 坐标增量闭合差的计算。附合导线是布设在两个已知点之间的，因此各导线边的坐标增量代数和在理论上应等于始、终两点（B、C）的已知坐标增量，即

$$\sum \Delta x_理 = x_C - x_B$$
$$\sum \Delta y_理 = y_C - y_B \tag{6-26}$$

因此纵、横坐标增量闭合差为

$$f_x = \sum \Delta x_测 - (x_C - x_B)$$
$$f_y = \sum \Delta y_测 - (y_C - y_B) \tag{6-27}$$

坐标增量闭合差的调整原则与闭合导线相同。

附合导线坐标计算的全过程参见表 6-10 的算例。其中，已知坐标方位角 α_{AB}、α_{CD} 是根据已知点 A、B 和 C、D 的坐标，按坐标反算公式计算得出：

表 6-10 附合导线坐标计算表

点号	观测角(左角)/(° ′ ″)	改正数/(″)	改正后角值/(° ′ ″)	坐标方位角/(° ′ ″)	距离/m	坐标增量计算值 Δx	坐标增量计算值 Δy	坐标增量改正值 $\Delta x'$	坐标增量改正值 $\Delta y'$	坐标值 x	坐标值 y	点号
1	2	3	4	5	6	7	8	9	10	11	12	13
A				237 59 30						2 666.703	1 470.023	A
B	99 01 00	+6	99 01 06	157 00 36	225.85	0.05 −207.91	−0.04 88.21	−207.86	88.17	2 507.69	1 215.63	B
1	167 45 36	+6	167 45 42	144 46 18	139.03	0.03 −113.57	−0.03 80.20	−113.54	80.17	2 299.83	1 303.80	1
2	123 11 24	+6	123 11 30	87 57 48	172.57	0.03 6.13	−0.03 172.46	6.16	172.43	2 186.29	1 383.97	2
3	189 20 36	+6	189 20 42	97 18 30	100.07	0.02 −12.73	−0.02 99.26	−12.71	99.24	2 192.45	1 556.40	3
4	179 59 18	+6	179 59 24	97 17 54	102.48	0.02 −13.02	−0.02 101.65	−13.00	101.63	2 179.74	1 655.64	4
C	129 27 24	+6	129 27 30	46 45 24						2 166.74	1 757.27	C
D										2 372.269	1 975.805	D
Σ	888 45 18	+36	888 45 54		740.00	+0.15 −341.10	−0.14 541.78	−340.95	541.64			

辅助计算

$f_\beta = (\alpha_{AB} - \alpha_{CD}) + \sum \beta_{测} \pm n \times 180° = (237°59'30'' - 46°45'24'') + 888°45'18'' - 1\,080° = -36''$

$f_{\beta容} = \pm 60''\sqrt{n} = \pm 60''\sqrt{6} = \pm 147''$

$f_x = \sum \Delta x - (x_C - x_B) = -0.15 \text{ m} \qquad f_y = \sum \Delta y - (y_C - y_B) = 0.14 \text{ m}$

导线全长闭合差 $f_D = \sqrt{f_x^2 + f_y^2} = \pm 0.21 \text{ m}$

导线全长相对闭合差 $K = \dfrac{f_D}{\sum D} = \dfrac{0.21}{740.00} = \dfrac{1}{3\,500}$

容许误差 $K_容 = \dfrac{1}{2\,000}$

$$\alpha_{AB} = \tan^{-1}\left(\frac{y_B - y_A}{x_B - x_A}\right) = 237°59'30''$$

$$\alpha_{CD} = \tan^{-1}\left(\frac{y_D - y_C}{x_D - x_C}\right) = 46°45'24''$$

计算中用反正切公式算出的是锐角，应根据直线所在象限换算成方位角。

第三节　小三角测量

所谓小三角测量，就是在小范围内布设边长较短的小三角网，观测所有三角形的各内角，丈量 1~2 条边（称为起始边）的长度，用近似方法进行角度平差，然后应用正弦定律算出各三角形的边长，再根据已知边的坐标方位角、已知点坐标，按类似导线计算的方法，求出各三角点的坐标的过程。

与导线测量相比，三角测量的特点是测角工作量大，但量距工作量大大减少。因此，在电磁波测距仪得到推广之前，在受到地形条件等因素限制不便量距的山区、丘陵区以及隧道、桥梁等工程中，广泛采用小三角测量的方法建立测区的平面控制网。

小三角测量根据测区大小和工程规模以及精度要求的不同，分为一级、二级和图根级几个等级，其主要技术要求列在表 6-1、表 6-7 中。

小三角测量常用的布设形式有单三角锁、中点多边形、大地四边形、线形三角锁等，如图 6-14 所示。本节以单三角锁为例，说明小三角测量的外业、内业工作方法。

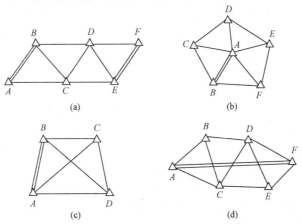

图 6-14　小三角测量的基本布设形式
（a）单三角锁；（b）中点多边形；（c）大地四边形；（d）线形三角锁

一、小三角测量的外业工作

小三角测量的外业工作包括踏勘选点、角度测量和基线测量。

1. 踏勘选点

与导线测量相同，选点前要搜集已有的地形图和控制点成果，在图上拟定布网方案，再到实地踏勘选点。

选点应注意以下几点：
（1）为便于量距，基线边位置应选择在地势平坦、便于量距的地方（电磁波测距除外）；
（2）三角点应选在地势较高、土质坚实的地方，相邻点间应互相通视；
（3）为保证推算边长的精度，三角形的各内角不应大于120°或小于30°。
点位选定后，同导线测量一样，应在地面上埋设标志并绘制点之记。

2. 角度测量

角度测量是小三角测量的主要外业工作，有关技术要求见表6-1、表6-6。三角点照准标志一般用标杆，以3根铁丝拉紧，保证其铅直。当边长较短时，可用三个支架悬挂垂球，在垂球线上系一小标杆作为照准标志，如图6-15所示。

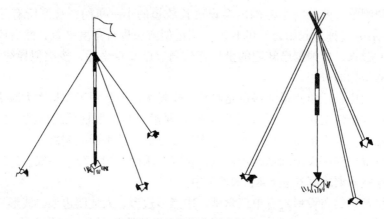

图 6-15　三角点照准标志

当测站观测方向为两个时，采用测回法；当观测方向多于两个时，采用方向观测法。
角度测量时，应随时计算各三角形角度闭合差 f_i：

$$f_i = (a_i + b_i + c_i) - 180° \tag{6-28}$$

式中，i 为三角形序号。

若 f_i 超出表6-1、表6-6的规定，应重测。角度观测结束后，按菲列罗公式计算测角中误差 m_β：

$$m_\beta = \pm \sqrt{\frac{[f f_i]}{3n}} \tag{6-29}$$

式中　n——三角形的个数。

m_β 应不大于表6-1、表6-6的限差。

3. 基线测量

一般采用电磁波测距仪测量三角网的起始边的平距。若采用钢尺丈量，要应用精密方法。

二、小三角测量的内业计算

小三角测量的内业工作与导线测量的内业基本相同，包括外业成果的整理、检查，三角测量成果近似平差计算，边长和坐标计算。

1. 绘制小三角测量略图

图 6-16 所示为单三角锁略图。图中，D_0（AB）、D_n（FG）为已知边（若非已知边，可量出其边长）。从第一个三角形开始，由 D_0 按正弦定理推算下一个三角形的邻边边长，该边长即为第二个三角形的已知边。以此类推，即可推算出所有三角形的边长。三角形内角按以下规定编号：已知边所对的角为 b_i，待求边所对的角为 a_i，第三边所对的角为 c_i。a_i、b_i 称为传距角，c_i 称为间隔角。

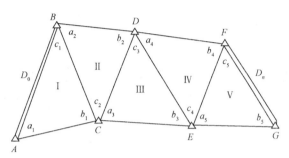

图 6-16 单三角锁略图

2. 角度闭合差的计算与调整

设 a_i、b_i、c_i 为第 i 个三角形的角度观测值，则各三角形的角度闭合差用式（6-28）计算，并用式（6-29）计算测角中误差 m_β。图根小三角角度闭合差容许值 $f_{\beta容} = \pm 60''$，$m_{\beta容} = \pm 20''$。若 $|f_i| \leq |f_{\beta容}|$、$|m_\beta| \leq |m_{\beta容}|$，则可以进行角度闭合差的调整。

因各角度为等精度观测，故按平均反符号分配的原则调整角度闭合差。则第 i 个三角形改正数 V_{a_i}、V_{b_i}、V_{c_i} 为

$$V_{a_i} = V_{b_i} = V_{c_i} = -\frac{f_i}{3} \tag{6-30}$$

改正数至少取至秒，第一次改正后的角值为

$$\begin{aligned} a'_i &= a_i + V_{a_i} \\ b'_i &= b_i + V_{b_i} \\ c'_i &= c_i + V_{c_i} \end{aligned} \tag{6-31}$$

经过第一次改正后的角度应满足三角形闭合条件，作为检核，即

$$a'_i + b'_i + c'_i - 180° = 0 \tag{6-32}$$

第一次角值改正计算，参见表 6-11 中的第 3、第 4、第 5 栏。

3. 边长闭合差的计算与调整

根据已知边 D_0 和经第一次改正后的角值 a'_i、b'_i，按正弦定理推算另一边 D。

$$D_1 = D_0 \frac{\sin a'_1}{\sin b'_1}$$

$$D_2 = D_0 \frac{\sin a'_1 \sin a'_2}{\sin b'_1 \sin b'_2}$$

表6-11 单三角锁计算表

三角形编号	角度编号	角度观测值 /(° ′ ″)	第一次改正 V′	第一次改正后角值 /(° ′ ″)	正弦值 $\sin b$ / $\sin a$	第一次改正 V″	第二次改正后角值 /(° ′ ″)	边长/m	边名
1	2	3	4	5	6	7	8	9	10
1	b_1	58 28 30	−4	58 28 26			58 28 30	234.375	AB
	c_1	42 29 56	−4	42 29 52	0.852 402	+4	42 29 52	185.749	AC
	a_1	79 01 46	−4	79 01 42	0.981 721	−4	79 01 38	269.928	BC
	$\sum_1$	180 00 12	−12″	180 00 00			180 00 00		
		$f_1=+12″$							
2	b_2	53 09 30	+2	53 09 32			53 09 36	269.928	BC
	c_2	67 06 06	+2	67 06 08	0.800 361	+4	67 06 08	301.701	BD
	a_2	59 44 18	+2	59 44 20	0.863 738	−4	59 44 16	291.316	CD
	$\sum_2$	179 59 54	+6″	180 00 00			180 00 00		
		$f_2=−6″$							
3	b_3	66 07 30	−6	66 07 24			66 07 28	291.316	CD
	c_3	62 16 58	−6	62 16 52	0.914 419	+4	62 16 52	282.018	CE
	a_3	51 35 50	−6	51 35 44	0.783 645	−4	51 35 40	249.648	DE
	$\sum_3$	180 00 18	−18″	180 00 00			180 00 00		
		$f_3=+18″$							
4	b_4	52 24 15	+5	52 24 20			52 24 24	249.648	DE
	c_4	39 41 15	+5	39 41 20	0.792 349	+4	39 41 20	201.209	DF
	a_4	87 54 15	+5	87 54 20	0.999 332	−4	87 54 16	314.858	EF
	$\sum_4$	179 59 45	+15″	180 00 00			180 00 00		
		$f_4=−15″$							
5	b_5	65 58 40	−9	65 58 31			65 58 35	314.858	EF
	c_5	49 45 36	−9	49 45 27	0.913 370	+4	49 45 27	263.129	EG
	a_5	64 16 11	−9	64 16 02	0.900 829	−4	64 15 58	310.529	FG
	$\sum_5$	180 00 27	−27″	180 00 00			180 00 00		
		$f_5=+27″$							

辅助计算:

$$f_{\max}=+27″ \quad f_{\max 容}=\pm 2m_\beta 容\sqrt{\sum_{i=1}^{n}\cot^2 a'_i+\sum_{i=1}^{n}\cot^2 b'_i}=\pm 71.2″ \quad V'''=\frac{W_d}{\sqrt{\sum_{i=1}^{n}\cot^2 a'_i+\sum_{i=1}^{n}\cot^2 b'_i}}$$

$$W_{D容}=\pm 2m_\beta 容\sqrt{\frac{[f f_i]}{3n}}=\pm 9.9″ \quad m_\beta=\pm 30″ \quad m_{\beta 容}=\pm 10″ \quad W_d=\left(1-\frac{D_n}{D_0}\prod_{i=1}^{n}\frac{\sin b'_i}{\sin a'_i}\right)\rho''=+21″$$

$$V'''_{a_i}=+4″ \quad V'''_{b_i}=-4″$$

$$D_n' = D_0 \frac{\sin a_1' \sin a_2' \cdots \sin a_n'}{\sin b_1' \sin b_2' \cdots \sin b_n'} = D_0 \frac{\prod_{i=1}^{n} \sin a_i'}{\prod_{i=1}^{n} \sin b_i'}$$

式中，$\prod$ 为连乘符号。

若第一次改正后的角度和已知（或测量）的边长没有误差，则推算出的 D_n' 应与其已知边长 D_n 相等，即

$$\frac{D_0 \prod_{i=1}^{n} \sin a_i'}{D_0 \prod_{i=1}^{n} \sin b_i'} = 1 \tag{6-33}$$

由于经过第一次改正后的各三角形内角仍存在残余误差，致使式（6-33）不能成立，而产生边长闭合差。因为起始边测量的精度较高，其误差可忽略不计，故仍须对 a_i'、b_i' 角进行第二次改正，以消除边长闭合差。设 a_i'、b_i' 角的第二次改正数分别为 $V_{a_i'}$ 和 $V_{b_i'}$，将其代入式（6-33），即有

$$\frac{D_0 \prod_{i=1}^{n} \sin(a_i' + V_{a_i'})}{D_n \prod_{i=1}^{n} \sin(b_i' + V_{b_i'})} = 1$$

令

$$F = \frac{D_0 \prod_{i=1}^{n} \sin(a_i' + V_{a_i'})}{D_n \prod_{i=1}^{n} \sin(b_i' + V_{b_i'})}$$

令

$$F_0 = \frac{D_0 \prod_{i=1}^{n} \sin a_i'}{D_n \prod_{i=1}^{n} \sin b_i'}$$

由于 $V_{a_i'}$、$V_{b_i'}$ 很小，一般只有几秒，若以弧度为单位，则是微小的增量，因此上式的 F 可按泰勒级数展开，并取至一次项，即

$$F = F_0 + \frac{\partial F}{\partial a_1'} \frac{V_{a_1'}}{\rho} + \frac{\partial F}{\partial a_2'} \frac{V_{a_2'}}{\rho} + \cdots + \frac{\partial F}{\partial a_n'} \frac{V_{a_n'}}{\rho} + \frac{\partial F}{\partial b_1'} \frac{V_{b_1'}}{\rho} + \frac{\partial F}{\partial b_2'} \frac{V_{b_2'}}{\rho} + \cdots + \frac{\partial F}{\partial b_n'} \frac{V_{b_n'}}{\rho} \tag{6-34}$$

式中

$$\frac{\partial F}{\partial a_1'} = \frac{D_0 \prod_{i=1}^{n} \sin a_i'}{D_n \prod_{i=1}^{n} \sin b_i'} \frac{\cos a_i'}{\sin a_i'} = F_0 \cot a_i'$$

$$\frac{\partial F}{\partial b_1'} = -\frac{D_0 \prod_{i=1}^{n} \sin a_i'}{D_n \prod_{i=1}^{n} \sin b_i'} \frac{\cos b_i'}{\sin b_i'} = -F_0 \cot b_i'$$

将上式代入式（6-34），则

$$F_0 \sum_{i=1}^{n} \cot a_i' \frac{V_{a_i'}}{\rho} - F_0 \sum_{i=1}^{n} \cot b_i' \frac{V_{b_i'}}{\rho} + F_0 - 1 = 0$$

将上式中的各项分别乘以 $\dfrac{\rho''}{F_0}$，并加以整理，即有

$$\sum_{i=1}^n \cot a_i' V_{a_i'} - \sum_{i=1}^n \cot b_i' V_{b_i'} + \left(1 - \dfrac{D_0 \prod\limits_{i=1}^n \sin b_i'}{D_n \prod\limits_{i=1}^n \sin a_i'}\right)\rho = 0$$

上式等号左侧最后一项称为边长闭合差 W_D，即

$$W_D = \left(1 - \dfrac{D_0 \prod\limits_{n=1}^n \sin b_i'}{D_n \prod\limits_{n=1}^n \sin a_i'}\right)\rho \tag{6-35}$$

因此，边长条件方程式的最后形式为

$$\sum_{i=1}^n \cot a_i' V_{a_i'} - \sum_{i=1}^n \cot b_i' V_{b_i'} + W_D = 0 \tag{6-36}$$

取 2 倍中误差作为容许误差，根据误差传播定律可得边长闭合差 W_D 的容许误差为

$$W_{D容} = \pm 2\, m_{\beta容}\, \dfrac{D_0 \prod\limits_{n=1}^n \sin b_i'}{D_n \prod\limits_{n=1}^n \sin a_i'} \sqrt{\sum_{i=1}^n (\cot a_i^2\, a_i' + \cot^2 b_i')}$$

$$\approx \pm 2\, m_{\beta容} \sqrt{\sum_{i=1}^n (\cot a_i^2 V_{a_i'} + \cot^2 V_{b_i'})} \tag{6-37}$$

若 $|W_D| \leqslant |W_{D容}|$，可对经第一次改正后的传距角进行近似平差，否则应重测。

为了不破坏已经满足的三角形条件，必须使各 a_i'、b_i' 角的第二次改正数 $V_{a_i'}$、$V_{b_i'}$ 的绝对值相等，符号相反，即令

$$V_i = V_{a_i'} = -V_{b_i'}$$

$$V_{a_1'} = V_{a_2'} = \cdots = V_{a_n'} \tag{6-38}$$

$$V_{b_1'} = V_{b_2'} = \cdots = V_{b_n'}$$

将式（6-38）代入式（6-36），整理可得：

$$V_i = V_{a_i'} = -V_{b_i'} = -\dfrac{W_D}{\sum\limits_{i=1}^n (\cot^2 a_i' + \cot^2 b_i')} \tag{6-39}$$

各角经第二次改正后角值 A_i、B_i、C_i 为

$$A_i = a_i' + V_{a_i'}$$

$$B_i = b_i' + V_{b_i'} \tag{6-40}$$

$$C_i = c_i'$$

改正后的各内角，应同时满足图形条件及基线条件，作为检核。

边长闭合差计算与调整的实例见表 6-11 的第 6、7、8 栏。

4. 三角形边长计算

根据改正后的角值及起始边长度 D，利用正弦定律，推算出各边长度，最后求出终边长

度 D_n 作为计算检核。边长计算实例见表 6-11 的第 8、9 栏。

5. 计算各三角点的坐标

单三角锁中的各点坐标，可采用闭合导线的方法进行。将图 6-16 所示各点组成闭合导线 $A—C—E—G—F—D—B—A$，根据起始边 AB 的坐标方位角 α_{AB} 和平差后的角值推算各边的坐标方位角；用各边的坐标方位角及相应的边长，计算各边纵、横坐标增量；然后，根据起点 A 的坐标，即可求出各点的坐标。

第四节　测角交会

当控制点数量不能满足工程需要时，可用交会的方法加密控制点。交会方法有测角交会和测距交会，常用的测角交会方法有前方交会、侧方交会和后方交会。

一、前方交会

如图 6-17 所示，在已知点 A、B 分别对待定点 P 观测水平角 α、β，求 P 点坐标的方法称为前方交会。根据已知点 A、B 的坐标及水平角 α、β，可用下列各式计算 P 点坐标：

$$x_P = \frac{x_A \cot\beta + x_B \cot\alpha + (y_B - y_A)}{\cot\alpha + \cot\beta}$$

$$y_P = \frac{y_A \cot\beta + y_B \cot\alpha + (x_B - x_A)}{\cot\alpha + \cot\beta} \tag{6-41}$$

$$\begin{aligned}
x_P - x_A &= D_{AP} \cdot \cos\alpha_{AP} \\
&= \frac{D_{AB} \cdot \sin\beta}{\sin(\alpha+\beta)} \cdot \cos(\alpha_{AB} - \alpha) \\
&= \frac{D_{AB} \cdot \sin\beta}{\sin\alpha\cos\beta + \cos\alpha\sin\beta} \cdot (\cos\alpha_{AB}\cos\alpha + \sin\alpha_{AB}\sin\alpha) \\
&= \frac{\dfrac{D_{AB} \cdot \sin\beta}{\sin\alpha\sin\beta}}{\dfrac{\sin\alpha\cos\beta + \cos\alpha\sin\beta}{\sin\alpha\sin\beta}} \cdot (\cos\alpha_{AB}\cos\alpha + \sin\alpha_{AB}\sin\alpha) \\
&= \frac{D_{AB} \cdot \cos\alpha_{AB} \cdot \cot\alpha + D_{AB} \cdot \sin\alpha_{AB}}{\cot\beta + \cot\alpha} \\
&= \frac{\Delta x_{AB}\cot\alpha + \Delta y_{AB}}{\cot\alpha + \cot\beta} \\
&= \frac{(x_B - x_A) \cdot \cot\alpha + y_B - y_A}{\cot\alpha + \cot\beta}
\end{aligned}$$

所以

$$\begin{aligned}
x_P &= x_A + \frac{(x_B - x_A)\cot\alpha + y_B - y_A}{\cot\alpha + \cot\beta} \\
&= \frac{x_A\cot\beta + x_B\cot\alpha - y_A + y_B}{\cot\alpha + \cot\beta}
\end{aligned}$$

同理可证
$$y_P = \frac{y_A \cot\beta + y_B \cot\alpha + x_A - x_B}{\cot\alpha + \cot\beta}$$

该公式称为戎格公式，因为公式的三角函数均为余切函数，因此又称为余切公式。

在采用前方交会法观测并用余切公式计算待定点坐标时，要注意以下事项：

(1) 待定点 P 的夹角 γ 称为交会角，当交会角 $\gamma = 90°$ 时，P 点的点位精度最高。故在选定 P 点时，应尽量使 γ 接近 $90°$；受地形条件限制时，也应不大于 $120°$，不小于 $30°$。

(2) 必须按 A、B、P 的顺序逆时针编号，且 A 点的观测角编号为 α，B 点的观测角编号为 β。

(3) 为进行检核并提高精度，应尽量用三个已知点进行两组前方交会，如图 6-18 所示。分别按两个三角形计算出 P 点的坐标值，若两组计算坐标的点位误差不超过容许值，则取其平均值作为最后结果，$\delta_容 = \pm 2 \times 0.1$ mm $\cdot M$（M 为测图比例尺分母）。

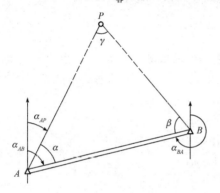

图 6-17　测角前方交会原理

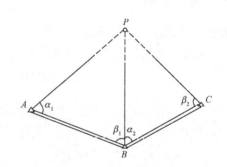

图 6-18　测角前方交会

测角前方交会计算见表 6-12。

表 6-12　测角前方交会计算表

点号	观测角/ (° ′ ″)		余切值		坐标值			
					x		y	
A B P	α_1 β_1	54　46　52 95　39　54	$\cot\alpha_1$ $\cot\beta_1$ $\sum$	0.705 916 -0.099 196 0.606 720	x_A x_B x_P	5 672.44 5 804.51 5 734.86	y_A y_B y_P	2 206.33 2 150.97 1 924.24
B C P	α_2 β_2	43　49　09 73　29　54	$\cot\alpha_2$ $\cot\beta_2$ $\sum$	1.042 092 0.296 245 1.338 337	x_B x_C x_P	5 804.51 5 903.39 5 734.87	y_B y_C y_P	2 150.97 1 954.72 1 924.28
中数						5 734.86		1 924.26
辅助 计算	$\delta_x = x'_P - x''_P = -0.01$ m　$\delta_y = y'_P - y''_P = -0.04$ m $\delta = \sqrt{\delta_x^2 + \delta_y^2} = \pm 0.04$ m　$\delta_容 = \pm 0.1$ m（$M = 500$）				计算 略图			

二、侧方交会

如图 6-19 所示，侧方交会是在两个已知点 A、B 及未知点 P 上设站，观测水平角 α、β 及 γ，计算待定点 P 坐标的方法。

侧方交会计算待定点 P 的坐标时，可先根据 α、β 通过前方交会的公式计算 P 点坐标，用 P、B、C 点坐标计算 γ，与其实测值进行检核。

三、后方交会

如图 6-20 所示，A、B、C 为已知点，将经纬仪安置在待定点 P 上，观测 P 点至已知点 A、B、C 各方向间的夹角 γ_1、γ_2。根据已知点坐标，即可推算 P 点坐标，这种方法称为后方交会。其优点是不必在多个已知点上设站观测，野外工作量小，并适用于已知点不易到达的情况。后方交会计算工作量大，计算方法很多，这里仅介绍其中的一种。

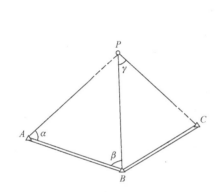
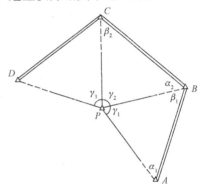

图 6-19　测角侧方交会　　　　图 6-20　测角后方交会

1. 计算方法

根据已知点坐标和观测角，计算出已知点 B 至待定点 P 的坐标方位角 α_{BP}（推导过程从略），用坐标反算公式计算已知方向 BA 的坐标方位角 α_{BA}，解算出水平角 α、β，公式如下：

$$\alpha_{BP} = \tan^{-1}\left[\frac{(y_B - y_A)\cot\gamma_1 - (y_C - y_B)\cot\gamma_2 - (x_C - x_A)}{(x_B - x_A)\cot\gamma_1 - (x_C - x_B)\cot\gamma_2 - (y_C - y_A)}\right] \tag{6-42}$$

又

$$\alpha_{BP} = \tan^{-1}\left(\frac{y_A - y_B}{x_A - x_B}\right)$$

故

$$\left.\begin{array}{l}\beta = \alpha_{BP} - \alpha_{BA}\\ \alpha = 180° - (\beta + \gamma)\end{array}\right\} \tag{6-43}$$

据 α、β 及 A、B 两已知点的坐标，根据余切公式，即可计算得到 P 点坐标。

2. 注意事项

（1）根据上述公式计算 P 点坐标时，精度将受到 $\tan\alpha_{BP}$ 的影响，其数值越小，则精度越高。因此，在 P 点至三个已知点的方向中，最接近于 x 轴的方向即 BP 方向。将与待定点

P 的方向接近于 x 轴方向的已知点命名为 B，其余两点则按 A、B、C 的顺序，以逆时针方向编号；观测角度则规定为 BP 方向左侧的角为 γ_1，右侧的角为 γ_2。

（2）除应能与 A、B、C 这三点通视外，还应注意 P 点不能位于三个已知点所在的外接圆上。如图 6-21（a）所示，若 P 点位于该外接圆上，则无论 P 点在何位置，γ_1、γ_2 均不变，即 P 点位置不确定，后方交会无解。该外接圆称为危险圆。当待定点 P 接近危险圆时，虽然可解，但算得的 P 点坐标有较大误差。因此，在实际工作中要求选定待定点的位置时，离开危险圆的距离应不得小于该圆半径的 1/5。一般情况下，最好将待定点选在三个已知点构成的三角形内，或选在三角形两边延长线的夹角内，如图 6-21（b）所示。

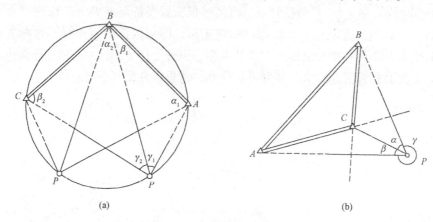

图 6-21　后方交会的危险圆

（3）为了进行检核，应根据第四个已知点 D 测出角 γ_3。这样就可以获得两组计算成果，若两组点位误差在限差之内，取平均值作为结果。

第五节　全球导航卫星系统（GPS）

目前世界上只有少数几个国家能够自主研制生产导航卫星系统。当前全球有四大卫星定位系统，分别是美国的全球导航卫星定位系统 GPS、俄罗斯的格洛纳斯（GLONASS）系统、欧洲的伽利略导航卫星系统和中国的北斗导航卫星系统。

全球卫星定位系统 GPS（Global Positioning System），于 1973 年由美国组织研制、1993 年全部建成。GPS 最初的主要目的是为海陆空三军提供实时、全天候和全球性的导航服务。GPS 定位技术的高度自动化及所达到的高精度和巨大的应用潜力，引起了测绘科技界的极大兴趣，现已应用于民用导航、测速、时间比对和大地测量、工程勘测、地壳测量、航空与卫星遥感、地籍测量等众多领域。它的问世导致了测绘行业一场深刻的技术变革，并使测量科学进入一个崭新的时代。

格洛纳斯（GLONASS）是俄语"全球卫星导航系统"的缩写，该系统最早开发于苏联时期，后由俄罗斯继续该计划。俄罗斯于 1993 年开始独自建立本国的全球导航卫星系统。该系统于 2007 年开始运营，当时只开放俄罗斯境内卫星定位及导航服务。到 2009 年，其服务范围已经拓展到全球。该系统主要服务内容包括确定陆地、海上及空中目标的坐标及运动速度信息等。

伽利略导航卫星系统（Galileo Satellite Navigation System）是由欧盟研制和建立的，与美国的 GPS 相比，伽利略系统更先进，也更可靠。美国 GPS 向别国提供的卫星信号，只能发现地面大约 10 m 长的物体，而伽利略系统的卫星则能发现 1 m 长的目标。一位军事专家形象地比喻说，GPS 只能找到街道，而伽利略系统则可找到家门。伽利略系统对欧盟具有关键意义，它不仅能使人们的生活更加方便，还将为欧盟的工业和商业带来可观的经济效益。更重要的是，欧盟将从此拥有自己的全球导航卫星系统，有助于打破美国 GPS 的垄断地位，从而在全球高科技竞争浪潮中获取有利位置，并为将来建设欧洲独立防务创造条件。

北斗导航卫星系统（以下简称北斗系统）是中国着眼于国家安全和经济社会发展需要，自主建设、独立运行的导航卫星系统，是为全球用户提供全天候、全天时、高精度的定位、导航和授时服务的国家重要空间基础设施。导航卫星系统是全球性公共资源，多系统兼容与互操作已成为发展趋势。我国始终秉持和践行"中国的北斗，世界的北斗"的发展理念，服务"一带一路"建设发展，积极推进北斗系统国际合作，与其他导航卫星系统携手，与各个国家、地区和国际组织一起，共同推动全球导航卫星事业的发展，让北斗系统更好地服务全球、造福人类。本节以美国 GPS 为例，介绍全球导航卫星系统的组成、特点、原理和应用。

一、CPS

1. GPS 的组成

如图 6-22 所示，GPS 主要由三部分组成：由 GPS 卫星组成的空间部分、由若干地面站组成的控制部分和以接收机为主体的广大用户部分。三者既有独立的功能和作用，又有机地组合成缺一不可的整体系统。

（1）空间卫星部分。空间卫星部分由 24 颗 GPS 卫星（其中有 3 颗是备用卫星）组成，如图 6-23 所示，平均分布在 6 个轨道面内，卫星轨道面相对地球赤道面的倾角为 55°，各轨道平面升交点的赤经相差 60°。卫星覆盖全球上空，保证在地球各处能时时观测到 4 颗以上卫星。空间卫星的作用主要是接收地面注入站发送的导航电文和其他信号，向广大用户发送 GPS 导航定位信号，并用电文的形式提供卫星自身的概略位置，以便用户接收使用。

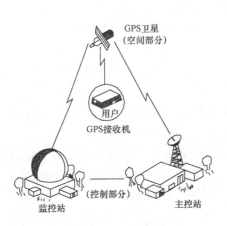

图 6-22 GPS 的组成

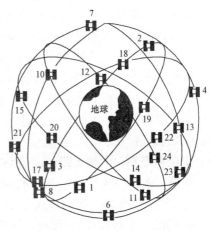

图 6-23 GPS 卫星系统

(2) 地面监控部分。地面监控部分负责监控 GPS 的工作，包括主控站（1 个）、监控站（5 个）和注入站（3 个）。其主要作用是调整卫星的运行轨道，监控每个卫星的使用状况，统一卫星的时间，收集有关信息并对其进行处理等。

(3) 用户部分。用户部分包括 GPS 接收机、数据处理软件和微处理机及其终端设备等。GPS 接收机是用户部分的核心，如图 6-24 所示，一般由传感器（包括主机、天线和前置放大器）、控制器和电源三部分组成。其主要功能是跟踪接收 GPS 卫星发射的信号并进行变换、放大和处理，以便测量出 GPS 卫星信号从卫星到接收机天线的传播时间；解释导航电文，实时地计算出测站的三维位置，甚至三维速度和时间。GPS 接收机的基本类型有导航型、授时型和大地型。大地型 GPS 接收机分为单频（L_1）型和双频（L_1、L_2）型，而双频型 GPS 接收机又有 C/A 码相关和 C/A 码、P 码相关两种。

图 6-24　GPS 接收机

在精密定位测量工作中，一般采用大地型双频接收机或单频接收机。单频接收机适用于 10 km 左右或更短距离的精密定位测量，其相对精度能达到（5 mm + 1ppm$D$），D 为基线长度。而双频接收机由于能同时接收卫星发射的两种频率（L_1、L_2）的载波信号，故可进行长距离的精密定位测量，其相对精度可优于（5 mm + 1ppm$D$），双频接收机目前已成为广泛应用的主流机型。

2. GPS 定位技术的应用特点

经过 20 多年来的应用实践，GPS 定位技术的应用特点可归纳为以下几点：

(1) 用途广泛。GPS 不受时间和气候的限制，用 GPS 信号可以进行海空导航、车辆引行、导弹制导、精密定位、动态观测、设备安装、传递时间、速度测量等。

(2) 自动化程度高。GPS 定位技术大大减少了野外作业时间和劳动强度。用 GPS 接收机进行测量时，只要将天线准确安置在测站上，主机可放在测站不远处（也可放在室内），通过专用通信线与天线连接，接通电源，启动接收机，仪器即自动开始工作。结束测量时，仅需关闭电源，取下接收机，便完成野外数据采集任务。通过数据通信方式，将所采集的 GPS 定位数据传递到数据处理中心，实现全自动化的 GPS 测量与计算。

(3) 观测速度快。用 GPS 接收机做静态相对定位（边长小于 15 km）时，采集数据的时间可缩短到 1 小时左右，即可获得基线向量。如果采用快速定位软件，对于双频接收机，仅需采集 5 分钟左右；对于单频接收机，也仅需 15 分钟左右。如果采用 RTK 技术，仅需 1 s 即可实时定出测点坐标。由此可见，应用 GPS 定位技术一般能比常规手段建立控制网（包括造标）快 2～5 倍。

(4) 定位精度高。大量实践和试验表明，GPS 卫星相对定位测量精度高，定位计算的内符合与外符合精度均符合（5 mm + 1ppm$D$）的标准精度。二维平面位置都相当好，仅高差方面稍逊一些。多年来，国内外众多试验与研究表明：GPS 相对定位，若方法合适，软件精良，则短距离（15 km 以内）精度可达厘米级、毫米级，中、长距离（几十千米至几千千米）相对精度可达到或优于 10^{-8}。

(5) 节省经费和效益高。用 GPS 定位技术建立大地控制网，要比常规大地测量技术节省 70%~80% 的外业费用，这主要是由于 GPS 卫星定位不要求站间通视，不用造标，节省了大量经费。同时，作业速度快，使工期大大缩短，所以经济效益显著提高。

3. GPS 坐标系统

任何一项测量工作都需要一个特定的坐标系统（基准）。由于 GPS 是全球性的导航定位系统，其坐标系统也必须是全球性的。目前 GPS 测量中使用的地球坐标系，称为 1984 年世界大地坐标系（WGS-84）。WGS-84 是 GPS 卫星广播星历和精密星历的参考系，它是由美国国防部制图局所建立并公布的。从理论上讲，它是以地球质心为坐标原点的地心坐标系，Z 轴指向 BIH（国际时间局）1984.0 定义的协议地球极（CIP）方向，X 轴指向 BIH 1984.0 零度子午面和 CTP 赤道的交点，Y 轴和 Z、X 轴构成右手坐标系。目前，它是最高水平的全大地测量参考系统之一。

现在我国已建立 2000 国家大地坐标系（简称 CGCS）。它与 WGS-84 世界大地坐标系可以互相转换。在实际工作中，虽然 GPS 卫星的信号依据于 WGS-84 坐标系，但求解结果则是测站之间的基线向量和三维坐标差。在数据处理时，根据上述结果，并以现有已知点（三点以上）的坐标值作为约束条件，进行整体平差计算，得到各 GPS 测站点在当地现有坐标系中的实用坐标。

二、GPS 定位基本原理

GPS 定位的基本原理，就是把卫星视为"飞行的控制点"，在已知其瞬时坐标（可根据卫星参数进行计算）的条件下，以 GPS 卫星和接收机天线之间的距离（或距离差）为观测量，进行空间距离后方交会，从而确定接收机天线所处的具体位置。

GPS 进行定位的方法，根据用户接收机天线在测量中所处的状态，可分为静态定位和动态定位；若按定位的结果进行分类，则可分为绝对定位和相对定位。各种定位方法还可有不同的组合，如静态相对定位、静态绝对定位、动态相对定位和动态绝对定位等。在测绘工程中，由于对定位精度的要求较高，静态定位曾经是最为常用的方法。但随着技术的发展，实时动态定位已能达到静态定位的精度水平，正迅速得到普及和发展。

所谓静态定位，是指将接收机静置于测站上数分钟或更长的时间进行观测，以确定一个点在 WGS-84 坐标系中的三维坐标（绝对定位），或两个点之间的相对位置（相对定位）。由此可见，GPS 定位是以 GPS 卫星和用户接收机天线之间的距离（或距离差）为观测量，显然其关键在于如何测定 GPS 卫星至用户接收机天线之间的距离。GPS 静态定位方法有伪距法、载波相位测量法和射电干涉测量法等。

所谓动态定位，是指接收机位于运动的载体上，天线也处于运动状态，根据 GPS 信号实时地测得运动载体的位置。动态定位的常用方法有单点动态定位、伪距差分动态定位、GPS 测速、实时动态定位（RTK）等。

本节主要介绍伪距法静态定位的基本原理。

如图 6-25 所示，由 GPS 卫星发射的测距信号，经过传播时间 Δt 后，到达测站接收机天线，则上述信号传播时间 Δt 乘以光速 c，即为卫星至接收机天线的空间几何距离，即

$$\rho = \Delta t c \tag{6-44}$$

实际上，由于传播时间 Δt 中包含卫星钟差和接收机钟差，以及测距码在大气传播的延

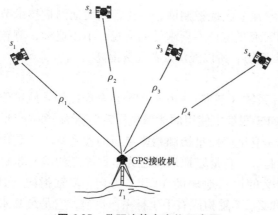

图 6-25 伪距法静态定位示意图

迟误差等，由此求得的距离值并非真正的卫星至测站间的几何距离，习惯上称为伪距，用 $\bar{\rho}$ 表示，与之相对应的定位方法称为伪距法。

为了测定 GPS 卫星信号的传播时间，需要在用户接收机内复制测距码信号，并通过接收机内的可调延时器进行相移，使得复制的信号码与接收到的相应信号码达到最大相关。为此，所调整的相移量便是卫星发射的测距信号到达接收机天线的传播时间，即时间延迟。

假设在某一标准时刻 T_a 卫星发出一个信号，该瞬间卫星钟的时刻为 t_a；该信号在标准时刻 T_b 到达接收机天线，此时相应接收机时钟的读数为 t_b，则传播时间为

$$\tau = t_b - t_a \tag{6-45}$$

伪距为

$$\bar{\rho} = \tau c = (t_b - t_a) c \tag{6-46}$$

由于卫星钟和接收机钟与标准时间存在误差，设信号发射和接收时刻的卫星和接收机钟差改正数分别为 V_a 和 V_b，则有

$$\begin{aligned} T_a &= t_a + V_a \\ T_b &= t_b + V_b \end{aligned} \tag{6-47}$$

将式（6-47）代入式（6-46），可得

$$\bar{\rho} = (t_b - t_a) c = (T_b - T_a) c - (V_b - V_a) c \tag{6-48}$$

式中，$T_b - T_a$ 为测距码从卫星到接收机天线的实际传播时间 Δt。可见在 Δt 中已对钟差进行了改正，但由 c 所求得的距离中仍包含测距码在大气中传播的延迟误差，必须加以改正。设定位测量时，大气中电离层折射改正数为 δ_{pI}，对流层折射改正数为 δ_{pT}，则所求 GPS 卫星至接收机天线的真正空间几何距离应为

$$\rho = \Delta t c + \delta_{pI} + \delta_{pT} \tag{6-49}$$

将式（6-48）代入式（6-49），就得到实际距离与伪距之间的关系式：

$$\rho = \bar{\rho} + \delta_{pI} + \delta_{pT} + (V_b - V_a) c \tag{6-50}$$

式（6-50）即伪距定位测量的基本观测方程。

在伪距测量的基本观测方程中，若 V_a、V_b 已知，同时 δ_{pI} 和 δ_{pT} 也精确求得，那么测定伪距 $\bar{\rho}$ 就等于测定了站、星之间的真正几何距离 ρ，而 ρ 与卫星坐标 (x_s, y_s, z_s) 和接收机天线相位中心坐标 (x, y, z) 之间有如下关系：

$$\rho = \sqrt{(x_s - x)^2 + (y_s - y)^2 + (z_s - z)^2} \tag{6-51}$$

卫星瞬时坐标 (x_s, y_s, z_s) 可根据接收到的卫星导航电文求得，故式（6-51）中仅有 3 个未知数 x、y、z，如果接收机同时对 3 颗卫星进行伪距测量，从理论上讲，就可以通过 3 个观测方程式联合解出接收机天线相位中心的位置 (x, y, z)。实际上，在伪距测量观测方程中，用户接收机仅配有一般的石英钟，在接收信号的瞬间，接收机的钟差改正数 V_b 不可

能预先精确求得。因此，在伪距法定位中，把 V_b 也当作一个未知数，与待定点（测站）坐标一起进行数据处理，这样在实际伪距法定位工作中，至少需要 4 个同步伪距观测值，即至少必须同时观测 4 颗卫星，从而在一个测站上实时求解 4 个未知数，即 x、y、z 和 V_b。

综合式（6-50）和式（6-51），可得伪距法单点定位原理的数学模型：

$$\bar{\rho}_i + (\delta_{pI})_i + (\delta_{pT})_i - V_{a_i}c = \sqrt{(x_{s_i} - x) + (y_{s_i} - y) + (z_{s_i} - z)} - V_b c \quad (6\text{-}52)$$

式中，$i = 1, 2, 3, 4, \cdots$，表示卫星个数。当 i 大于 4 时，可用最小二乘法求解未知数的最或然值。

伪距定位测量的精度与测距码的波长及其与接收机复制码的对齐精度有关。目前，伪距测量的精度不高，P 码伪距定位精度为 10 m，C/A 码伪距定位精度约为 25 m，难以满足精度测量定位工作的要求，但由于其观测方便，速度快，数据处理简单，仅用一台接收机即可独立确定待求点（测站）的绝对坐标，因此在精度要求不高的运载工具导航、科学考察、军事作战等领域被广泛使用。

在测量工作中，要想得到较高的定位精度（厘米级、毫米级），可使用两台（或两台以上）GPS 接收机，采用载波相位法进行相对定位测量。如图 6-26 所示，用两台 GPS 接收机分别安置在测线两端（该测线称为基线），固定不动，同步接收 GPS 卫星发射的载波信号。利用两台接收机对相同卫星的相位观测值进行解算，求解基线端点在 WGS-84 坐标系中的相对位置或基线向量。当其中一个端点坐标已知，则可推算出另一个待定点的坐标。由于对一个测区相同时间段内的若干 GPS 卫星接收机而言，观测条件具有较大的相关性，采用载波相位观测值的各种线性组合，即差分，可以减弱卫星轨道误差、卫星钟差、接收机钟差、电离层和对流层延迟等误差的影响。载波相位差分定位是测量工作中采用的主要方法。

如图 6-27 所示，用一台配置无线电台的接收机（参考站），安置在基准站上固定不动，另一台接收机（流动站）处于运动状态，两台接收机同步接收相同卫星的信号，由流动站对接收的卫星信号和参考站转发来的信号进行处理，以确定流动站相对于参考站的实时相对位置，称为实时动态定位（RTK）技术。使用 RTK 技术已能达到毫米级的定位精度，该技术将得到广泛的运用。

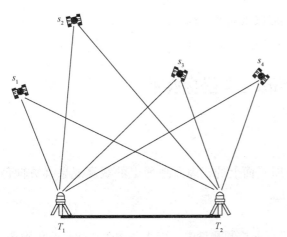

图 6-26　GPS 相对定位示意图

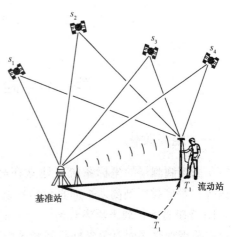

图 6-27　实时动态定位（RTK）示意图

三、GPS 定位的实施

1. 外业观测

外业观测主要是利用 GPS 接收机获取 GPS 卫星信号，它是外业阶段的核心工作，包括对接收设备的检查、制定实施方案、天线设置、选择最佳观测时段、接收机操作、气象数据观测、测站记录等项内容。GPS 点间不需通视，但应注意点的上方不能有浓密的树木、建筑物等遮挡，并且点位应远离高压线等强磁场干扰。

2. 成果整理

观测成果的外业检查是外业观测工作的最后一个环节。每当观测任务结束，必须对观测数据的质量进行分析并做出评价，以保证观测成果和定位结果的预期精度。此项工作包括求解 GPS 基线向量（一般用厂家提供的商用软件进行），计算同步观测环闭合差、同步多边形闭合差及重复边的较差等，检查它们是否满足规定的要求。

3. 内业平差计算

由外业成果整理得到构成基线向量的三维坐标差 Δx_{ij}、Δy_{ij}、Δz_{ij}，进行 GPS 网的单独平差，得到 WGS-84 坐标系中的坐标值。根据 WGS-84 坐标系与我国 CGCS 坐标系之间的相互换算关系，应用相应的软件计算，进行三维约束平差，即能求得 CGCS 2000 坐标系中相应的坐标值。

在实际工作中，由于计算机的广泛使用，数据处理工作的自动化达到了相当高的程度，这也是 GPS 被广泛使用的重要原因。限于篇幅，数据处理和平差的方法本书不做详细介绍，仅提供 GPS 测量数据处理的基本流程，如图 6-28 所示，以供参考。

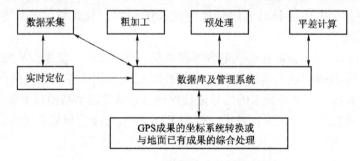

图 6-28　GPS 测量数据处理基本流程

第六节　距离改化与坐标换带

一、距离改化

平面控制测量的坐标系统是建立在高斯平面上的，因此地面上的观测成果（方向值、距离等）都应投影到高斯平面直角坐标系上。

1. 将距离改化到平均高程面

在采用独立平面直角坐标系的测区内进行的控制测量中，应将各测距边边长改化到测区的平均高程面上，尤其在测区高差起伏较大时更应如此。如图 6-29 所示，地面上 A、B 两点，A 点处沿 AB 方向参考椭球体法截弧的曲率半径为 R_A。A 点高程为 H_A，B 点高程为 H_B，A、B 两点的平均高程为 H_m，测区平均高程为 H_p。将其在平均高程面上的距离归化为测区平均高程面上的距离 D，归化公式如下：

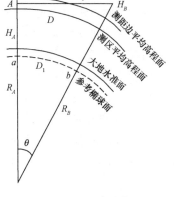

图 6-29　距离改化

$$D = D_0\left(1 + \frac{H_p - H_m}{R_A}\right) \tag{6-53}$$

在一般工程测量中，当精度要求不高时，可将参考椭球视为圆球，用 $R = 6\,371$ km 代替 R_A 代入式中。

2. 将距离改化到参考椭球面

图 6-29 中，若欲将 A、B 两点在其平均高程面上的距离 D_0 归算为在参考椭球面上的距离 D_1，公式如下：

$$D_1 = D_0\left(1 - \frac{H_m + h_m}{R_A + H_m h_m}\right) \tag{6-54}$$

式中　h_m——测区大地水准面高出参考椭球面的高差。

在一般工程测量中，当精度要求不高时，忽略大地水准面与参考椭球面的高差 h_m，并视地球为圆球，该式可简化为

$$D_1 = D_0\left(1 - \frac{H_m}{R + H_m}\right) \tag{6-55}$$

3. 将距离改化到高斯平面

高斯投影是保角投影，即投影前后的几何形状保持角度不变。经高斯投影建立的直角坐标系，除中央子午线以外，线段投影到高斯平面上都要产生变形，离中央子午线越远，变形越大，投影后的长度恒大于球面上的长度。

测距边在高斯平面上的长度 D_2，按下式计算：

$$D_2 = D_1\left(1 + \frac{y_m^2}{2R_m^2} + \frac{\Delta y^2}{24R_m^2}\right) \tag{6-56}$$

式中　y_m——测距边在高斯投影面上的长度，m；
　　　R_m——测距边中点的平均曲率半径，m；
　　　Δy——测距边两端点近似横坐标的增量，m。

在一般工程测量中，当精度要求不高时，该式可简化为

$$D_2 = D_1\left(1 + \frac{y_m^2}{2R^2}\right) \tag{6-57}$$

在进行距离的改化时，应根据采用的坐标系统选用距离改化公式。当精度要求不高时，可在较小的测段内，计算出该测段的平均改化系数，合并到全站仪、测距仪的气象改正系数中，由仪器自动加以改正。

二、坐标换带

高斯投影所采用的分带方法使椭球上统一的球面坐标系变成各自独立的平面直角坐标系。在处理不同投影带中点与点之间关系问题时，需要把某些控制点在一个投影带的坐标，换算为

另外投影带的坐标；在投影带边缘地区进行控制测量时，为了限制距离和面积的投影误差，也需要这种不同投影带之间的坐标换算。这种不同投影带之间的坐标换算，简称为坐标换带。

坐标换带的方法有两种：一种是借助大地坐标的间接换带法；另一种是两投影带平面坐标的直接换算法。这里只介绍间接换带法。

间接换带法就是应用高斯投影坐标公式，将一个投影带的平面直角坐标换算成椭球面上的大地坐标；再根据此大地坐标，换算成另一带的高斯平面直角坐标。

1. 地球椭球的基本元素

地球椭球的基本元素除长半径 a、短半径 b 和扁率 α 外，还包括第一偏心率 e、第二偏心率 e' 等。各元素间的关系为

长半径 $\quad a$

短半径 $\quad b$

扁率 $\quad \alpha = \dfrac{a-b}{a}$

第一偏心率 $\quad e = \sqrt{\dfrac{a^2-b^2}{a^2}}$

第二偏心率 $\quad e' = \sqrt{\dfrac{a^2-b^2}{b^2}}$

扁率反映了地球椭球扁平的程度。由公式可见，当 $\alpha = 0$ 时，椭球变为球。偏心率是子午椭圆的焦点离中心的距离与椭圆长（或短）半径的比值，它也反映椭球的扁平程度，偏心率越大，椭球越扁。

为了简化后面坐标换带的书写和运算，引入下列几个常用符号：

$$c = \dfrac{b^2}{a}$$

$$t = \tan B$$

$$\eta = e' \cos B$$

$$W = \sqrt{1 - e^2 \sin^2 B}$$

$$N = \dfrac{a}{W}$$

式中，c 是极点处的子午线曲率半径，B 是大地纬度。

2. 正算公式

正算公式即由大地坐标 B、L 求解高斯平面坐标 x、y 的公式，其形式如下：

$$\begin{aligned} x &= X + Nt\left[\dfrac{1}{2}m^2 + \dfrac{1}{24}(5-t^2+9\eta^2+4\eta^4)\,m^4 + \dfrac{1}{720}(61-58t^2+t^4)\,m^6\right] \\ y &= N\left[m + \dfrac{1}{6}(1-t^2+\eta^2)\,m^3 + \dfrac{1}{120}(5-18t^2+t^4+14\eta^2-58\eta^2 t^2)\,m^5\right] \end{aligned} \quad (6\text{-}58)$$

式中，$m = \cos B \dfrac{\pi}{180}(L-L_0)°$；$X$ 为从赤道起算的子午线弧长，对于克拉索夫斯基椭球，有：$X = 111\,134.861\,1B° - (32\,005.779\,9\sin B + 133.923\sin^3 B + 0.697\,6\sin^5 B + 0.003\,9\sin^7 B)\cos B$，对于 IAG-75 椭球，则为

$X = 111\ 134.004\ 7B° - (32\ 009.857\ 5\ \sin B + 133.960\ 2\ \sin^3 B + 0.697\ 6\ \sin^5 B + 0.003\ 9\sin^7 B)\cos B$

利用公式算得的点的平面坐标,其精度为 ±1 mm。

3. 反算公式

反算即根据点的高斯平面坐标 x、y,求解其大地坐标 B、L。其形式为

$$B° = B°_f - \frac{1+\eta_f^2}{\pi}t_f\ [90\ n^2 - 7.5\ (5 + 3\ t_f^2 + \eta_f^2 - 9\eta_f^2 t_f^2)\ n_t^4 + 0.25\ (61 + 90\ t_f^2 + 45\ t_f^4)\ n^6]$$

$$L^0 = \frac{1}{\pi\cos B_r}\ [180\ n - 30\ (1 + 2\ t_f^2 + \eta_f^2)\ n^3 + 1.5\ (5 + 28\ t_f^2 + 24\ t_f^4)\ n^5] \quad (6\text{-}59)$$

式中,$n = \frac{y}{N_f} = \frac{y\sqrt{1+\eta_f^2}}{c}$;$B°_f$ 称为被求点的垂直纬度,对于克拉索夫斯基椭球,可用下式直接计算:

$B°_f = 27.111\ 153\ 725\ 95 + 9.024\ 682\ 570\ 83\ (X-3) - 0.005\ 797\ 404\ 42\ (X-3)^2 - 0.000\ 435\ 325\ 72\ (X-3)^3 + 0.000\ 048\ 572\ 85\ (X-3)^4 + 0.000\ 002\ 157\ 27\ (X-3)^5 - 0.000\ 000\ 193\ 99(X-3)^6$

对于 IAG-75 椭球,则为

$B°_f = 27.111\ 622\ 894\ 65 + 9.024\ 836\ 577\ 29\ (X-3) - 0.005\ 798\ 506\ 56\ (X-3)^2 - 0.000\ 435\ 400\ 29\ (X-3)^3 + 0.000\ 048\ 583\ 57\ (X-3)^4 + 0.000\ 002\ 157\ 69\ (X-3)^5 - 0.000\ 000\ 194\ 04\ (X-3)^6$

间接换带是一种以椭球面作为过渡面的相邻带平面坐标换算方法。其具体计算过程如下。

(1) 已知一点 P 在一带(中央子午线经度为 L_0)的平面坐标为 x、y;取 $X_f = x$,在子午弧长表中以 X_f 为引数反查出底点纬度 B_f;或由 X_f($X_f = x$)根据子午弧长公式利用计算机按迭代方法求出 B_f。

(2) 根据已知的 y 和 B_f,按反算公式计算出 B 和 l,并由 $L = L_0 + l$ 算出 L。

(3) 根据求得的 P 点大地纬度 B 和 L 在另一投影带(中央子午线为 L'_0)中的经度差 $l' = L - L'_0$,利用正算公式计算出在另一带内的高斯平面坐标(x、y)。

间接换算法的优点是借用高斯投影的正、反算公式,而无须中间的计算过程;同时,因其计算规律较清晰,更适合计算机运算。

思考题

1. 测绘地形图和施工放样为什么要先建立控制网?控制网分为哪几种?
2. 建立平面控制网的方法有哪些?各有何优缺点?各在什么情况下采用?
3. 导线布设形式有哪几种?选择导线点应注意哪些事项?导线的外业工作包括哪些内容?
4. 已知 A 点坐标为 $x_A = 865.23$ m,$y_A = 654.68$ m,B 点坐标为 $x_B = 802.68$ m,$y_B = 524.35$。求直线 AB 的水平距离和坐标方位角。
5. 图根闭合导线的已知数据及观测数据已列入表 6-13,计算闭合导线各点的坐标。

表 6-13　闭合导线坐标计算表

点号	左角观测值 /(° ′ ″)	改正后角值 /(° ′ ″)	坐标方位角 /(° ′ ″)	边长 /m	坐标	
					X	Y
1					500.00	500.00
			126 45 00	107.61		
2	150 20 12					
				72.44		
3	125 06 42					
				179.92		
4	87 29 12					
				179.38		
5	89 13 42					
				224.50		
1	87 51 12					
辅助计算						

6. 图根附合导线的已知数据及观测数据已列入表 6-14，计算附合导线各点的坐标。

表 6-14　附合导线坐标计算表

点号	左角观测值 /(° ′ ″)	改正后角值 /(° ′ ″)	坐标方位角 /(° ′ ″)	边长 /m	坐标	
					X	Y
A						
			45 00 00			
B	239 30 00				200.00	200.00
				297.26		
1	147 44 30					
				187.81		
2	214 50 00					
				93.40		
C	189 41 30				155.37	756.06
			116 44 48			
D						
辅助计算						

7. 图 6-30 所示为两个三角形组成的桥梁网（二级小三角），已测得

$$\begin{cases} D_{AC} = 232.340 \text{ m} \\ D_{AD} = 293.250 \text{ m} \end{cases} \begin{cases} a_1 = 45°30'10'' \\ b_1 = 46°06'15'' \\ c_1 = 88°23'20'' \end{cases} \begin{cases} a_2 = 57°28'15'' \\ b_2 = 41°23'50'' \\ c_2 = 81°07'45'' \end{cases}$$

进行小三角角度近似平差，并求桥梁轴线长 D_{AB}。

8. 图 6-31 所示为 1:500 比例尺地形测图所做前方交会控制测量，已知数据点坐标及观测成果如下，计算待定点 P 坐标。

$$\begin{cases} x_A = 4\,992.54 \\ y_A = 9\,674.50 \end{cases} \begin{cases} x_B = 5\,681.04 \\ y_B = 9\,850.00 \end{cases} \begin{cases} x_C = 5\,856.24 \\ y_C = 9\,233.51 \end{cases} \begin{cases} \alpha_1 = 53°07'44'' \\ \beta_1 = 56°06'07'' \end{cases} \begin{cases} \alpha_2 = 35°27'44'' \\ \beta_2 = 66°40'44'' \end{cases}$$

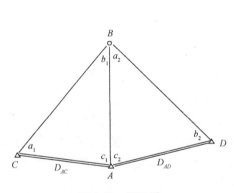

图 6-30　题 7 图

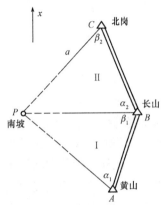

图 6-31　题 8 图

9. 为什么在测角后方交会中要注意避开危险圆？

10. GPS 全球定位系统由哪些部分组成？各部分的作用是什么？

11. 阐述 GPS 卫星定位原理及定位的优点。

第七章

地形图基本知识与应用

地球表面的形态归纳起来可分为地物和地貌两大类。当测区较小时，可将地面上的各种地物、地貌沿铅垂线方向投影到水平面上，再按照一定的比例缩小绘制成图。在图上仅表示地物的平面位置的称为平面图；在图上除表示地物的平面位置外，还通过特殊符号表示地貌的称为地形图。若测区较大，顾及地球曲率差的影响，采用专门的方法将观测成果编绘而成的图称为地图。此外，随着空间技术及信息技术的发展，又出现了影像地图和数字地图等，这些新成果的出现，不仅极大地丰富了地形图的内容，改变了原有的测量方式，同时也为GIS（地理信息系统）的完善并最终向"数字地球"的过渡提供了数据支持。

地形图的应用极其广泛，各种经济建设和国防建设都需用地形图进行规划和设计。这是因为地形图是对地表面实际情况的客观反映，在地形图上处理和研究问题，有时要比在实地更方便、迅速和直观；在地形图上可直接判断和确定出各地面点之间的距离、高差和直线的方向，从而使人们能够站在全局的高度来认识实际地形情况，提出科学的设计、规划方案。

第一节 地形图的比例尺

地形图上任意一线段的长度与地面上相应线段的实际水平长度之比，称为地形图的比例尺。

一、比例尺的种类

1. 数字比例尺

数字比例尺一般用分子为1的分数形式表示。设图上某一线段的长度为d，地面上相应线段的水平长度为D，则该地形图的比例尺为

$$\frac{d}{D} = \frac{1}{\frac{D}{d}} = \frac{1}{M} \tag{7-1}$$

式中，M 为比例尺分母。当图上 10 mm 代表地面上 20 m 的水平长度时，该图的比例尺即 1∶2 000。由此可见，比例尺分母实际上就是实地水平长度缩绘到图上的缩小倍数。

比例尺的大小以比例尺的比值衡量。比值越大（分母 M 越小），比例尺越大。为了满足经济建设和国防建设的需要，人们测绘和编制了各种不同比例尺的地形图，通常称 1∶100 万、1∶50 万、1∶20 万为小比例尺地形图；1∶100 000、1∶50 000、1∶25 000 为中比例尺地形图；1∶10 000、1∶5 000、1∶2 000、1∶1 000、1∶500 为大比例尺地形图。工程建设中通常采用大比例尺地形图。

2. 图示比例尺

为了用图方便，以及减小由于图纸伸缩而引起的误差，在绘制地形图的同时，常在图纸上绘制图示比例尺。最常见的图示比例尺为直线比例尺。图 7-1 所示为 1∶500 的直线比例尺，取 2 cm 为基本单位，从直线比例尺上可直接读得基本单位的 1/10，估读到 1/100。

图 7-1　直线比例尺

二、比例尺精度

人们用肉眼能分辨的图上最小长度为 0.1 mm，因此在图上量度或实地测图描绘时，一般只能达到图上 0.1 mm 的精确度。把图上 0.1 mm 所代表的实际水平长度称为比例尺精度。

比例尺精度的概念，对测绘地形图和使用地形图都有重要的意义。在测绘地形图时，要根据测图比例尺确定合理的测图精度。例如在测绘 1∶500 比例尺地形图时，实地量距只需取到 5 cm，因为即使量得再细，在图上也无法表示出来。在进行规划设计时，要根据用图的精度确定合适的测图比例尺。例如基本项工程建设，要求在图上能反映地面上 10 cm 的水平距离精度，则采用的比例尺不应小于 $\dfrac{0.1 \text{ mm}}{0.1 \text{ m}} = \dfrac{1}{1\,000}$。

表 7-1 为不同比例尺的比例尺精度，可见比例尺越大，其比例尺精度就越高，表示的地物和地貌越详细，一幅图所能包含的实地面积也越小，而且测绘工作量及测图成本会成倍增加。因此，采用何种比例尺测图，应从规划、施工实际需要的精度出发，不应盲目追求更大比例尺的地形图。

表 7-1　不同比例尺的比例尺精度

比例尺	1∶500	1∶1 000	1∶2 000	1∶5 000
比例尺精度/m	0.05	0.10	0.20	0.50

第二节　地形图的分幅和编号

为了便于测绘、拼接、使用和保管地形图，需要将各种比例尺的地形图进行统一的分幅和编号。地形图分幅的方法分为两类：一类是按经纬线分幅的梯形分幅法（又称为国际分幅）；另一类是按坐标格网分幅的矩形分幅法。

一、地形图的梯形分幅和编号

我国基本比例尺地形图（1:100 万～1:5 000）采用经纬线分幅，地形图图廓由经纬线构成。它们均以 1:100 万地形图为基础，按规定的经差和纬差划分图幅，行列数和图幅数量为简单的倍数关系。

经纬线分幅的主要优点是每个图幅都有明确的地理位置概念，适用于很大范围（全国、大洲、全世界）的地图分幅。其缺点是图幅拼接不方便，随着纬度的升高，相同经纬差所限定的图幅面积不断缩小，不利于有效地利用纸张和印刷机版面；此外，经纬线分幅还经常会破坏重要地物（例如大城市）的完整性。

1. 20 世纪七八十年代我国基本比例尺地形图的分幅与编号

20 世纪 70 年代以前，我国基本比例尺地形图分幅与编号以 1:100 万地形图为基础，延伸出 1:50 万、1:20 万、1:10 万三个系列。20 世纪 70—80 年代 1:25 万取代了 1:20 万，则延伸出 1:50 万、1:25 万、1:10 万三个系列，在 1:10 万后又分为 1:5 万、1:2.5 万的一支及 1:1 万、1:5 000 的一支，见表 7-2。

表 7-2　国家基本比例尺地形图图幅分幅、编号关系表

分幅基础图			分出新图幅					
比例尺	经差	纬差	幅数	比例尺	经差	纬差	序号	图幅编号示例
1:100 万	6°	4°	4	1:50 万	3°	2°	A, B, C, D	J-51-A
1:100 万	6°	4°	16	1:25 万	1°30′	1°	[1], [2], …, [16]	J-51-[2]
1:100 万	6°	4°	144	1:10 万	30′	20′	1, 2, …, 144	J-51-5
1:10 万	30′	20″	4	1:5 万	15′	10′	A, B, C, D	J-51-5-B
1:10 万	30′	20″	64	1:1 万	3′45″	2′30″	(1), (2), …, (64)	J-51-5-(24)
1:5 万	15′	15′	4	1:2.5 万	7′30″	5′	1, 2, 3, 4	J-51-5-B-4
1:1 万	345″	2′30″	4	1:5 000	1′52.5″	1′15″	a, b, c, d	J-51-5-(24)-b

（1）1:100 万比例尺地形图的分幅与编号。1:100 万地形图的分幅采用国际 1:100 万地图分幅标准。图 7-2 所示为北半球 1:100 万比例尺地形图的分幅。每幅 1:100 万比例尺地形图的范围是经差 6°、纬差 4°。由于图幅面积随纬度增高而迅速减小，规定在纬度 60°至 76°之间双幅合并，即每幅图为经差 12°、纬差 4°。在纬度 76°至 88°之间四幅合并，即每幅图经差 24，纬差 4°。我国位于北纬 60°以南，故没有合幅图。

1:100 万地形图的编号采用国际统一的行列式编号。从赤道起分别向南、向北，每纬差 4°为一列，至纬度 88°各分为 22 横列，依次用大写拉丁字母（字符码）A，B，C，…，V 表示。从 180°经线起，自西向东每经差 6°为一行，分为 60 纵行，依次用阿拉伯数字（数字码）1，2，3，…，60 表示，以两极为中心，以纬度 88°为界的圆用 Z 表示。

由此可知，一幅 1:100 万比例尺地形图，是由纬差 4°的纬圈和经差 6°的子午线所围成的梯形。其编号由该图所在的列号与行号组合而成。为区别南、北半球的图幅，分别在编号前加 N 或 S。因我国领域全部位于北半球，故省注 N。如甲地的纬度为北纬 39°54′30″，经度为东经 122°28′25″，其所在 1:100 万地形图的内图廓线东经 120°、东经 126°和北纬 36°、北

纬40°，则此1∶100万比例尺地形图编号为J－51。高纬度地区图幅为双幅，四幅合并时，其图幅编号应合并写出，如NP－47，48；NT－49，50，51，52。

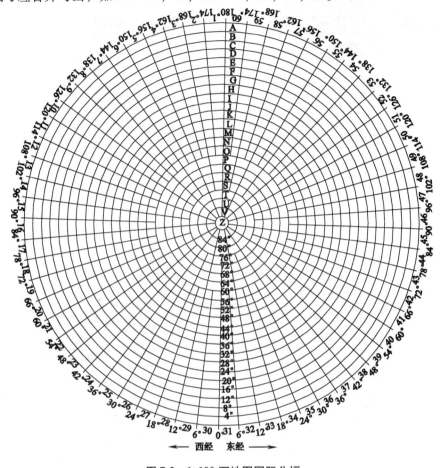

图7-2　1∶100万地图国际分幅

(2) 1∶50万～1∶10万比例尺地形图的分幅与编号。这3种比例尺地形图的分幅、编号都是在1∶100万地形图基础上进行的。

每一幅1∶100万地形图分为2行、2列，共4幅1∶50万地形图，分别用A～D表示。例如，某地所在的1∶50万比例尺地形图的编号为J－51－A，如图7-3所示。

每一幅1∶100万地形图分为4行、4列，共16幅1∶25万地形图，分用[1]，[2]，…，[16]表示。例如，某地所在的1∶25万比例尺地形图的编号为J－51－[2]，如图7-3所示。

每一幅1∶100万地形图分为12行、12列，共144幅1∶10万地形图，分别用1，2，3，…，144表示。例如，某地所在的1∶10万比例尺地形图的编号为J－51－5，如图7-4所示。

(3) 1∶5万～1∶1万比例尺地形图的分幅与编号。这3种比例尺地形图的分幅编号是在1∶10万比例尺地形图的基础上进行的，如图7-4所示。

每幅1∶10万比例尺地形图划分为4幅1∶5万地形图，分别以A～D表示。其编号是在1∶10万比例尺地形图的编号后加上各自的代号所组成。例如，某地所在1∶5万比例尺地形图的编号为J－51－5－B。

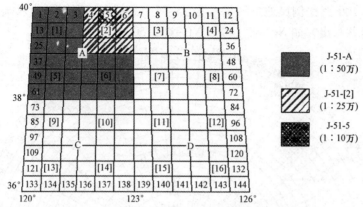

图7-3 1:50万~1:10万比例尺地形图的分幅与编号

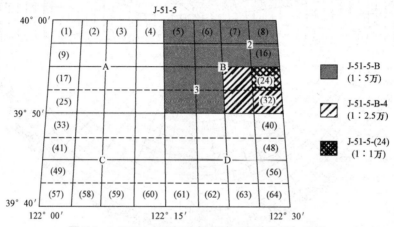

图7-4 1:5万~1:1万比例尺地形图的分幅与编号

每幅1:5万比例尺地形图划分为4幅1:2.5万比例尺地形图，分别以数字1~4表示。其编号是在1:5万比例尺地形图的编号后加上1:2.5万比例尺地形图各自的代号所组成，如J-51-5-B-4。

每幅1:10万比例尺地形图划分为8行、8列，共64幅1:1万比例尺地形图，分别用(1)，(2)，…，(64)表示；其纬差是2′30″，经差3′45″，其编号是在1:10万比例尺地形图加上各自的代号所组成，如J-51-5-(24)。

(4) 1:5 000比例尺地形图的分幅及编号。1:5 000比例尺地形图是在1:1万比例尺地形图的基础上进行分幅编号。每幅1:1万比例尺地形图分成4幅1:5 000的图（图7-5）。其纬差1′15″，经差1′52.5″。其编号是在1:1万比例尺地形图的图号后分别加上代号a~d。例如，某地所在的1:5 000比例尺地形图的图幅编号为J-51-5-(24)-b。

表7-2表示了上述比例尺地形图的分幅方法及以某地为例的编号。

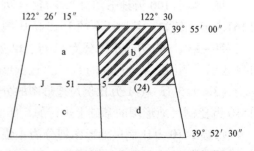

图7-5 1:5 000比例尺地形图的分幅及编号

2. 现行的国家基本比例尺地形图分幅和编号

为便于计算机管理和检索，2012年国家质量监督检验检疫总局发布了新的《国家基本比例尺地形图分幅和编号》（GB/T 13989—2012），自2012年10月1日起实施。

（1）1:100万~1:5 000比例尺地形图分幅和编号。新标准仍以1:100万比例尺地形图为基础，1:100万比例尺地形图的分幅经、纬差不变，但由过去的纵行、横列改为横行、纵列，它们的编号由其所在的行号（字符码）与列号（数字码）组合而成，如北京所在的1:100万地形图图号为J-50。

1:50万~1:5 000地形图的分幅全部由1:100万地形图逐次加密划分而成，编号均以1:100万比例尺地形图为基础，采用行列编号方法，由其所在的1:100万比例尺地形图的图号、比例尺代码和图幅的行列号共10位码组成，编码长度相同，编码系列统一为一个根部，便于计算机处理，如图7-6所示。

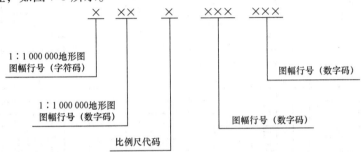

图7-6　1:100万~1:5 000比例尺地形图图号构成

各种比例尺代码见表7-3。

表7-3　比例尺代码表

比例尺	1:500 000	1:250 000	1:100 000	1:50 000	1:25 000	1:10 000	1:5 000
代码	B	C	D	E	F	G	H

现行国家基本比例尺地形图分幅、编号关系见表7-4。

表7-4　现行国家基本比例尺地形图分幅、编号关系表

比例尺		1:100万	1:50万	1:25万	1:10万	1:5万	1:2.5万	1:1万	1:5 000
图幅范围	经差	6°	3°	1°30′	30′	15′	7′30″	3′45″	1′52.5″
	纬差	4°	2°	1°	20′	10′	5′	2′30″	1′15″
行列数量关系	行数	1	2	4	12	24	48	96	192
	列数	1	2	4	12	24	48	96	192
图幅数量关系		1	4	16	144	576	2 304	9 216	36 864
			1	4	36	144	576	2 304	9 216
				1	9	16	144	576	2 304
					1	4	16	64	256
						1	4	16	64
							1	4	16
								1	4

1:100万～1:5 000地形图的行、列编号如图7-7所示。

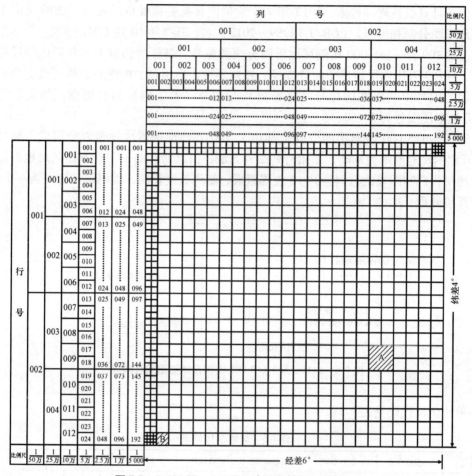

图7-7　1:100万～1:5 000地形图的行、列编号

1:50万地形图的编号，如图7-8中阴影所示图号J50 B001 002。

1:25万地形图的编号，如图7-9中阴影所示图号J50 C003 003。

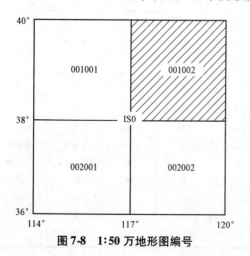

图7-8　1:50万地形图编号

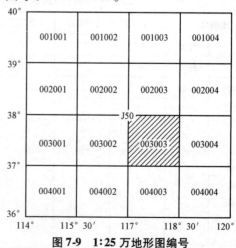

图7-9　1:25万地形图编号

1∶10万地形图的编号,如图7-10中45°晕线所示图号J50 D001 001。
1∶5万地形图的编号,如图7-10中135°阴影所示图号J50 E017 016。
1∶2.5万地形图的编号,如图7-10中交叉阴影所示图号J50 F042 002。
1∶1万地形图的编号,如图7-10中黑块所示图号J50 G093 004。
1∶5 000地形图的编号,如图7-10中1∶100万比例尺地形图图幅最东南角的1∶5 000地形图的图号J50 H192 192。

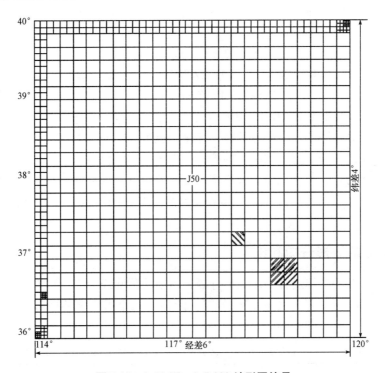

图7-10　1∶10万~1∶5 000地形图编号

(2) 编号的应用。已知图幅内某点的经、纬度或图幅西南图廓点的经、纬度,可按下式计算1∶100万地形图的图幅编号:

$$a = [\phi/4°] + 1$$
$$b = [\lambda/6°] + 31$$

式中,[ ]表示取整; a 为1∶100万地形图图幅所在纬度带字符码对应的数字码; b 为1∶100万地形图图幅所在经度带的数字码; λ 为图幅内某点的经度或图幅西南图廓点的经度; ϕ 为图幅内某点的纬度或图幅西南图廓点的纬度。

【例7-1】　某点经度为114°33′45″,纬度为39°22′30″,计算其所在图幅的编号。

解:
$$a = [39°22′30″/4] + 1 = 10（字符码为J）$$
$$b = [114°33′45″/6] + 31 = 5$$

该点所在1∶100万地形图图幅的图号为J150。

已知图幅内某点的经、纬度或图幅西南廓点的经、纬度,也可按下式计算所求比例尺地形图在1∶100万地形图图号的行、列号:

$$c = 4°/\Delta\phi - [(\phi/4°)/\Delta\phi]$$
$$d = [(\lambda/6°)/\Delta\lambda] + 1$$

式中，( ) 表示商取余；[ ] 表示商取整；c 表示所求比例尺地形图在 1:100 万比例尺地形图图号后的行号；d 表示所求比例尺地形图在 1:100 万地形图图号后的列号；λ 表示图幅内某点的经度或图幅西南图廓点的经度；ϕ 表示图幅内某点的纬度或图幅西南图廓点的纬度；$\Delta\lambda$ 表示所求比例尺地形图的经差；$\Delta\phi$ 表示所求比例尺地形图分幅的纬差。

【例 7-2】 仍以经度为 114°33′45″，纬度为 39°22′30″的某点为例，计算其所在 1:1 万地形图的编号。

解：
$$\Delta\phi = 2'30'', \quad \Delta\lambda = 3'45''$$
$$c = 4°/2'30'' - [(39°22'30''/4°)/2'30''] = 015$$
$$d = [(114°33'45''/6°)/3'45''] + 1 = 010$$

1:1 万地形图的图号为 J50 G015 010。

已知图号可计算该图幅西南廓点的经、纬度，也可在同一幅 1:100 万比例尺地形图图幅内进行不同比例尺地形图的行、列关系换算，即由较小比例尺地形图的行、列号计算所含各较大比例尺地形图的行、列号或由较大比例尺地形图的行、列号计算它隶属于较小比例尺地形图的行、列号。相应的计算公式及算例见《国家基本比例尺地形图分幅和编号》（GB/T 13989—2012）。

二、地形图的矩形分幅和编号

大比例尺地形图的图幅通常采用矩形分幅，图幅的图廓线为平行于坐标轴的直角左边系格网线。以整千米（或百米）坐标进行分幅。图幅的大小可分成 40 cm×40 cm、40 cm×50 cm 或 50 cm×50 cm。图幅的大小见表 7-5。

表 7-5 几种大比例尺地形图的图幅大小

比例尺	图幅大小/（cm×cm）	实地面积/km²	1:5 000 图幅内的分幅数
1:5 000	40×40	4	1
1:2 000	50×50	1	4
1:1 000	50×50	0.25	16
1:500	50×50	0.062 5	64

1. 按图廓西南角坐标编号

采用图廓西南角坐标千米数编号，x 坐标在前，y 坐标在后，中间用短线连接。1:5 000 取至千米数，1:2 000、1:1 000 取至 0.1 km；1:500 取至 0.01 km。例如，某幅 1:1 000 比例尺地形图西南角图廓点的坐标 $x = 835\ 000$ m，$y = 15\ 500$ m，则该图幅编号为 83.5 - 15.5。

2. 按流水号编号

按测区统一划分的图幅的顺序号码，从左到右，从上到下，用阿拉伯数字编号。图 7-11（a）中，阴影所示图号为 15。

3. 按行、列号编号

将测区内图幅按行和列分别单独排出序号，再以图幅所在的行和列序号作为该图幅号。图 7-11（b）中，阴影所示图号为 A-4。

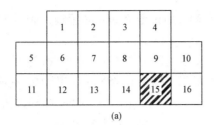 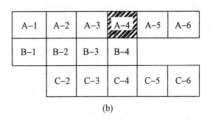

图 7-11 矩形分幅与编号（一）

4. 以 1∶5 000 比例尺图为基础编号

如果整个测区测绘有几种不同比例尺的地形图，则地形图的编号可以 1∶5 000 比例尺地形图为基础。以某 1∶5 000 比例尺地形图图幅西南角坐标值编号，如图 7-12（a）中 1∶5 000 图幅编号为 32－56，此图号就作为该图幅内其他较大比例尺地形图的基本图号，编号方法如图 7-12（b）所示。图中，阴影所示图号为 32－56－4－3－2。

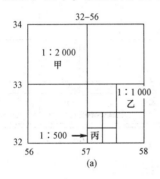 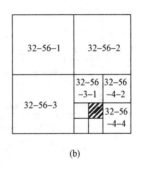

图 7-12 矩形分幅与编号（二）

第三节　地形图图外注记

一、图名和图号

图名即本幅图的名称，是以所在图幅内最著名的地名、厂矿企业和村庄的名称来命名的。为了区别各幅地形图所在的位置关系，每幅地形图上都编有图号。图号是根据地形图分幅和编号方法编定的，并把图名、图号标注在北图廓上方的中央。

二、接图表

接图表用于说明本幅图与相邻图幅的关系，供索取相邻图幅时用。通常是中间一格画有斜线代表本图幅，四邻的 8 幅图分别标注图号或图名，并绘在图廓的左上方。此外，有些地形图还把相邻图幅的图号分别注在东、西、南、北图廓线中间，进一步说明与四邻图幅的相互关系。

三、图廓和坐标格网线

图廓是地形图的边界线，分内、外图廓。如图 7-13 所示，内图廓线即地形图分幅时的坐标格网经纬线。外图廓是距内图廓以外一定距离绘制的加粗平行线，仅起装饰作用。在内图廓外四角注有坐标值，并在内图廓线内侧，每隔 10 cm 绘 5 mm 的短线，表示坐标格网的位置。在图幅内绘有每隔 10 cm 的坐标格网交叉点。

图 7-13 中，西南图廓由南向北标注从北纬 46°50′起每隔 1′的纬线，从西向东标注从128°45′起每隔 1′的经线。直角坐标千米格网左起第二条纵线的纵坐标为 22 482 km，其中 22 是该图所在投影带的带号，该格网线实际上与 x 轴相距 482 − 500 = − 18 km，即位于中央子午线以西 18 km 处。图中南边第一条横向格网线 x = 5 189 km，表示位于赤道（y 轴）以北 5 189 km。

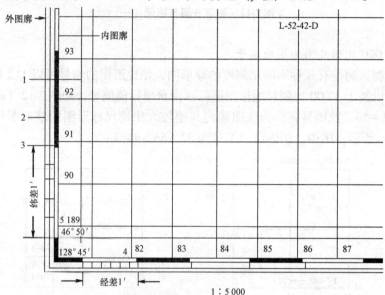

图 7-13　图廓及坐标格网

四、三北方向图及坡度尺

在中、小比例尺的南图廓线的右下方，还绘有真子午线、磁子午线和坐标纵轴（中央子午线）3 个方向之间的角度关系，称为三北方向图，如图 7-14 所示。利用该关系图可对图上任一方向的真方位角、磁方位角和坐标方位角做相互换算。

坡度尺用于在地形图上用图解的方法量测地面坡度时使用，绘在南图廓外直线比例尺的左边，如图 7-15 所示。坡度尺的水平底线下边注有两行数字，上行是用坡度角表示的坡度，下行是对应的倾斜百分率表示的坡度，即坡度角的正切函数值。

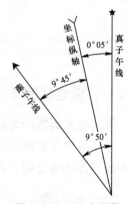

图 7-14　三北方向图

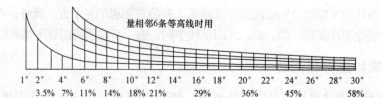

图 7-15　坡度尺

五、投影方式、坐标系统、高程系统

每幅地形图测绘完成后,都要在图上标注本图的投影方式、坐标系统和高程系统,以备日后使用时参考。地形图都是采用正投影的方式完成的。坐标系统是指该图是采用哪一平面直角坐标系统完成的,如2000国家大地坐标系、城市坐标系或独立平面直角坐标系。高程系统是指该图所采用的高程基准,如1985国家高程基准系统或相对高程系统。

以上内容均应标注在地形图外图廓右下方。

六、成图方法

地形图成图方法主要有三种:航空摄影成图、平板仪测量成图和野外数字测量成图。成图方法应标注在外图廓右下方。此外,地形图还应标注测绘单位、成图日期等,供日后用图时参考。

第四节　地形图图式

地形是地物和地貌的总称。地面上有明显轮廓的、固定性自然物体和人工建筑物体都称为地物,如村庄、河流、湖泊、森林等。地貌是指地球表面的自然起伏状态,包括山地、平原、陡坎、崩崖等。地形图对地物、地貌符号的样式、规格、颜色、使用以及地图注记和图廓整饰等都有统一规定,称为地形图图式。

一、地物符号

地物的类别、形状和大小及其在图上的位置用地物符号表示。根据地物大小及描绘方法的不同,地物符号又可分为下列几种。

1. 比例符号

有些地物的轮廓较大,如房屋、运动场、湖泊、森林等,其形状和大小可以按测图比例尺缩绘在图纸上,再配以特定的符号予以说明,这种符号称为比例符号。表7-6中从1号到12号都是比例符号。

表7-6　地形图图式

编号	符号名称	图例 1:500、1:1 000、1:2 000	编号	符号名称	图例 1:500、1:1 000、1:2 000
1	坚固房屋 4—房屋层数	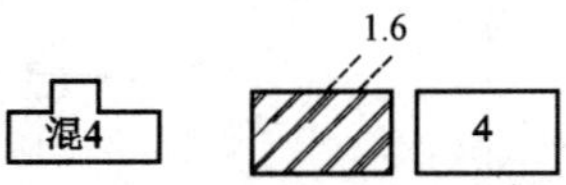 混4　　1.6　4	3	建筑物下的通道	混 3
2	普通房屋 2—房屋层数	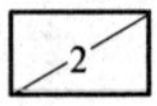 2	4	台阶	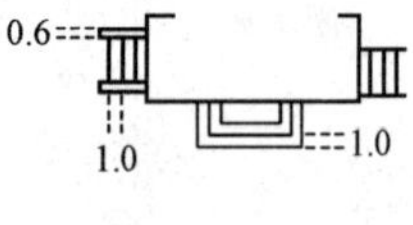 0.6　1.0　1.0

续表

编号	符号名称	图 例 1:500、1:1 000、1:2 000	编号	符号名称	图 例 1:500、1:1 000、1:2 000
5	花 圃	1.6 1.6 10.0 --10.0	12	菜 地	2.0 2.0 10.0 --10.0
6	天然草地（含草坪）	2.0 1.0 草坪 10.0 --10.0	13	高压线	4.0
7	经济作物地	1.6 3.0 10.0 --10.0	14	低压线	4.0
8	水生经济作物地	3.0 菱 10.0 2.0	15	电杆	1.0
9	水稻田	0.2 3.0 1.0 10.0 --10.0	16	电线架	
10	旱 地	1.0 2.0 10.0 --10.0	17	围墙	a 10.0 b 10.0 0.3 0.6
11	灌木林	1.0 0.6	18	栅栏、栏杆	10.0 1.0

续表

编号	符号名称	图 例 1:500、1:1000、1:2000	编号	符号名称	图 例 1:500、1:1000、1:2000
19	篱 笆	10.0 1.0 + — + — +	27	图根点 1. 埋石的 2. 不埋石的	1.6 ⊕ 16/84.46 2.6 1.6 ⊙ 36/68.94
20	活树篱笆	6.0 1.0 ○●●●○●●●○●●●○ 0.6	28	水准点	2.0 ⊗ II京石5/32.804
21	沟 渠 1. 一般的 2. 有堤岸的 　a. 单层堤 　b. 双层堤 3. 有沟堑的	(沟渠示意图) 73.2/1.2	29	旗 杆	1.6 4.0 ▯ 1.0 1.0
			30	水 塔	2.0 1.0 ▯ 3.6 1.0
			31	烟 囱	3.6 1.0
22	等级公路	— 0.2 2(G301) — 0.4	32	气象站（台）	3.0 ⊥ 3.6 1.0
23	等外公路	— 0.2 9	33	消火栓	1.6 2.0 ⊥ 3.6
24	大车路、机耕路	8.0 2.0 ⌐ ⌐ 0.2	34	阀 门	1.6 ⊙ 3.0
25	小 路	1.0 4.0 — — — — — 0.3	35	水龙头	2.0 ⊥ 3.6
26	三角点 凤凰山—点名 394.468— 高程	△ 凤凰山/394.468 3.0	36	钻 孔	1.0 ⊙ 3.0

续表

编号	符号名称	图例 1:500、1:1 000、1:2 000	编号	符号名称	图例 1:500、1:1 000、1:2 000
37	独立树 a. 阔叶 b. 针叶	(符号图例)	42	高程点注记 a. 一般点 b. 地物高程	a 0.5----163.2 b 75.4
38	路灯	(符号图例)	43	滑波	(图例)
39	岗亭、岗楼	(符号图例)	44	陡崖 a. 土质的 b. 石质的	(图例)
40	等高线 1. 首曲线 2. 计曲线 3. 间曲线	(符号图例)			
41	示坡线	(图例)	45	冲沟 3.5——深度注记	(图例)

2. 非比例符号

有些地物,如三角点、水准点、独立树、里程碑、钻孔等,因其轮廓较小,无法将其形状和大小按测图比例尺缩绘到图纸上,而该地物又很重要,必须表示出来,则不管地物的实际尺寸,而用规定的符号表示,这类符号称为非比例符号。表 7-6 中从 13 号到 26 号都是非比例符号。非比例符号不仅其形状和大小不按比例绘制,而且符号的中心位置与该地物实地的中心位置的关系,也随各种地物不同而异,在测绘及用图时应注意:

(1) 圆形、正方形、三角形等几何图形的符号,如三角点、导线点、钻孔等,该几何图形的中心即代表地物中心的位置。

(2) 宽底符号,如里程碑、岗亭等,该符号底线的中点为地物中心的位置。

(3) 底部为直角形的符号,如独立树、加油站,该符号底部直角顶点为地物中心的位置。

(4) 不规则的几何图形,又没有宽底和直角顶点的符号,如山洞、窑洞等,该符号下方两端点连线的中点为地物中心的位置。

3. 半比例符号

对于一些带状延伸的地物，如公路、通信线路及管道等，其长度可按测图比例尺缩绘，而宽度无法按比例尺缩绘，这种长度按比例、宽度不按比例的符号，称为半比例符号。表7-6中从27号到40号都是半比例符号。半比例符号的中心线即实际地物的中心线。

4. 地物注记

用文字、数字或特定的符号对地物加以说明，称为地物注记。例如，城镇、工厂、铁路、公路的名称，河流的流速、深度，道路的去向以及果树、森林的类别等。

在地形图上，对于某个具体地物，究竟是采用比例符号还是非比例符号，主要由测图比例尺决定。测图比例尺越大，用比例符号描绘的地物越多；测图比例尺越小，则用非比例符号表示的地物越多。

二、地貌符号——等高线

在图上表示地貌的方法很多，在测量工作中通常用等高线表示地貌，因为用等高线表示地貌不仅能表示地面的起伏形态，还能科学地表示出地面的坡度和地面点的高程。本节主要介绍用等高线表示地貌的方法。

1. 等高线的概念

等高线是由地面上高程相同的相邻点所连接而成的闭合曲线。如图7-16所示，设有一座位于平静湖水中的小山，山体与湖水的交线就是等高线，而且是闭合曲线，交线上各点高程必然相等（为53 m）；当水位下降1 m后，水面与小山又截得一条交线，这就是高程为52 m的等高线。以此类推，水位每降落1 m，水面就与小山交出一条等高线，从而得到一组高差为1 m的等高线。设想把这组实地上的等高线铅直地投影到水平面 P 上去，并按规定的比例尺缩绘到图纸上，就得到一张用等高线表示该小山的地貌图。

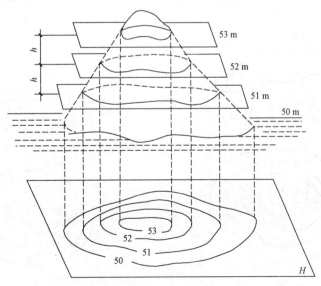

图7-16 等高线的概念

2. 等高距和等高线平距

相邻等高线之间的高差，称为等高距，常以 h 表示。在同一幅图上，等高距是相同的。

相邻等高线之间的水平距离称为等高线平距，常以 d 表示。因为同一幅地形图内，等高距是相同的，所以等高线平距 d 的大小直接与地面的坡度有关。如图 7-17 所示，地面上 CD 段的坡度大于 BC 段，其等高线平距 cd 就比 bc 小；相反，地面上 CD 段的坡度小于 AB 段，其等高线平距就比 AB 段大。也就是说，等高线平距越小，地面坡度越陡，图上等高线就显得越密集；反之，则比较稀疏；当地面的坡度均匀时，等高线平距就相等。因此，根据等高线的疏密，可以判断地面坡度的缓与陡。

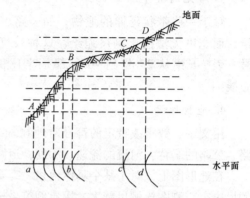

图 7-17　等高线平距与地面坡度的关系

从上述可以知道，等高距越小，显示地貌就越详尽；等高距越大，其所显示的地貌就越简略。但是事物总是一分为二的，等高距越小，图上的等高线很密，将会影响图面的清晰和醒目。因此，等高距的大小应根据测图比例尺与测区地形情况进行选择。

3. 用等高线表示的几种典型地貌

地面上地貌的形态是多样的，对它进行仔细分析后就会发现：无论地貌怎样复杂，不外乎几种典型地貌的综合。了解和熟悉用等高线表示的典型地貌的特征，将有助于识读、应用和测绘地形图。

（1）山头和洼地。图 7-18（a）所示为山头的等高线；图 7-18（b）所示为洼地的等高线。山头和洼地的等高线都是一组闭合曲线。在地形图上区分山头或洼地的准则是：凡内圈等高线的高程注记大于外圈者为山头，小于外圈者为洼地；如果等高线上没有高程注记，则用示坡线表示。

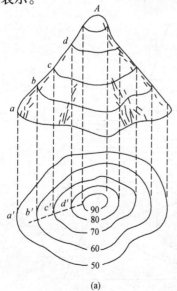

(a)

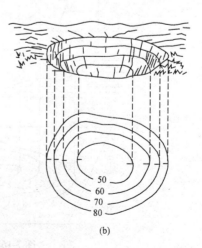

(b)

图 7-18　山头和洼地

示坡线就是一条垂直于等高线而指示坡度降落方向的短线。图 7-18（a）中，示坡线从内圈指向外圈，说明中间高，四周低，为一山头。图 7-18（b）中，示坡线从外圈指向内圈，说明中间低，四周高，为洼地。

（2）山脊与山谷。山脊是顺着一个方向延伸的高地。山脊上最高点的连线称为山脊线。山脊等高线表现为一组凸向低处的曲线，如图 7-19（a）所示，图中 S 是山脊线。

山谷是沿着一个方向延伸的洼地，位于两山脊之间。贯穿山谷最低点的连线称为山谷线。山谷等高线表现为一组凸向高处的曲线，如图 7-19（b）所示，图中 T 是山谷线。

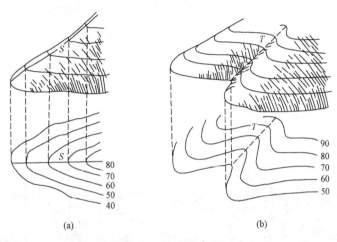

图 7-19　山脊和山谷

4. 鞍部

鞍部就是相邻两山头之间呈马鞍形的低凹部位，如图 7-20 所示。鞍部（S 点处）是两个山脊与两个山谷会合的地方，鞍部等高线的特点是在一圈大的闭合曲线内，套有两组小的闭合曲线。

5. 陡崖和悬崖

陡崖是坡度在 70°~90° 的陡峭崖壁，有石质和土质之分。若用等高线表示将非常密集或重合为一条线，因此采用陡崖符号来表示，如图 7-21（a）所示。

悬崖是上部凸出，下部凹进的陡崖。上部的等高线投影在水平面时，与下部的等高线相交，下部凹进的等高线用虚线表示，如图 7-21（b）所示。

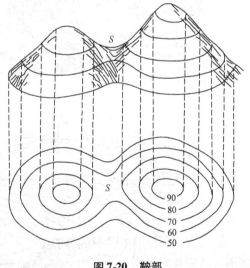

图 7-20　鞍部

还有某些特殊地貌，如冲沟、滑坡等，其表示方法参见地形图图式。

了解和掌握了典型地貌等高线，就不难读懂综合地貌的等高线图。图 7-22 所示为某一地区综合地貌，读者可自行对照阅读。

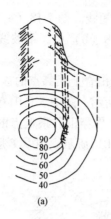
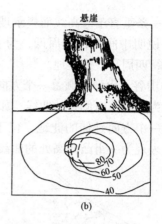

图 7-21 陡崖和悬崖

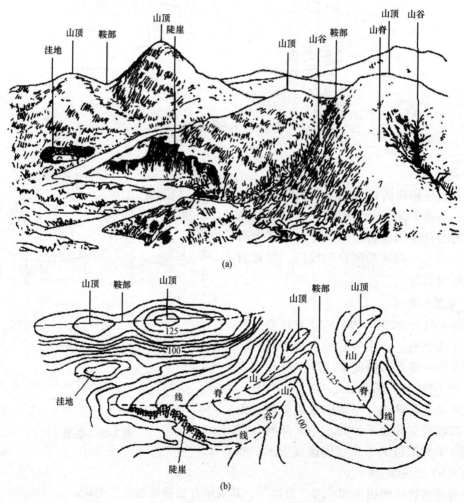

图 7-22 某地区综合地貌及等高线

6. 等高线的分类

（1）首曲线。按地形图的基本等高距测绘的等高线称为首曲线，又称为基本等高线。首曲线用细实线描绘。

（2）计曲线。为读图时量算高程方便起见，每隔 4 根首曲线加粗描绘一根等高线，称为计曲线，又称为加粗等高线。

（3）间曲线。为了显示首曲线表示不出的地貌特征，按 $h/2$ 基本等高距描绘的等高线称间曲线，又称为半距等高线，图上用长虚线描绘。

（4）助曲线。间曲线无法显示地貌特征时，还可以按 $h/4$ 基本等高距描绘等高线，叫作辅助等高线，简称助曲线，图上用短虚线描绘。

间曲线和助曲线描绘时可不闭合。

7. 等高线的特性

（1）同一条等高线上各点的高程相等。

（2）等高线为闭合曲线，不能中断，如果不在本幅图内闭合，则必在相邻的其他图幅内闭合。

（3）等高线只有在悬崖、绝壁处才能重合或相交。

（4）等高线与山脊线、山谷线正交。

（5）同一幅地形图上的等高距相同，因此等高线平距大表示地面坡度小；等高线平距小表示地面坡度大；平距相同则坡度相同。

第五节　地籍图基本知识

在《辞海》中，地籍被称为"中国历代政府登记土地作为征收田赋根据的册簿"。简单地讲，地籍是为征收土地税而建立的土地清册，这是地籍最古老、最基本的含义。随着社会和经济的发展，地籍不但为土地税征收和土地产权保护服务，还要为土地利用规划和管理提供基础资料。在一些发达国家，地籍的应用领域扩大到 30 多个，这种地籍称为多用途地籍或现代地籍。很显然，多用途地籍的内涵和外延更加丰富。现代（多用途）地籍（以下简称地籍）是指由国家监管的，以土地权属为核心、以地块为基础的土地及其附着物的权属、位置、数量、质量和利用现状等土地基本信息的集合，用图、数、表等形式表示。

地籍图是一种专题地图。它是以土地权属界线、面积、质量、数量和利用现状为主要内容的地图。它不仅反映地籍要素以及与地籍有密切关系的地物，还要适当反映与土地管理和利用有关的内容。它是国家土地管理的基础性资料，具有法律效力；是土地登记、发证和收取土地税的重要依据。

地籍图也和地形图一样，需进行分幅、编号，其分幅、编号方法与地形图相同。基本地籍图的比例尺一般为 1∶500 或 1∶1 000，城镇宜采用 1∶500（图 7-23），独立工矿和村庄也可以采用 1∶2 000。

地籍图的内容概括起来可分为两个方面：一是地籍要素；二是地理要素。现分述如下。

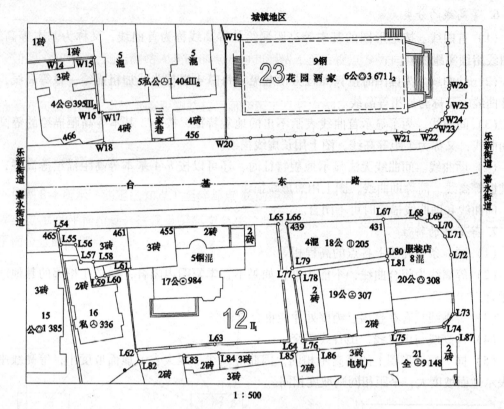

图 7-23 城镇地区地籍图

一、地籍要素

1. 行政境界

行政境界是指国界、省（自治区、直辖市）界、地区（自治州、盟、地级市）界、县（区、自治县、旗、县级市）界、乡镇（街道）界及村界等，如图 7-24 所示。

2. 土地权属界

土地权属界是指厂矿、企事业单位、机关团体、住户等的用地权属范围线，也以不同形式的线条表示，参见表 7-7 中的 5 号、6 号。或以围墙、垣栅、道路、河沟等作为土地权属界，它是地籍图的主要内容之一。土地权属界以宗地为单位，凡被权属界址线所封闭的地块称为一宗（或丘）地。

3. 界址点及其编号

土地权属界的转折点及境界与权属界的交点，统称为界址点，均需测定其坐标。界

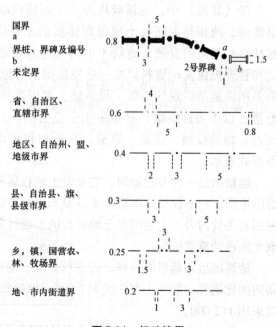

图 7-24 行政境界

址点应在街道（或街坊）范围内统一编号：先将地籍编号中街道（或街坊）的序号1，2，3，…相应依次改为英文字母A，B，C，…，再用小一级的字符1，2，3，…顺序加注界址点号，如表7-7中的8号。

表7-7　1:500、1:1 000、1:2 000地籍图图式

编号	符号名称	符　号	编号	符号名称	符　号
1	街道（或街坊）号乡（镇）号	23 23 44K-32K正等线体	18	公产	公
2	宗（丘）号	34 34 28K-9K正等线体	19	代管产	代
3	地块号	(1) 11K正等线体	20	托管产	托
4	宗（丘）面积	375 375 13K-9K正等线体	21	拨用产	拨
5	国有土地使用权界址线	0.3 ———————	22	全民单位自管公产	全
6	未定权属界址线	3.0　1.0 0.3 ⌐—⌐—⌐—	23	集体单位自管公产	集
7	地块界线	4.0　1.0 0.3 —⌐—⌐—	24	私产	私
8	界址点及编号	1.0 ○⌐4 10K正等线体	25	中外合资产	合
9	土地等级	Ⅲ₅ 3K正等线体	26	外产	外
10	商业服务	3.0 △	27	军产	军
11	工业、仓储、交通	3.0 ⊖ 1.0	28	其他产	杂
12	文化、体育、娱乐	3.0 ⊕ 0.8	29	钢结构	钢
13	住宅	3.0 ⊕	30	钢、混凝土结构	钢、混凝土
14	机关	3.0 ⊙ 1.0	31	钢筋混凝土结构	混凝土
15	教育、科研、医疗	3.0 ⊙ 1.0	32	混合结构	混
16	其他	3.0 ○	33	砖木结构	砖
17	门牌号	40 41　39 42	34	其他结构	简

4. 地籍编号

地籍编号以行政区为单位，按街道、宗地两级编号。对于较大城市可按街道、街坊、宗地三级编号。地籍号统一自左至右、自上而下由"1"号开始顺序编号。

5. 房产

在地籍图上要表示房产的产权类别、位置、结构、建筑面积和占地面积等内容。根据《地籍测绘规范》（CH 5002—1994），房产性质划分为公产、代管产、托管产、拨用产、全民单位自管公产、集体单位自管公产、私产、中外合资产、外产、军产和其他产 11 类，其地籍符号见表 7-7 中的 18 号~28 号。

国家统计标准将房屋结构划分为 6 类：钢结构，钢、混凝土结构，钢筋混凝土结构，混合结构，砖木结构和其他结构，其地籍符号见表 7-7 中的 29 号~34 号。

6. 土地利用类别

根据土地用途的差异，土地可分为若干个一级类与二级类。例如，《地籍调查规程》（TD/T 1001—2012）将城镇土地分为 10 个一级类，24 个二级类，见表 7-8，其地籍符号参见表 7-7 中的 11 号~17 号。《地籍测绘规范》（CH 5002—1994）则将土地分为 7 个一级类，20 个二级类。

表 7-8 城镇土地分类表

一级分类		二级分类		一级分类		二级分类	
编号	名称	编号	名称	编号	名称	编号	名称
10	商业金融业	11	商业服务业	60	交通	61	铁路
		12	旅游业			62	民用机场
		13	金融保险业			63	港口码头
20	工业仓储	21	工业			64	其他交通
		22	仓储	70	特殊用地	71	军事设施
30	市政	31	市政公用设施			72	涉外
		32	绿化			73	宗教
40	公共建筑	41	文、体、娱			74	监狱
		42	机关、宣传	80	水域		
		43	科研、设计	90	农业	91	水田
		44	教育			92	菜地
		45	医卫			93	旱地
50	住宅			00	其他用地	94	园地

7. 土地面积

地籍图上用数字注明每一宗地的总面积。

8. 土地等级

土地等级经土地管理部门划定后，必须用规定的符号（表 7-7 中的 9 号）表示到地籍图上。

二、地理要素

地籍图上需要表示的与地籍要素相关的自然与社会经济要素，主要包括地物、道路、水系、地貌、土壤植被、地理名称等。

第六节 地形图的应用

一、求图上某点的坐标和高程

1. 确定点的坐标

如图 7-25 所示，欲确定图上某点 A 的平面坐标，首先要根据图廓坐标注记和 A 点的图上位置，绘出坐标方格 ab 和 ad，过 A 点分别作平行于 ab 和 cd 的直线，交 ab 于 g 点、交 cd 于 e 点；其次，按地形图比例尺（本例为 1∶1 000）量出 ab 和 cd 的长度和 ag、ae 的长度（以 mm 为单位）。

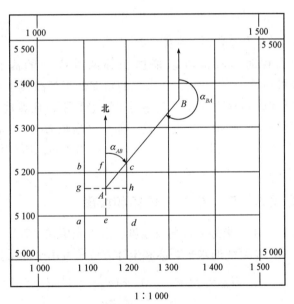

图 7-25 确定点的坐标

$ag = 66.3$ m

$ae = 50.6$ m

则 $x_A = x_a + ag = 5\ 100 + 66.3 = 5\ 166.3$ （m）

$y_A = y_a + ae = 1\ 100 + 50.6 = 1\ 150.6$ （m）

为了校核，还应量取 gb 和 ed 的长度。实际上，由于图纸保存或使用的过程中会产生伸缩变形，导致方格网中每个方格的长度往往不等于其理论长度 l，为使求得的坐标值更精确，可用下式进行计算：

$$x_A = x_a + \frac{1}{ab}ag$$
$$y_A = y_a + \frac{1}{ad}ae \qquad (7\text{-}2)$$

若地形图上绘有图示比例尺,可先用卡规精确地卡出 ag、ae,在图示比例尺上读取其长度,这样可基本消除因图纸变形所带来的影响。

2. 确定点的高程

地形图上任一点的地面高程,可根据邻近的等高线及高程注记确定。如图7-26所示,A 点位于高程为51 m等高线上,故 A 点高程为51 m。若所求点不在等高线上,如图7-26中 B 点,可过 B 点作一条大致垂直并相交于相邻等高线的线段 mn。分别量出 mn 的长度 d 和 mB 的长度 d_1,则 B 点的高程可按比例内插求得

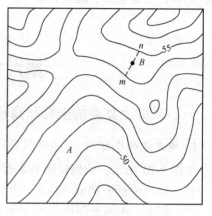

图 7-26 确定点的高程

$$H_B = H_m + h_{mB} = H_m + \frac{d_1}{d}h \qquad (7\text{-}3)$$

式中,H_m 为 m 点的高程,h 为等高距,在图7-26中为1 m。

在图上求某点的高程时,通常可以根据相邻两等高线的高程目估确定。例如,图7-26中 B 点的高程可估计为54.6 m,其高程的精度低于等高线本身的精度。规范中规定,在平坦地区,等高线的高程中误差不应超过1/3等高距;丘陵地区,不应超过1/2等高距;山区,不应超过一个等高距。由此可见,如果等高距为1 m,较平坦地区等高线本身的高程误差允许为0.3 m、丘陵地区为0.5 m、山区为1 m,所以可以用目估确定点的高程。

二、确定图上直线的长度、坐标方位角和坡度

欲求 A、B 两点间的距离、坐标方位角及坡度,必须先用式(7-2)和式(7-3)求出 A、B 两点的坐标和高程,则 AB 直线的水平距离和坐标方位角可用坐标反算式(6-4)计算,即

$$D_{AB} = \sqrt{(x_B - x_A)^2 + (y_B - y_A)^2}$$
$$\alpha_{AB} = \tan^{-1}\left(\frac{y_B - y_A}{x_B - x_A}\right)$$

AB 直线的平均坡度为

$$i_{AB} = \frac{h_{AB}}{D_{AB}} = \frac{H_B - H_A}{D_{AB}} \times \% \qquad (7\text{-}4)$$

也可用比例尺和量角器直接在图上量取距离和坐标方位角,但量得的结果精度较低。

三、图形面积的量算

1. 坐标计算法

如图7-27所示,对多边形进行面积量算时,可在图上确定多边形各顶点的坐标(或以

其他方法测得)，直接用坐标计算面积。图中四边形 1234 的面积等于梯形 3′344′ 加梯形 4′411′的面积再减去梯形 3′322′ 与梯形 2′211′的面积，即

$$A = \frac{1}{2}\{(y_3+y_4)(x_3-x_4)+(y_4+y_1)(x_4-x_1)-(y_3+y_2)(x_3-x_2)-(y_2+y_1)(x_2-x_1)\}$$

整理后得

$$A = \frac{1}{2}\{x_1(y_2-y_4)+x_2(y_3-y_1)+x_3(y_4-y_2)+x_4(y_1-y_3)\}$$

若图形为 n 边形，则一般形式为

$$A = \frac{1}{2}\sum_{i=1}^{n} x_i(y_{i+1}-y_{i-1}) \tag{7-5}$$

若多边形各顶点投影于 y 轴，则有

$$A = \frac{1}{2}\sum_{i=1}^{n} y_i(x_{i+1}-x_{i-1}) \tag{7-6}$$

式中，n 为多边形边数；当 $i=1$ 时，y_{i-1} 和 x_{i-1} 分别用 y_n 和 x_n 代入。

可用两公式算出的结果互做计算检核。

对于轮廓为曲线的图形进行面积估算时，可采用以折线代替曲线进行估算。取样点的密度决定估算面积的精度，当对估算精度要求高时，应加大取样点的密度。该方法可实现计算机自动计算。

2. 透明方格纸法

如图 7-28 所示，要计算曲线内的面积，将一张透明方格纸覆盖在图形上，数出曲线内的整方格数 n_1 和不足整格的方格数 n_2。设每个方格的面积为 a（当为毫米方格时，$a = 1\ mm^2$），则曲线围成的图形实地面积为

$$A = \left(n_1 + \frac{1}{2}n_2\right)aM^2 \tag{7-7}$$

式中，M 为比例尺分母。计算时应注意 a 的单位。

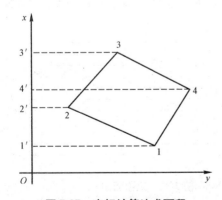

图 7-27　坐标计算法求面积

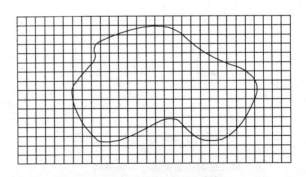

图 7-28　透明方格纸法求面积

3. 平行线法

如图 7-29 所示，在曲线围成的图形上绘出间隔相等的一组平行线，并使两条平行线与曲线图形边缘相切。将这两条平行线间隔等分得相邻平行线间距为 h。每相邻平行线之间的

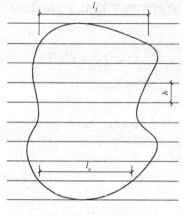

图 7-29 平行线法求面积

图形近似为梯形。用比例尺量出各平行线在曲线内的长度为 $l_1, l_2, \cdots, l_n$,则各梯形面积为

$$A_1 = \frac{1}{2}h\,(0+l_1)$$
$$A_2 = \frac{1}{2}h\,(l_1+l_2)$$
$$\vdots$$
$$A_n = \frac{1}{2}h\,(l_{n-1}+l_n)$$
$$A_{n+1} = \frac{1}{2}h\,(l_n+0)$$

图形总面积为

$$A = A_1 + A_2 + \cdots + A_{n+1} = h(l_1+l_2+\cdots+l_n) = h\sum_{i=1}^{n}l_i \tag{7-8}$$

除上述方法外,还可用电子求积仪来量取图形面积。

四、按设计线路绘制纵断面图

在线路工程设计中,为了进行填挖土(石)方量的概算,合理地确定线路的纵坡,需要较详细地了解沿线方向的地形起伏情况,为此可根据大比例尺地形图绘制该方向的纵断面图。

如图 7-30 所示,欲沿 MN 方向绘制断面图,先在图纸上或方格纸上绘 MN 水平线,过 M 点作 MN 垂线,水平线表示距离,垂线表示高程。水平距离一般采用与地形图相同的比例尺或选定的比例尺,即水平比例尺;为了明显地表示出地面的高低起伏变化情况,高程比例尺一般为水平比例尺的 10 倍或 20 倍。然后在地形图上沿 MN 方向线,量取交点 $a, b, \cdots, i$ 等至 M 点的距离,按各点的距离数值,自 M 点起依次截取于直线 MN 上,则得 $a, b, \cdots, i$ 各点在直线 MN 上的位置。在地形图上读取各点的高程,然后将各点的高程按高程比例尺画垂线,就得到了各点在断面图上的位置。最后将各相邻点用平滑曲线连接起来,即 MN 方向的断面图,如图 7-31 所示。

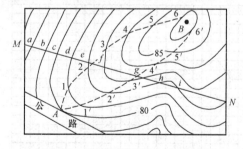

图 7-30 绘制纵断面图、同坡度线

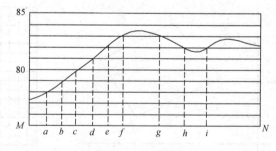

图 7-31 纵断面图

五、按限制坡度绘制同坡度线

线路初步设计阶段,一般先在地形图上根据设计要求的坡度选择路线的可能走向,如图 7-30 所示。地形图比例尺为 1∶2 000,等高距为 1 m,要求从 A 点到 B 点选择坡度不超过

7%的线路。为此，先根据7%坡度求出相邻两等高线间的最小平距 $d = h/i = 1/0.07 = 14.3$ m，1:2 000地形图上7.1 mm。将分规卡成7.1 mm，以 A 为圆心，以7.1 mm 为半径作弧与81 m等高线交于1点，再以1点为圆心作弧与82 m等高线交于2点，依次定出3，4，…，6各点，直到 B 点附近，即得坡度不大于7%的线路。在该地形图上，用同样的方法还可定出另一条线路 A，$1'$，$2'$，…，$6'$，作为比较方案。

这只是选择线路的基本定量分析方法，最后确定这条线路还需综合考虑地质条件、人文社会情况、工程造价、环境保护等众多因素。

六、确定汇水面积

当道路跨越河流或沟谷时，需要修建桥梁或涵洞。桥梁或涵洞的孔径大小，取决于河流或沟谷的水流量，水的流量大小又取决于汇水面积。地面上某区域内雨水注入同一山谷或河流，并通过某一断面（如道路的桥涵），这一区域的面积称为汇水面积。汇水面积可由地形图上山脊线的界线求得，如图7-32所示，山脊线（图中为虚线）与 AB 断面所包围的面积，就是桥涵 M 的汇水面积。

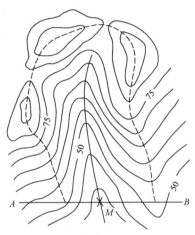

图7-32 确定汇水面积

七、平整场地中的土（石）方量计算

1. 等高线法

如图7-33所示，先量出各等高线所包围的面积，相邻两等高线包围的面积平均值乘以等高距，即相邻两等高线间的体积即土（石）方量，再求和即总土（石）方量。图中等高距为2 m，施工场地的设计高程为55 m，图中虚线即设计高程的等高线。分别求出55 m、56 m、58 m、60 m、62 m 五条等高线所围成的面积 A_{55}、A_{56}、A_{58}、A_{60}、A_{62}，则每一层的土（石）方量为

$$\begin{cases} V_1 = \dfrac{1}{2}(A_{55} + A_{56}) \times 1 \\ V_2 = \dfrac{1}{2}(A_{56} + A_{58}) \times 2 \\ \vdots \\ V_5 = \dfrac{1}{2}(A_{60} + A_{62}) \times 0.8 \end{cases} \quad (7\text{-}9)$$

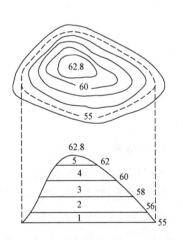

图7-33 等高线法求土（石）方量

总土（石）方量为

$$V = V_1 + V_2 + V_3 + V_4 + V_5 = \sum_{i=1}^{n} V_i \quad (7\text{-}10)$$

等高线法可用于估算水库的库容量，也可用于地面起伏较大且仅计算挖方量的场地。

2. 断面法

线路建设中,沿中线至两侧一定范围内带状区域的土(石)方量计算常用断面法来估算。这种方法是在施工场地的范围内,以一定的间隔绘出断面图,求出各断面由设计高程线与地面线围成的填、挖面积,然后计算相邻断面间的土(石)方量,最后求和即总土(石)方量。

如图 7-34 所示,在 1:1 000 地形图中,等高距为 1 m,施工场地设计标高为 47 m,先在地形图上绘出互相平行且间距为 l 的断面方向线 1—1、2—2、…、5—5,绘出相应的断面图,分别求出各断面的设计高程与地面线包围的填、挖面积 A_T、A_W,然后计算相邻断面间的填、挖方量。例如,1-1、2-2 两断面间的土(石)方量为

$$
\begin{aligned}
\text{填方} \quad & V_T = \frac{1}{2}(A_{T1} + A_{T2})l \\
\text{挖方} \quad & V_W = \frac{1}{2}(A_{W1} + A_{W2})l
\end{aligned}
\tag{7-11}
$$

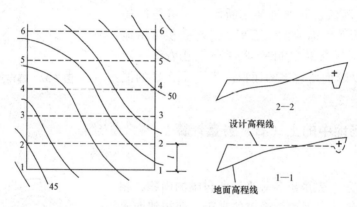

图 7-34 断面法求土(石)方量

同法计算其他断面间的土(石)方量,最后将所有的填、挖方量分别累加,便得总填、挖方量。

3. 方格网法

方格网法用于地形起伏不大的大面积场地平整的土(石)方量估算。其步骤如下:

(1)绘方格网并求格网点高程。在地形图上拟平整场地范围内绘方格网,方格网的边长主要取决于地形的复杂程度、地形图比例尺的大小和土(石)方估算的精度要求,一般为 10 m×10 m、20 m×20 m。根据等高线确定各方格顶点的高程,并注记在各顶点的上方,如图 7-35 所示。

(2)确定场地平整的设计高程。应根据工程的具体要求确定设计高程。大多数工程要求填、挖方量大致平衡,这时设计高程的计算方法是:先将每一个格 4 个顶点高程取平均值,再对各个方格的平均高程取平均值,即对各顶点高程取加权平均值为设计高程。从图 7-35 中可以看出,角点 $A1$、$A4$、$B5$、$D1$、$D5$ 的高程只参加 1 次计算,边点 $A2$,$A3$,$B1$,…的高程参加 2 次计算,拐点 $B4$ 的高程参加 3 次计算,中点 $B2$,$B3$,$C2$,…的高程参加 4 次计算,因此设计高程的计算公式为

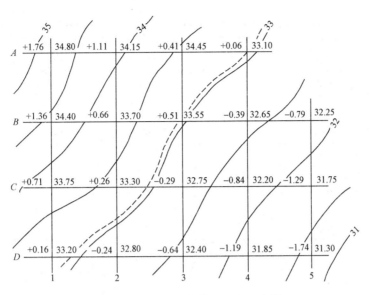

图 7-35 方格网法估算土（石）方量

$$H_{设} = \frac{\sum H_{角} + 2\sum H_{边} + 3\sum H_{拐} + 4\sum H_{中}}{4n} \tag{7-12}$$

式中，n 为方格总数。

将图 7-35 中各顶点高程代入式（7-12）中，求出设计高程为 33.04 m。在地形图中内插绘出 33.04 m 等高线（图中虚线），即不填不挖的施工边界线。

（3）计算填、挖高度。用格顶点地面高程减设计高程即得每一格顶点的填、挖方的高度，即

$$h = H_{地} - H_{设} \tag{7-13}$$

（4）计算填、挖方量。填、挖方量是将角点、边点、拐点、中点的填、挖方高度（h），分别代表 1/4、2/4、3/4、1 方格面积（A）的平均填、挖方高度，即

$$\begin{aligned}
\text{角点} & \quad h \times \frac{1}{4}A \\
\text{边点} & \quad h \times \frac{2}{4}A \\
\text{拐点} & \quad h \times \frac{3}{4}A \\
\text{中点} & \quad h \times A
\end{aligned} \tag{7-14}$$

将所得的填、挖方量分别相加，即得总的填、挖方量。填、挖土（石）方量计算见表 7-9。

表 7-9 土（石）方量计算表

点 号	挖深/m	填高/m	所占面积/m²	挖方量/m³	填方量/m³
A1	1.76		100	176	
A2	1.11		200	222	

续表

点 号	挖深/m	填高/m	所占面积/m²	挖方量/m³	填方量/m³
A3	0.41		200	82	
A4	0.06		100	6	
B1	1.36		200	272	
B2	0.66		400	264	
B3	0.51		400	204	
B4		−0.39	300		−117
B5		−0.79	100		−79
C1	0.71		200	142	
C2	0.26		400	104	
C3		−0.29	400		−116
C4		−0.84	400		−336
C5		−1.29	200		−258
D1	0.16		100	16	
D2		−0.24	200		−48
D3		−0.64	200		−128
D4		−1.19	200		−238
D5		−1.74	100		−174
Σ				1 488	−1 494

思考题

1. 什么是比例尺的精度？它对用图和测图有什么指导作用？
2. 比例符号、非比例符号和线形符号各在什么情况下应用？
3. 什么是等高线？什么是等高距、等高线平距？等高线平距与地面坡度的关系如何？
4. 等高线有哪些特性？
5. 地形图和地籍图有何区别？
6. 地籍要素指的是什么？
7. 试比较土方估算的三种方法有何异同点。它们各适用于什么场合？
8. 在图7-36中完成如下作业：

(1) 图解 $N12$ 号三角点（在西南廓附近的小山头上）和580号导线点（在南图廓附近的山头上）的坐标。

(2) 求定 $N12$ 三角点至580导线点之间的水平距离。

(3) 求定 $N12$ 三角点至580导线点的坐标方位角。

(4) 绘制 $N12$ 三角点至580导线点的断面图。

(5)求定 $N12$ 三角点至该点北偏东方向一探槽中点的平均坡度(该探槽位于 84 m 和 85 m 等高线间的台地上)。

(6)从 $N12$ 三角点起,向北偏东约 $45°$ 方向选定一条坡度为 10% 的路线至图边为止。

(此图下面需标注比例尺为 1:1 000,以图内图廓西南角向上量取 10 cm 标注 20.1,向右量取 10 cm 标注 21.1)

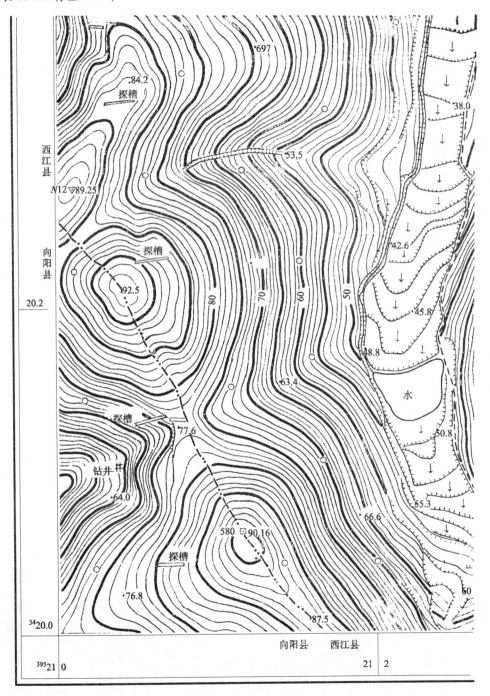

图 7-36 题 8 图

9. 欲在汪家凹（如图 7-37 所示，比例尺 1∶2 000）村北进行土地平整，其设计要求如下：

（1）正平后要求高程为 44 m 的水平面；

（2）平整场地的位置：以 53.3 导线点为起点向东 40 m，向北 40 m。根据设计要求，绘出方格网（每 20 m 绘一方格），然后求出挖、填土（石）方量。

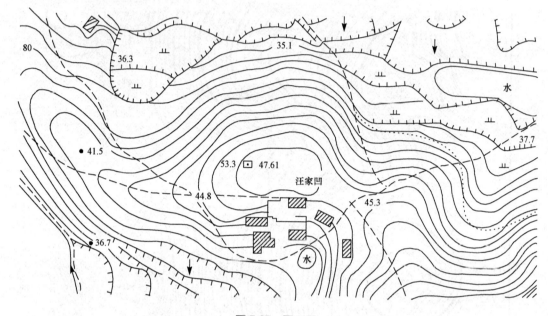

图 7-37　题 9 图

第八章

大比例尺地形图测绘

通常所说的大比例尺测图是指 1∶500～1∶5 000 比例尺测图；1∶10 000～1∶50 000 比例尺测图目前多用航测法成图；小于 1∶50 000 的小比例尺图，则是根据较大比例尺地图及各种资料编绘而成。

大比例尺测图除测绘地形图以外，还要测绘地籍图、房产图和地下管线图等，它们的基本方法是相同的，并具有本地统一的平面坐标系统、高程系统和图幅方法。本章主要介绍地形图测绘。

在测图开始前，应编写技术设计书，拟订作业计划，以保证测量工作在技术上合理、可靠，在经济上节省人力、物力，有计划、有步骤地开展工作。

大比例尺测图的作业规范和图式主要有《工程测量规范》（GB 50026—2007）、《城市测量规范》（CJJ/T 8—2011）、《地籍测绘规范》（CH 5002—1994）、《房产测量规范 第 1 单元：房产测量规定》（GB/T 17986.1—2000）、《1∶500 1∶1 000 1∶2 000 外业数字测图技术规程》（GB/T 14912—2005）、《国家基本比例尺地图图式 第 1 部分：1∶500 1∶1 000 1∶2 000 地形图图式》（GB/T 20257.1—2017）、《国家基本比例尺地图图式 第 2 部分：1∶5 000 1∶10 000 地形图图式》（GB/T 20257.2—2017）、《地籍图图式》（CH 5003—1994）、《基础地理信息要素分类与代码》（GB/T 13923—2006）等。

根据测量任务书和有关的测量规范，并依据所收集的资料（其中包括测区踏勘等资料）来编制技术计划。

技术计划的主要内容有任务概述、测区情况、已有资料及其分析、技术方案的设计、组织与劳动计划、仪器配备及供应计划、财务预算、检查验收计划以及安全措施等。

测量任务书应明确工程项目或编号、设计阶段及测量目的、测图范围（附图）及工作量、对测量工作的主要技术要求和特殊要求，以及上交资料的种类和日期等内容。

在编制技术计划之前，应预先搜集并研究测区内及测区附近已有测量成果资料，扼要说明其施测单位、施测年代、等级、精度、比例尺、规范依据、范围、平面坐标和高程系统、投影带号、标石保存情况及可以利用的程度等。

在测量工作的各生产过程（如野外勘测、选点、造理、观测、计算）中要尽量避免工伤事故和减少仪器设备损坏，确保安全生产。测量人员要熟悉操作方法，执行安全规则，严格遵守规范，注意防病、防火，不断提高劳动生产率，为国家经济建设多做贡献。

测量工作遵循在布局上"由整体到局部"、在精度上"由高级到低级"、在次序上"先控制后碎部"的原则。控制测量的内容在第六章已做详细阐述。碎部测量是以控制点为基础，测定地物、地貌的平面位置和高程，并将其绘制成地形图的测量工作。在碎部测量中，地物的测绘实际上就是地物平面形状的测绘，地物平面形状可用其轮廓点（交点和拐点）或中心点来表示，这些点被称为地物的特征点（又称碎部点）。由此，地物的测绘可归结为地物碎部点的测绘。无论是地物还是地貌，其形态都是由一些特征点（碎部点）的点位所决定。碎部测量的实质就是测绘地物和地貌碎部点的平面位置和高程。

碎部测图的方法有传统测图、地面数字化测图及航空摄影测量等。本章第一、二、三、四、五节介绍传统测图的内容，第六节介绍数字化测图，第七节介绍航空摄影测量，第八节介绍三维激光扫描成图，第九节介绍地籍图测绘。

第一节 测图前的准备工作

传统测图的实质即图解测图，通过测量将碎部点展绘在图纸上，以手工方式描绘地物和地貌，具有测图周期长、精度低等缺点，它是航空摄影测量、地面数字化测图普及以前最主要的大比例尺地形图测绘方法。常用的方法有平板仪测图和经纬仪测图。

一、图纸选用

地形测图一般选用一面打毛的聚酯薄膜作为图纸，其厚度为 0.07～0.1 mm，经过热定形处理，伸缩率小于 0.3‰。聚酯薄膜坚韧耐湿，沾污后可清洗，便于野外作业，可在图纸清绘着墨后直接晒蓝图。但聚酯薄膜易燃，有折痕后不能消失，在测图、使用、保管过程中要注意。

二、绘制坐标格网

地形图是根据控制点进行测绘的，测图之前应将控制点展绘到图纸上。为了能准确地展绘控制点的平面位置，首先要在图纸上精确地绘制直角坐标格网。大比例尺地形图的图幅分 50 cm×50 cm、50 cm×40 cm、40 cm×40 cm 等几种，故直角坐标格网是由边长为 10 cm 的正方形组成，如图 8-1 所示。可以到测绘用品商店购买印制好坐标格网的聚酯薄膜，也可在计算机中用 AutoCAD 软件编辑好坐标格网图形，然后把图形通过绘图仪绘制在图纸上。

绘制或印制好的坐标格网，在使用前必须进行检查，方法是：利用坐标格网尺或直尺检查对角线上各交点是否在一直线上，偏离不应大于 0.2 mm；检查内图廓边长及每方格的边

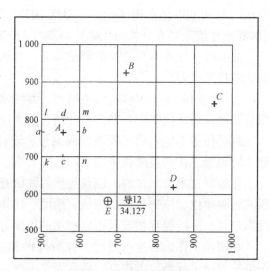

图 8-1 控制点的展绘

长,允许误差为 0.2 mm;每格对角线长及图廓对角线长与理论长度之差的允许值为 0.3 mm。超过允许值时,应将格网进行修改或重绘。根据测区的地形图分幅,确定各幅图纸的范围(坐标值),并在坐标格网外边注记坐标值。

三、展绘控制点

展绘控制点时,首先要确定控制点所在的方格。如图 8-1 中,控制点 A 的坐标 x_A = 764.30 m,y_A = 566.15 m,因此确定其位于 $klmn$ 方格内。从 k 和 n 点向上用比例尺量 64.30 m,得出 a、b 两点,再从 k、l 两点向右量 66.15 m,得出 c、d 两点,连接 ab 和 cd,其交点即控制点 A 在图上的位置。用同样的方法将其他各控制点展绘在图纸上。最后用比例尺量取相邻控制点之间的图上距离与已知距离进行比较,作为展绘控制点的检核,最大误差不应超过图上 ±0.3 mm,否则控制点位应重新展绘。

当控制点的平面位置展绘在图纸上以后,按图式要求绘控制点符号并注记点号和高程,高程注记到毫米。

第二节 碎部点平面位置的测绘方法

测定碎部点坐标的基本方法主要有极坐标法、方向交会法、距离交会法、直角坐标法等。

一、极坐标法

如图 8-2 所示,测定测站点至碎部点方向和测站点至后视点(另一个控制点)方向间的水平角 β_1、β_2、β_3,测定测站点至碎部点 1、2、3 的距离 D_1、D_2、D_3,便能确定碎部点 1、2、3 的平面位置,这就是极坐标法。极坐标法是碎部测量最基本的方法。

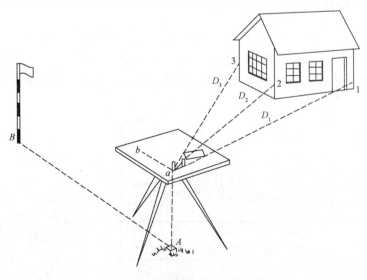

图 8-2 极坐标法测绘地物点

二、方向交会法

如图 8-3 所示，测定测站 A 至碎部点方向和测站 A 至后视点 B 方向间的水平角 β_1，测定测站 B 至碎部点方向和测站 B 至后视点 A 方向间的水平角 β_2，便能确定碎部点的平面位置，这就是方向交会法。当碎部点距测站较远而测距工具只有钢尺或皮尺，或遇河流、水田等测距不便时，可用此法。

三、距离交会法

如图 8-4 所示，测定已知点 1 至碎部点 M 的距离 D_1、已知点 2 至 M 的距离 D_2，便能确定碎部点 M 的平面位置，这就是距离交会法。此处已知点不一定是测站点，可能是已测定出平面位置的碎部点。

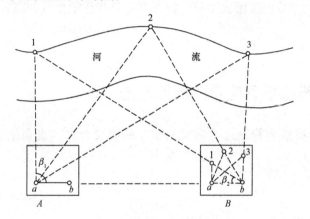

图 8-3　方向交会法测绘地物点

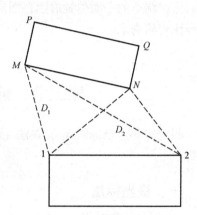

图 8-4　距离交会法测绘地物点

四、直角坐标法

如图 8-5 所示，设 A、B 为控制点，碎部点 1、2、3 靠近 A、B。以 AB 方向为 x 轴，找出碎部点在 AB 上的垂足，用皮尺量出 x、y，即可定出碎部点，此法称为直角坐标法。直角坐标法适用于地物靠近控制点的连线、垂距 y 较短的情况。垂直方向可以用简单工具定出。

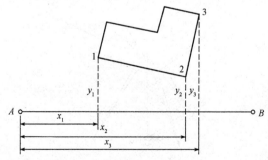

图 8-5　直角坐标法测绘地物点

第三节 经纬仪测绘法

一、碎部点的选择

碎部测量就是测定碎部点的平面位置和高程。地形图的质量在很大程度上取决于立尺员能否正确合理地选择地形点。地形点应选在地物或地貌的特征点上。地物特征点就是地物轮廓的转折、交叉等变化处的点及独立地物的中心点。地貌特征点就是控制地貌的山脊线、山谷线和倾斜变化线等地性线上的最高、最低点，坡度和方向变化处、山头和鞍部等处的点（图8-6）。

图 8-6　碎部点的选择

地形点的密度主要取决于地形的复杂程度，也取决于测图比例尺和测图的目的。测绘不同比例尺的地形图，对碎部点间距以及碎部点距测站的最远距离有不同的限定。表 8-1、表 8-2 给出了地形点最大间距以及用视距测量方法测量距离时的最大视距的允许值。

表 8-1　地形点最大间距和最大视距（一般地区）

测图比例尺	地形点最大间距/m	最大视距/m	
		主要地物特征点	次要地物特征点
1:500	15	60	100
1:1 000	30	100	150
1:2 000	50	130	250
1:5 000	100	300	350

表 8-2　地形点最大间距和最大视距（城镇建筑区）

测图比例尺	地形点最大间距/m	最大视距/m	
		主要地物特征点	次要地物特征点
1:500	15	50	70
1:1 000	30	80	120
1:2 000	50	120	200

二、测站的测绘工作

经纬仪测绘法的实质是极坐标法。先将经纬仪安置在测站上，绘图板安置于测站旁边。

用经纬仪测定碎部点方向与已知方向之间的水平角,并以视距测量方法测定测站点至碎部点的距离和碎部点的高程。然后根据测定的数据用半圆仪和比例尺把碎部点的平面位置展绘于图纸上,并在点的右侧注记高程,对照实地勾绘地形。全站仪代替经纬仪测绘地形图的方法,称为全站仪测绘法。其测绘步骤和过程与经纬仪测绘法类似。

经纬仪测绘法测图操作简单、灵活,适用于各种类型的测区。以下介绍经纬仪测绘法一个测站的测绘工作程序。

1. 安置仪器和图板

如图 8-7 所示,观测员安置经纬仪于测站点(控制点)A 上,包括对中和整平。量取仪器高 i,测量竖盘指标差 x。记录员在碎部测量手簿中记录,包括表头的其他内容。绘图员在图上同名点 a 安置半圆仪。

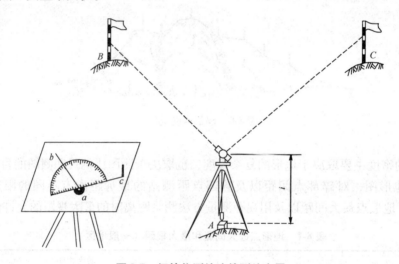

图 8-7 经纬仪测绘法的测站安置

2. 定向

经纬仪置于盘左位置,照准另外一已知控制点 B 作为后视方向,置水平度盘 $0°00'00''$。绘图员在图上同名方向 ab 上画一短直线,短直线过半圆仪的半径,作为半圆仪读数的起始方向线。

3. 立尺

司尺员依次将水准尺立在地物、地貌特征点上。立尺时,司尺员应弄清实测范围和实地概略情况,选定立尺点,并与观测员、绘图员共同商定跑尺路线。

4. 观测

观测员照准水准尺,读取水平角 β、视距间隔 l、中丝读数 v 和竖盘读数 L。

5. 记录

记录员将读数依次记入手簿。有些手簿视距间隔栏为视距 Kl,由观测者直接读出视距值。对于有特殊作用的碎部点,如房角、山头、鞍部等,应在备注中加以说明(见表 8-3)。

表 8-3　碎部测量手簿

测站：A　　　　后视点：B　　　　仪器高 i：1.42 m　　　　测站高程：$H_A = 100.00$ m

点号	尺间隔 /m	中丝读数 /m	竖盘读数 /(° ′)	水平角 /(° ′)	竖直角 /(° ′)	水平距离 /m	高差 /m	高程 /m	备注
1	0.760	1.42	93 28	114 00	−3 28	75.7	−4.59	95.41	山脚
2	0.750	2.42	93 00	132 30	−3 00	74.8	−4.92	95.08	山脚
3	0.514	1.42	91 45	147 00	−1 45	51.4	−1.57	98.43	鞍部
4	0.257	1.42	87 26	178 25	+2 34	25.6	+1.15	101.15	山顶

6. 计算

记录员依据视距间隔 l、中丝读数 v、竖盘读数 L 和竖盘指标差 x、仪器高 i、测站高程点 $H_{站}$，按视距测量公式计算水平距离和高程。

7. 展绘碎部点

绘图员转动半圆仪，将半圆仪上等于 $β$（例如某碎部点为 114°00′）的刻划线对准起始方向线，如图 8-8 所示，此时半圆仪零刻划方向即该碎部点的图上方向。根据图上距离 d，用半圆仪零刻划边所带的直尺按比例标定出碎部点的图上位置，用铅笔在图上点示，并在点的右侧注记高程。同时，应将有关地形点连接起来，并检查测点是否有错。

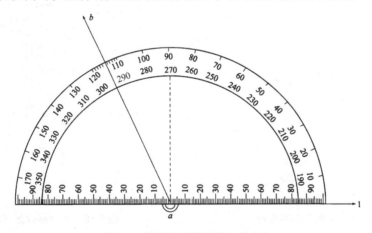

图 8-8　半圆仪展绘碎部点的方向

8. 测站检查

为了保证测图正确、顺利地进行，必须在新测站工作开始时进行测站检查。检查方法是在新测站上测量已测过的地形点，检查重复点精度在限差内即可；否则应检查测站点是否展错。此外，在工作中间和结束前，观测员可利用时间间隙照准后视点进行归零检查，归零差不应大于 4′。在每测站工作结束时进行检查，确认地物、地貌无错测或漏测后，方可迁站。

当测区面积较大，分成若干图幅测图时，为了相邻图幅的拼接，每幅图应测至图廓外 5 mm。

第四节　平板仪测图原理

平板仪测图是以相似形理论为依据,以图解法为手段,将地面点的平面位置和高程测绘到图纸上而形成地形图的技术。平板仪测图是测绘大比例尺地形图的一种常规方法。

如图 8-9 所示,设在地面上有 A、B 两已知控制点,欲测待定点 C 的平面位置和高程。在 B 点上水平地安置一块图板,将已按测图比例尺展绘出 A、B 两控制点的图纸固定在平板上,通过平移平板使图上 b 点和地面上 B 点在同一铅垂线上;通过平移、转动平板,根据放在图上 ba 方向上的瞄准器,使图上 ba(bm)方向与实地 BA 方向位于同一铅垂面内;固定图板,用瞄准器将通过 BC 所作铅垂面与图板的交线 bn 画出,此时便已将 $\angle ABC$ 的水平角值 β 在图上用图解的方法画出(即 $\angle mbn = \beta$);用视距测量的方法测出地面上 B、C 两点间的水平距离 D 和 C 点高程,依比例尺在图上从 b 起,沿 bn 方向依比例尺量取 b、c 间图上距离 d,即得图上 c 点。将测量得到的高程注记在图上点位的旁边。这就是平板仪测量地形图的原理。

图 8-10 所示为大平板仪及其附件。大平板仪的平板由图板、基座和三脚架组成,可对其进行对中、整平、定向等安置,并用于绘方向线、展绘碎部点等绘图工作。照准仪主要由望远镜、竖盘和直尺组成,用于视距测量及绘图。此外还有对点器、定向罗盘和圆水准器等附件。

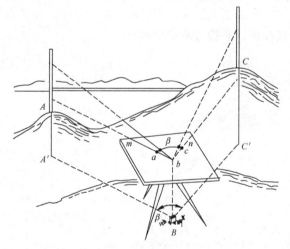

图 8-9　平板仪测图原理

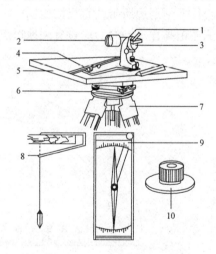

图 8-10　大平板仪及其附件

1—照准仪；2—望远镜；3—竖盘；
4—直尺；5—图板；6—基座；7—三脚架；
8—对点器；9—定向罗盘；10—圆水准器

第五节　地形图的绘制

一、地物测绘

在测绘地形图时,地物测绘的质量主要取决于是否正确、合理地选择地物特征点,如房角、道路边线的转折点、河岸线的转折点、电杆的中心点等。主要的特征点应独立测定,一些次要特征点可采用量距、交会、推平行线等几何作图方法绘出。

一般规定，主要建筑物轮廓线的凹凸长度在图上大于 0.4 mm 时，都要表示出来。如在 1∶500 比例尺的地形图上，主要地物轮廓凹凸大于 0.2 mm 时应在图上表示出来。对于大比例尺测图，应按如下原则进行取点。

（1）有些房屋凹凸转折较多时，可只测定其主要转折角（大于 2 个），量取有关长度，然后按其几何关系用推平行线法画出其轮廓线。

（2）对于圆形建筑物可测定其中心并量其半径绘图；或在其外廓测定三点，然后用作图法定出圆心，绘出外廓。

（3）公路在图上应按实测两侧边线绘出；大路或小路可只测一侧边线，另一侧按测得的路宽绘出。

（4）道路转折点处的圆曲线边线应至少测定三个点（起点、终点和中点）绘出。

（5）围墙应实测其特征点，按半比例符号绘出其外围的实际位置。

对于已测定的地物点应连接起来的要随测随连，以便将图上测得的地物与地面上的实体对照。这样，测图时如有错误和遗漏，就可以及时发现，给予修正或补测。

地物特征点的测绘方法前面已有叙述。在测图过程中，根据地物情况和仪器状况选择不同的测绘方法，如极坐标法、方向交会法、距离交会法或直角坐标法。

二、地貌勾绘

在测出地貌特征点后，即可勾绘等高线。勾绘等高线时，首先用铅笔轻轻描绘出山脊线、山谷线等地性线。由于等高距都是整米数或半米数，因此基本等高线通过的地面高程也都是整米数或半米数。由于所测地形点大多数不会正好就在等高线上，因此必须在相邻地形点间，先用内插法定出基本等高线的通过点，再将相邻同高程的点参照实际地貌用光滑曲线进行连接，即勾绘出等高线。不能用等高线表示的地貌，如悬崖、峭壁、土堆、冲沟、雨裂等，应按图式中标准符号表示。对于不同的比例尺和不同的地形，基本等高距也不同。

等高线的内插如图 8-11 所示，等高线的勾绘如图 8-12 所示。等高线应在现场边测图边勾绘，要运用等高线的特性，至少应勾绘出计曲线，以控制等高线的走向，以便与实地地形相对照，可以当场发现错误和遗漏，并能及时纠正。

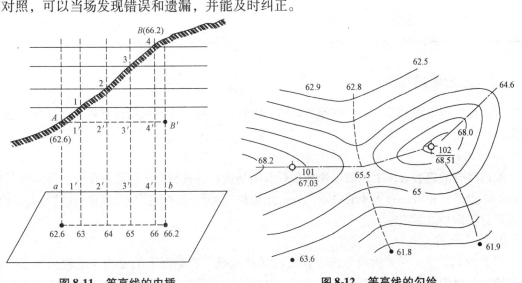

图 8-11　等高线的内插　　　　**图 8-12　等高线的勾绘**

三、地形图的拼接

测区面积较大时，整个测区必须划分为若干幅图进行施测。这样，在相邻图幅连接处，由于测量和绘图误差的影响，无论是地物轮廓线还是等高线，往往不能完全吻合。图 8-13 所示为两图幅相邻边的衔接情况，房屋、道路、等高线都有误差。拼接不透明的图纸时，用宽约 5 cm 的透明图纸蒙在左图幅的图边上，用铅笔把坐标格网线、地物、地貌勾绘在透明纸上，然后把透明纸按坐标格网线位置蒙在右图幅衔接边上。同样，用铅笔勾绘地物和地貌，同一地物和等高线在两幅图上不重合时，就是接边误差。当用聚酯薄膜进行测图时，不必勾绘图边，利用其自身的透明性，可将相邻两幅图的坐标格网线重叠，就可量化地物和等高线的接边误差。若地物、等高线的接边误差不超过表 8-4 中规定的地物点平面位置中误差、等高线高程中误差的 $2\sqrt{2}$ 倍，则可取其平均位置进行改正。若接边误差超过规定限差，则应分析原因，到实地测量检查，以便得到纠正。

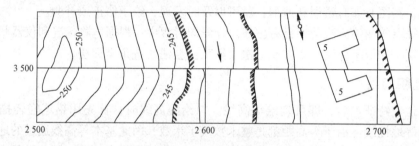

图 8-13 地形图的拼接

表 8-4 地物点平面位置中误差和等高线高程中误差

地区类别	点位中误差	平地	丘陵地	山地	高山地	铺装地面
山地、高山地	图上 0.8 mm	高程注记点的高程中误差				
		$h/3$	$h/2$	$2h/3$	h	0.15 m
城镇建筑区、工矿建筑区、平地、丘陵地	图上 0.6 mm	高程注记点的高程中误差				
		$h/2$	$2h/3$	h	h	

四、地形图的检查

为了确保地形图的质量，除在施测过程中加强检查外，在地形图测完后，还必须对成图质量进行全面检查。

1. 室内检查

室内检查的内容有图上地物、地貌是否清晰易读；各种符号注记是否正确；等高线与地形点的高程是否相符，有无矛盾可疑之处；图边拼接有无问题等。如发现错误或疑问，应到野外进行实地检查解决。

2. 外业检查

（1）巡视检查。检查时应带图沿预定的线路巡视，将原图上的地物、地貌和相应实地上的地物、地貌对照。查看图上有无遗漏，名称注记是否与实地一致等。这是检查原图的主要方法，一般应在整个测区范围内进行，特别是应对接边时所遗留的问题和室内图面检查时发现的问题做重点检查。发现问题后应当场解决，否则应设站检查纠正。

（2）仪器检查。对于室内检查和外业检查中发现的错误、遗漏和疑点，应用仪器进行补测与检查，并进行必要的修改。仪器检查量一般为10%。把测图仪器重新安置在图根控制点上，对一些主要地物和地貌进行重测。如发现点位误差超限，应按正确的观测结果修正。

五、地形图的整饰

地形图经过上述拼接和检查后，还应清绘和整饰，使图面更加合理、清晰、美观。整饰次序是先图内后图外，图内应先注记后符号，先地物后地貌，并按规定的图式进行整饰。图外应按图式要求书写出图名、图号、比例尺、坐标系统和高程系统、施测单位和日期等。如是地方独立坐标，还应画出正北方向。

六、验收

验收是在委托人检查的基础上进行的，以鉴定各项成果是否合乎规范及有关技术指标的要求（或合同要求）。首先检查成果资料是否齐全，然后在全部成果中抽出一部分做全面的内业、外业检查，其余则进行一般性检查，以便对全部成果质量做出正确的评价。对成果质量的评价一般分优、良、合格和不合格四级。对于不合格的成果，应按照双方合同约定进行处理，或返工重测，或经济赔偿，或既赔偿又返工重测。

第六节　数字化测图

随着科学技术的进步，信息化测量仪器——全站仪的广泛应用，以及微型计算机硬件和软件的迅猛发展，促进了地形测绘的自动化，常规的白纸测图正逐渐被数字化测图所取代。测量的成果不仅是绘制在纸上的地形图，更重要的是提交可供传输、处理、共享的数字化地形信息，即以计算机磁盘为载体的数字化地形图，这将成为信息时代不可缺少的地理信息的重要组成部分。所以，数字化测图是地形测绘发展的技术前沿。实现数字化地形测图降低了测图工作强度，提高了作业效率，缩短了成图周期。数字化地形测图使地形图的编绘、保存、修测更为方便。更为重要的是，数字化地形图为用图者提供了更为先进的信息技术基础，使CAD、优化设计得以实现并更为方便。广义的数字化测图主要包括地面（野外）数字化测图、地图数字化成图、摄影测量和遥感数字化测图。狭义的数字化测图指地面数字化测图。

一、数字地图与白纸线划图的区别

数字地图就是用数字形式（而不是在纸上或其他介质上以图解形式）存储全部地图信息的"地图"，它是用数字形式描述地形要素的属性、定位和关系信息的数据集合，是存储在具有直接存取性能的介质上的关联数据文件。当然，数字地图可以用与白纸线划图相同的图式绘出。数字地图与白纸线划图的主要区别如表8-5所示。

表 8-5　数字地图与白纸线划图的主要区别

地物类型	白纸线划图图式符号	数字地图存储
非比例符号（路灯）		$(3521, x, y)$ 3521——路灯的代码 x, y——地理元素的空间坐标
半比例符号（铁路）		$\{4110, (x_1, y_1), (x_2, y_2), \cdots, (x_i, y_i), \cdots, (x_n, y_n)\}$ 4110——铁路的代码 (x_i, y_i)——各特征点坐标
比例符号（旱田）		$\{9220, (x_1, y_1), (x_2, y_2), \cdots, (x_i, y_i), \cdots, (x_n, y_n)\}$ 9220——旱田的代码 (x_i, y_i)——各特征点坐标
文字注记	直接书写	（文字, x, y, 高度, 角度）

二、数字化测图的作业模式

大比例尺数字化测图主要有数字测记和电子平板测绘两种模式。数字测记模式用全站仪测量、电子手簿记录，对复杂地形配画人工草图，到室内将测量数据由记录器传输到计算机，由计算机自动检索编辑图形文件，配合人工草图进一步编辑、修改，自动成图。该模式在测绘复杂的地形图、地籍图时，需要现场绘制包括每一碎部点的草图，但其具有测量灵活，系统硬件对地形、天气等条件的依赖性较小，可由多台全站仪配合一台计算机、一套软件生产，易形成规模化生产等优点。电子平板测绘模式用全站仪测量，用加装了相应测图软件的便携机（电子平板仪）与全站仪通信，由便携机实现测量数据的记录、解算、建模，以及图形编辑、图形修正，实现了内外业一体化。该测图模式现场直接生成地形图，即测即显，所见即所得。但便携机在野外作业时，对阴雨天、暴晒或灰尘等条件难以适应。另外，把室内编辑图的工作放在外业完成会增加测图成本。目前具有图像数据采集、处理等功能的掌上电脑取代便携机的袖珍电子平板测图系统，解决了系统硬件对外业环境要求较高的问题。随着 GPS 实时动态定位技术（RTK）的迅速发展，以 RTK 型 GPS 接收机作为数据采集的作业模式也已广泛应用。此外，可用扫描仪对已有地图扫描获得栅格数据，再用专业软件转化为矢量数据；也可用专业数字化仪器对已有地图数字化。下面简单介绍大比例尺数字化测图的主要工作内容及方法。

三、大比例尺数字化测图的主要工作内容及方法

1. 地形编码

在进行数字化测图时，对某一碎部点的描述必须具备点的三维坐标、属性和连接关系三方面的信息，为实现计算机自动化成图，必须对所测碎部点的这些信息进行编码。这种信息编码应执行统一的标准，例如《基础地理信息要素分类与代码》（GB/T 13923—2006），在该标准中，地形信息的编码由四部分组成：大类码、小类码、一级代码、二级代码，分别用 1 位十进制数字顺序排列。大类码是测量控制点，分为平面控制点、高程控制点、GPS 点和其他控制点四个小类码，编码分别为 11、12、13 和 14。小类码又分若干一级代码，一级代

码又分若干二级代码。如小三角点是第 3 个一级代码，5″小三角点是第 1 个二级代码，则小三角点的编码是 113，5″小三角点的编码是 1131。基础地理信息（1:500　1:1 000　1:2 000 地形图部分）要素分类与代码如表 8-6 所示。

表 8-6　基础地理信息（1:500　1:1 000　1:2 000 地形图部分）要素分类与代码

代　码	名　称	代　码	名　称
110000	测量控制点	300000	居民地及设施
110202	水准点	310000	居民地
110102	三角点	310200	街区面
110302	卫星定位等级点	310 300	单幢房屋
⋮	⋮	310500	高层房屋
200000	水系	⋮	⋮
210000	河流	400000	交通
		410000	铁路
220000	沟渠	420000	城际公路
⋮	⋮		
230000	湖泊	430000	城市道路
240000	水库	440000	乡村公路
		450000	道路构造物及附属设施
⋮	⋮	⋮	⋮

新规范中将注记与所描述的对象联系，并在对象要素分类编码的第 7 位扩充码上进行扩充，即将注记分为两种：一种是有要素实体对应的注记；另一种是没有实体对应的地名注记。对于有实体对应的注记代码，在所对应的要素代码的第 7 位加 9，如常年河的"地面河流"名称代码为 2101019。对于没有实体对应的地名注记，其中具有行政意义的居民地名称在大、中比例尺中与"310900 行政机构位置标识"小类下的子类相对应，在小比例尺中与"310100 城镇、村庄"小类下的子类相对应。而区域性的表面注记，如"陕西省"则对应于"6 境界"中所表示的"区域"，一些山名和山峰名则对应于"75 自然地貌"，其代码为"7500009"。

2. 连接信息

连接信息可分解为连接点和连接线形。当测点是独立地物时，只要用地形编码来表明它的属性即可，而一个线状或面状地物，就需要明确本测点与何点相连，以何种线形相连。所谓线形是指直线、曲线、圆弧或独立点等，可分别用 1、2、3、0 或空白为代码。如图 8-14 所示，测量一条小路，假设小路的编码为 562，其记录格式如表 8-7 所示，表中略去了观测值，点号同时也代表测量碎部点的顺序。

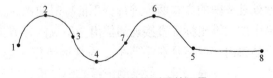

图 8-14　数字化测图的记录

表 8-7 测点数字记录格式

单 元	点 号	编 码	连接点	连接线形
第一单元	1	562	1	2
	2	562		
	3	562		
	4	562		
第二单元	5	562	5	2
	6	562		
	7	562	4	
第三单元	8	562	5	1

对于一个测点，有了其三维坐标、编码和连接信息，就具备了计算机自动成图的必要条件。当然，数字化测图软件还需对记录中的信息进行进一步的整理。

3．测点信息的采集与输入

（1）电子平板测图模式下的信息采集。由于电子平板测图内外业一体化，实时成图，所以测点的信息采用全站仪直接传入和人工键入方法输入，以清华山维的 EPSW 软件为例，编写了极坐标测量记录窗口。当选用极坐标测量时，弹出此窗口。测点时，由全站仪自动输入测量数据，键入其他信息，确保点的各项记录齐全可靠。

①点号：即点的测量顺序号。第一个点号输入以后，其后的点号不必再由人工输入。每测一个点，点号自动累加1，一个测区内点号是唯一的，不能重复。

②编码：顺序测量时同类编码只输入一次，其后的编码由程序自动默认。只有测点编码变换时才输入新的编码。

③H、V、S 或 Y、X、H 各项：由全站仪观测并自动记录。

④觇标高：由人工键入，输入一次以后，其余测点的觇标高则由程序默认（自动填入原值）。只有觇标高改变了，才需重新键入。

⑤连接点：凡与上一点相连时，程序在连接点栏自动默认上一点点号。当需要与其他点相连时，则需键入该连接点的点号。电子平板系统可在便携机的显示屏上，用光笔或鼠标捕捉连接点，其点号将自动填入记录框。

⑥线形：表明点间（本点与连接点间）的连接线形。可用光标或鼠标单击直线按钮，改变线形时自动加入线形代码，直线为1，曲线为2，圆弧为3，三点才能画圆或弧；独立点则为空。

此外，EPSW 软件还为完善测图系统设计了其他功能项，如"方向"按钮可随时修正有向符号的方向等。

（2）数字测记模式下的信息采集。由于数字测记模式测图是采用野外观测并记录、内业处理成图的方式两步进行，不能实时成图，所以对外业信息采集过程的要求更高，测点信息中的三维坐标等直接观测值由全站仪内存或记录手簿直接记录，测点号、编码由手工输入全站仪内存或记录在手簿中，与观测数据一起记录，测点号可自行累加，编码默认上一点值，可减少输入量。数字测记模式中最难记录的是连接信息，有的测图软件是在编码中解决测点顺序连接问题，例如在 4 位编码的基础上增加地物顺序码和测点顺序码等。但仅靠编码仍不能完全解决问题，应使用现场绘制已标注各碎部点点号的草图，帮助记忆。

4. 数据处理

将野外实测数据输入计算机，计算机用程序对控制点进行平差处理，求出测站点坐标 x、y、H，再计算出各碎部点坐标 x_i、y_i、H_i，将其按编码分类、整理，形成地形编码对应的数据文件。一个是带有点号、编码的坐标文件，录有全部点的坐标；另一个是连接信息文件，含有所有点的连接信息。

5. 绘图

首先建立一个与地形编码相应的"地形图图式"符号库，供绘图使用。绘图程序根据输入的比例尺、图廓坐标、已生成的坐标文件和连接信息文件，按编码分类、分层进入房屋、道路、水系、独立地物和植被及地貌等各层，进行绘图处理，生成绘图命令，并在屏幕上显示所绘图形，再根据操作员的人为判断，对屏幕图形做最后的编辑、修改。经过编辑、修改的图形生成图形文件，由绘图仪绘制出地形图，采用打印机打印出必要的控制点成果数据。

将实地采集的地物、地貌特征点的坐标和高程，经过计算机处理，自动生成不规则的三角形（TIN），建立起数字地面模型（DTM）。该模型的核心目的是用内插法求得任意已知坐标点的高程。据此可以内插绘制等高线和断面图，为道路、管线、水利等工程设计服务，还能根据需要随时取出数据，绘制任何比例尺的地形原图。

四、CASS 9.0 地形地籍成图软件简介

数字化测图的内业必须借助专业的数字化测图软件来完成，数字化测图软件是数字化测图系统中重要的组成部分。目前国内常用的数字化测图软件有十余种，下面仅对南方测绘仪器公司推出的综合性数字化测图软件（CASS 9.0）做简单介绍。

CASS 9.0 地形地籍成图软件是基于 AutoCAD 平台的数字化测图系统，具有完备的数据（图形）采集、数据处理、图形生成、图形编辑、图形输出等功能，能方便、灵活地完成数字化测图工作。它还具有土方量计算、断面图绘制、宗地图绘制、地籍表格制作、图幅管理、与 GIS 接口等数字地图应用与管理功能。CASS 9.0 软件广泛用于地形地籍成图、工程测量、GIS 空间数据建库等领域。

1. 定显示区

定显示区就是通过坐标数据文件中的最大、最小坐标定出屏幕窗口的显示范围。

进入 CASS 9.0 主界面，单击"绘图处理"项，即出现如图 8-15 所示的下拉菜单。

然后将光标移至"定显示区"项，使之以高亮显示，单击，即出现一个对话框，如图 8-16 所示。这时需要输入坐标数据文件名。可参考 Windows 选择打开文件的方法操作，也可直接通过键盘输入，在"文件名（N）："（即光标闪烁处）输入"C:\CASS 9.0\DEMO\STUDY.DAT"，再移动光标至"打开（O）"处，单击。这时命令区显示：

图 8-15 "定显示区"菜单

最小坐标（米）：X = 31 056.221，Y = 53 097.691
最大坐标（米）：X = 31 237.455，Y = 53 286.090

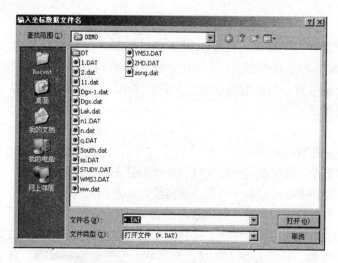

图 8-16 选择"定显示区"数据文件

2. 选择测点点号定位成图法

单击屏幕右侧菜单区的"测点点号"项,即出现图 8-17 所示的对话框。

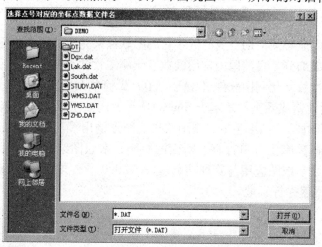

图 8-17 选择"点号定位"数据文件

输入点号坐标数据文件名"C：\CASS 9.0\DEMO\STUDY.DAT"后,命令区提示：

读点完成！ 共读入 106 个点

3. 展点

先单击屏幕的顶部菜单"绘图处理"项,这时系统弹出一个下拉菜单。再单击"绘图处理"下的"展野外测点点号"项,如图 8-18 所示。

在出现的对话框中输入对应的坐标数据文件名"C：\CASS 9.0\DEMO\STUDY.DAT"后,便可在屏幕上展出野外测点的点号,如图 8-19 所示。

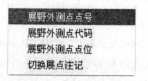

图 8-18 选择"展野外测点点号"项

第八章 大比例尺地形图测绘

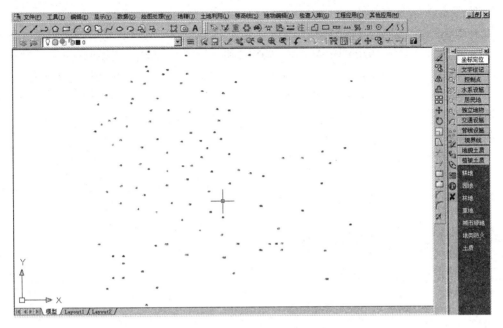

图 8-19 STUDY.DAT 展点图

4. 绘平面图

灵活使用工具栏中的缩放工具可以对图进行局部放大以方便编图。先把左上角放大，单击右侧屏幕菜单的"交通设施/城际公路"按钮，弹出如图 8-20 所示的界面。

找到"平行的高速公路"并选中，再单击"确定"按钮，命令区提示"输入比例尺"，然后依次输入点号进行连接，可以选择拟合或不拟合，可以选择边点式或边宽式，绘出道路的另一边。这时平行高速公路就做好了，如图 8-21 所示。

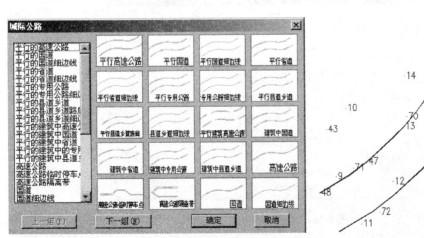

图 8-20 单击屏幕菜单"交通设施/城际公路"，弹出界面

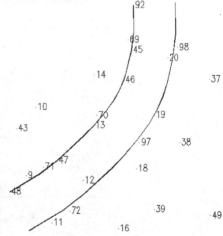

图 8-21 做好一条平行高速公路

绘制居民地、地貌土质、独立地物、水系设施、管线设施、植被园林时，方法类似绘制交通设施，软件中都有现成的图式符号。

5. 绘等高线

(1) 展高程点：执行"绘图处理"菜单下的"展高程点"命令，将会弹出数据文件的对话框，找到"C：\ CASS 9.0 \ DEMO \ STUDY. DAT"，单击"确定"按钮，命令区提示"注记高程点的距离（米）："，直接按 Enter 键，表示不对高程点注记进行取舍，全部展出来。

(2) 建立 DTM 模型：执行"等高线"菜单下"建立 DTM"命令，弹出如图 8-22 所示的对话框。根据需要选择建立 DTM 的方式和坐标数据文件名，然后选择建模过程是否考虑陡坎和地性线，单击"确定"按钮，生成如图 8-23 所示的 DTM 模型。

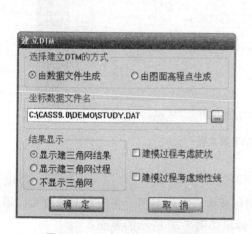
图 8-22 "建立 DTM"对话框

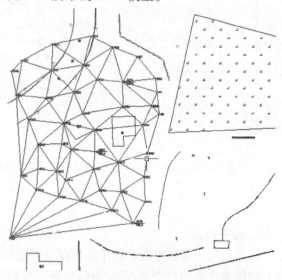
图 8-23 生成 DTM 模型

(3) 绘等高线：单击"等高线/绘制等高线"按钮，弹出如图 8-24 所示的对话框。

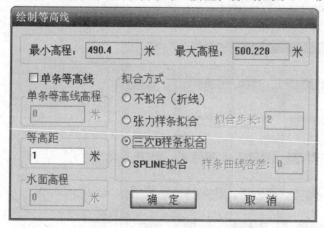
图 8-24 "绘制等高线"对话框

输入等高距，选择拟合方式后单击"确定"按钮，则系统马上绘制出等高线。再执行"等高线"菜单下的"删三角网"命令，这时屏幕显示如图 8-25 所示。

(4) 等高线的修剪：利用"等高线"菜单下的"等高线修剪"二级菜单，如图 8-26 所示。

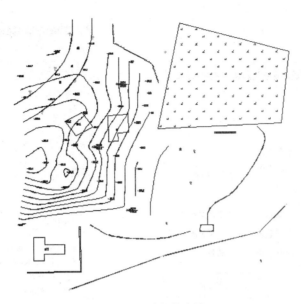

图 8-25　绘制等高线

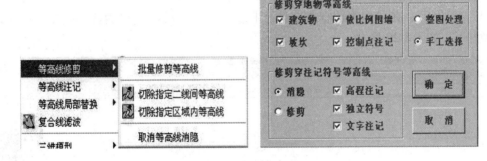

图 8-26　"等高线修剪"菜单

单击"批量修剪等高线"按钮，在弹出的对话框中选择"建筑物"，软件将自动搜寻穿过建筑物的等高线并将其进行整饰。单击"切除指定二线间等高线"按钮，根据提示依次单击左上角的道路两边，CASS 9.0 将自动切除等高线穿过道路的部分。

6. 加注记

下面演示在平行等外公路上加"经纬路"三个字。

单击右侧屏幕菜单的"文字注记－通用注记"项，弹出如图 8-27 所示的界面。

首先在需要添加文字注记的位置绘制一条拟合的多功能复合线，然后在注记内容中输入"经纬路"并选择注记排列和注记类型，输入文字大小，单击"确定"按钮后选择绘制的拟合多功能复合线即可完成添加注记。

7. 加图框

执行"绘图处理"菜单下的"标准图幅（50×40）"命令，弹出如图 8-28 所示的对话框。

 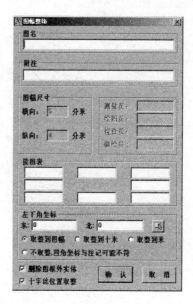

图 8-27 "文字注记信息"对话框　　　　图 8-28 "图幅整饰"对话框

在"图名"栏里，输入"建设新村"；在"左下角坐标"的"东""北"栏内分别输入"53073""31050"；在"删除图框外实体"栏前打钩，然后单击"确认"按钮。这样这幅图就做好了，如图 8-29 所示。

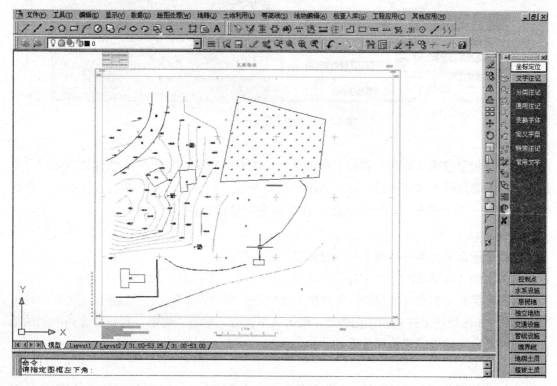

图 8-29 加图框后的图幅

第七节 航空摄影测量简介

航空摄影测量是利用摄影相片，经过处理以获取所摄取地物的形状、大小、位置特性及其相互关系的技术。这种方法可将大量外业测量工作转移到室内完成，具有成图快、精度均匀、成本低、不受气候和季节限制等优点。1:1万~1:10万国家基本图及1:5 000、1:2 000，甚至部分1:1 000及1:500的大比例尺地形图均可采用这种方法测制。

一、航摄相片的基本知识

目前，摄影测量技术已经由模拟法摄影测量、解析法摄影测量发展到数字摄影测量。数字摄影测量是指从摄影测量所获取的数据中，采用数字摄影影像或数字化影像，在计算机中进行各种数值和图像处理，来研究目标的几何和物理特性，从而获得各种形式的数字化产品和目视化产品。

航摄相片是采用航空摄影机在飞机上对地面摄影得到的，是测图的基本资料。航摄一般要在晴朗无云的天气进行，按选定的航高在测区内已规划好的航线上飞行，对地面连续摄影。目前国内的数字摄影测量软件有由中国测绘科学研究院研制的数字摄影测量系统 JX - 4A（DPW）和由原武汉测绘科技大学（今武汉大学测绘学院）研制的数字摄影测量系统 VirtuoZo NT。系统采用与解析测图仪上相类似的手轮和脚盘及相应的接口设备进行立体量测，并用软件实现图像平滑、快速漫游，以提高立体量测的性能。

航摄相片影像范围的大小叫像幅。通常采用的像幅有 18 cm×18 cm、23 cm×23 cm 等。航空摄影得到的相片要能覆盖整个测区，并有一定的重叠度。所谓重叠度是指两张相邻相片之间重叠影像的长度占整张相片的比例。如图 8-30 所示，航摄规范规定航向重叠为 60% ~ 65%，旁向重叠为 15% ~ 30%。航摄相片四周有框标标志，依据框标可以量测出像点坐标。航摄相片与地形图相比有如下特点。

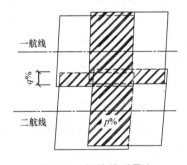

图 8-30　相片的重叠度

1. 投影方向的差别

地形图是铅垂投影，是利用平行光束将地面上的地物、地貌铅垂投影到水平面上，缩小后绘制而成。因此投影面上任意两点间的距离与相应空间两点间的水平距离之比是一个常数，即测图比例尺。航摄相片是中心投影。如图 8-31 所示，地面上 A 点发出的光线通过航摄仪镜头 S 交底片于 a 点，镜头节点 S 到地面的铅垂距离称为航高，以 H 表示，从节点 S 到底片的距离为摄影机焦距 f。由图可得到相片的比例尺为

$$\frac{1}{M} = \frac{ab}{AB} = \frac{d}{D} = \frac{f}{H}$$

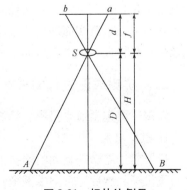

图 8-31　相片比例尺

2. 地面起伏引起像点位移

由图 8-31 及航摄相片比例尺公式可知，只有当地面绝对平坦，并且摄影时相片又能严格水平时，中心摄影才与地形图所要求的垂直摄影投影保持一致。由于地面起伏引起像点在相片上的位移所产生的误差，称为投影误差。如图 8-32 所示，A、B 为两个地面点，它们对基准面 T_0 的高差为 h_a（+）和 h_b（−），A_0 和 B_0 为地面点在基准面 T_0 上的铅垂投影点，a、b 为地面点在相片上的投影，线段 aa_0、bb_0 即地面起伏引起的在中心投影相片上产生的像点位移，称为投影误差。

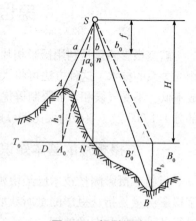

图 8-32 投影误差

投影误差的大小与地面点对基准面 T_0 的高差成正比，高差越大，投影误差也越大。在基准面的地面点，投影误差为零。由此可见，投影误差可随选择基准面的不同而改变。因此，在航测内业中，可根据少量的地面已知高程点，采取分层投影的方法，将投影误差限制在一定的范围内，使之不影响地面点的精度。

3. 航摄相片倾斜误差

由于相片倾斜引起像点位移所产生的误差称为倾斜误差。如图 8-33 所示，当航摄相片倾斜时，本来在水平相片的 a_0、b_0、c_0、d_0 四个点，由于倾斜误差的存在会使相片各处的比例尺不一致。对此，航测内业中可利用少量的地面已知控制点，采取相片纠正的方法予以消除。

4. 表示方法和表示内容不同

在表示方法上，地形图是按成图比例尺所规定的地形图符号来表示地物和地貌的，而相片反映实地的影像，它是由影像的大小、形状、色调来反映地物和地貌的。在表示的内容上，地形图常用注记符号对地物和地貌符号做补充说明，如村名、房屋类型、道路等级、河流的深度和流

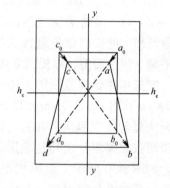

图 8-33 倾斜误差

向、地面的高程等，而这些在相片上是表示不出来的。因此，对航摄相片必须进行航测外业的调绘工作。利用相片上的影像进行判读、调查和综合取舍，然后按统一规定的图式符号，把各类地形元素真实而准确地描绘在相片上。所谓相片判读，就是在航摄相片上根据物体的成像规律和特征，识别出地面上相应物体的性质、位置和大小。

二、航测成图过程简介

航测成图包括航空摄影、控制测量和调绘、测图三个过程。

1. 航空摄影

摄影前，需做一系列的准备工作，如制订飞行计划、在地图上标出航线、检验摄影仪、租用飞机等。然后进行空中摄影，摄取地面的影像，经过显影、定影、水洗和晒干等工序获得底片，晒印成正片后，供各作业部门使用。

2. 控制测量与调绘

把相片制成地形图是以地面控制点为基础的，因此必须具有足够数量的控制点。这些控制点，在已有的大地控制点的基础上进行加密，其步骤分为野外控制测量和室内控制加密。

（1）野外控制测量。携带仪器和航空相片到野外，根据已知测量控制点，用第六章所讲的控制测量方法，测定相片控制点的平面坐标和高程，并对照实地将所测点的位置精确地刺到相片上。这项工作也称相片联测。

（2）室内控制加密。由于野外测定的控制点数量还不够，需要在室内进一步加密。可根据野外测定的相片控制点，用解析法、图解法来加密。由于计算机技术的发展，解析空中三角测量进行室内加密控制点的方法被广泛使用。

相片调绘就是利用航摄相片进行调查和绘图。具体来说，就是利用相片到实地识别相片上各种影像所反映的地物、地貌，根据用图的要求进行适当的综合取舍，按图式规定的符号将地物、地貌元素描绘在相应的影像上。同时，还要调查地形图上所必须注记的各种资料，并补测地形图上必须有而相片上未能显示出的地物，最后进行室内整饰和着墨。

3. 测图

由于地形的不同和测图要求的不同，目前采用以下三种主要的成图方法。

（1）综合法。在室内利用航摄相片确定地物的平面位置，其名称和类别等通过外业调绘确定，等高线则在野外用常规方法，在纠正为测图比例的相片上测绘。它综合了航测和地形测量两种方法，故称为综合法。此法适用于平坦地区作业。

（2）微分法。在野外控制测量和调绘完成后，在室内进行控制点的加密。然后在室内用立体量测仪测定等高线，再通过分带投影转绘的方法确定地物的平面位置。因为立体量测仪的解算公式建立在微小变量的基础上，所以称为微分法。又因为确定平面位置和高程分别在不同的仪器上进行，故又称为分式法。微分法采用的仪器比较简单，适用于地形起伏较大的山区。

（3）全能法。在完成野外控制测量和相片调绘后，利用具有重叠的航摄相片，在全能型仪器（如多倍仪和各种精密立体测图仪等）上建立地形立体模型，并在模型上做立体观察，测绘地物和地貌，经着墨、整饰测绘出地形图。此法适用于各种地区，成图质量比较高。

三、数字摄影测量

数字摄影测量是用专业数字摄影机获取数字化相片，或用高精度的专业扫描仪对普通摄影相片进行扫描，获得地面各种地理信息的栅格数据；由计算机自动选取大量的同名像素点，再从其中优化选取大量点作为像控点，组成控制网并进行平差计算；将栅格数据矢量化，最终获得数字地图。目前，中国测绘科学研究院、武汉大学等分别研制出的数字立体测图仪已普遍应用于各专业测绘单位的摄影测量，不仅提高了航测成图的质量、速度，也为地理信息系统（GIS）提供了更为高效的地理信息获取方法。

第八节　三维激光扫描成图

三维激光扫描技术又称实景复制技术，是目前世界上最先进的测绘新技术之一。三维激光扫描仪集光、机、电为一体，能在较短的时间内高速、精确地记录建筑物（或景象）的三维空间位置。三维激光扫描仪每次测量的数据不仅包括点的位置信息 X、Y、Z，还包括 R、G、B 颜色信息，同时还有物体反射率的信息，这样全面的信息能给人一种物体在计算机里真实再现的感觉，是一般测量手段无法做到的。因而三维激光扫描技术的应用越来越广泛，可以用在文物保护、桥梁修建、工程测量、地形测量以及隧道验收等方面。

三维激光扫描仪利用激光测距的原理，结合对横向和纵向转角的精确记录，推算被测点与扫描仪之间的相对位置。扫描仪或其内置部件在横、纵两个方向上旋转，与此同时，激光发射器以高频率不断发光，完成对实物的扫描工作。扫描数据通过电缆传入计算机并记录在硬盘上。高密度的扫描数据点有序地排列于三维的虚拟空间中，成为带有坐标的影像图，称为"点云"。

由于扫描对象客观环境的制约，一般项目需要几站扫描才能覆盖研究对象，有的需要几十站，乃至几百站。因此，需要将几十站，乃至上百站的扫描数据严丝合缝地拼接成一幅点云。目前，所有的设备厂商都为用户提供了拼接工具——"标靶"。如果每站扫描至少设置三个标靶，再利用全站仪获得标靶的空间位置，那么两站扫描点云便可以拼接到一起。用这种方法，就可以把各个测站的"点云"全部拼接在同一幅"点云"上。

三维激光扫描数据采集及数据处理流程主要分为外业数据采集和内业数据处理两大部分。外业数据采集包括控制测量和数据扫描两部分工作，控制测量包括平面控制测量和高程控制测量，数据扫描包括三维激光扫描和标靶三维坐标测量。内业数据处理主要包括扫描数据拼接、数据抽隙、虚拟测量、TIN 构网和成图等步骤。

三维激光扫描技术具有快速、精确、三维实景、节省成本、缩短工期和满足一些工程项目特殊要求的特点。三维激光扫描相对于传统测量具有以下优势。

（1）采集信息量大，可采集高密度、高清晰度、高精度的三维数据资料，点云数据形象直观。

（2）采集过程简单、安全、快速。

（3）强大的数据后处理功能，能提供工程现状图，建立三维实体模型进行三维实体几何分析等。

第九节　地籍图测绘

地籍图测绘前应先进行地籍调查。地籍调查是遵照国家法律规定，以行政和法律手段，用科学方法对土地和不动产所有者、使用者的土地位置、权属、界线、面积和利用现状等基本情况进行的调查。地籍调查一般由土地管理专业人员进行。

地籍图测绘也应遵循"先控制后碎部"的原则。在先进行完地籍控制测量后，再依据地籍控制点测绘地籍图。地籍图测绘的方法可分为解析法、部分解析法和图解法。

一、解析法

解析法是将全部界址点及重要地物点采用实测坐标来展绘地籍图的一种方法。它是在控制测量的基础上，将每宗地四周的全部界址点编号标定后，逐点实测各界址点及重要地物点的坐标。由于每一点都有坐标，可随时根据需要，展绘不同比例尺的地籍图。

解析法应先布置密度较大的地籍控制网，配备经纬仪和测距仪（或全站仪）来测定各界址点的坐标。对于街坊外围所有的界址点，应尽量直接在野外设站测定；对于宗地内部无法设站观测的界址点，可按解析几何方法求得解析坐标。对于宗地内部建筑物的主要特征点，尽可能在测定界址点和地物点时一并测定。最后按界址点和地物特征点的坐标展绘成地籍图。

采用解析法，最理想的是利用计算机绘图，即将各界址点坐标和地物点坐标及有关的成图元素输入计算机，自动绘制地籍图。也可利用展点仪、展点板及其他精度较高的展点工具逐个展绘各界址点和地物点，连接各相关线段，用手工绘制地籍图。

二、部分解析法

部分解析法是将测区内的每一个街坊外围用导线的形式布置控制网，至少应实测街坊外围的界址点坐标，首先将这些实测坐标的解析点展绘到图上。由于一些街坊内部的界址点和地物点没有实测，就需要根据周围已展绘的界址点和图根控制点，利用现场勘丈数据按距离交会法、直角坐标法等几何关系作图。

大块宗地内可用的解析点较少、实测界址点或地物点所包围的待测面积较大时，一般按先易后难，先外后内，先界址点后地物点，先规则图形后任意图形的次序进行。

部分解析法具有精度较高、速度较快、比解析法易于实现等优点，但精度不够均匀。

三、图解法

图解法一般用于测区已有反映现状的大比例尺图，且技术力量与物质条件达不到采用以上两种方法的地区。它具有成图速度快、成本低等优点，但精度低，且不便于地籍变更。

利用图解法制作地籍图之前，须利用宗地草图上的勘丈值对已有地形图进行校核，重点校核与界址有关的地物，如发现原测地形图有与现状不符之处，就利用勘丈数据进行修改。根据地籍调查的结果和宗地的勘丈结果进行编辑，参照界址物，标明界址点和界址线，删除部分不需要的内容（如路灯、通信线等），加注街道号、街坊号、宗地号、地类号、宗地面积、门牌号及各种境界线等地籍要素，经整饰加工后制成地籍图。

思考题

1. 测图前需要做哪些准备工作？控制点展绘后，怎样检查其正确性？
2. 试述用经纬仪测绘法在一个测站上测绘地形图的工作步骤。
3. 图 8-34 所示为某山头碎部测量结果，山脊线用虚线表示，山谷线用细实线表示。试勾绘等高距 1 m 的等高线。
4. 试述全站仪数字测图的方法与步骤。
5. 航摄相片与地形图的差别有哪些？

6. 航测成图的方法有哪些？
7. 摄影测量为什么要进行野外作业？航测外业的工作内容有哪些？

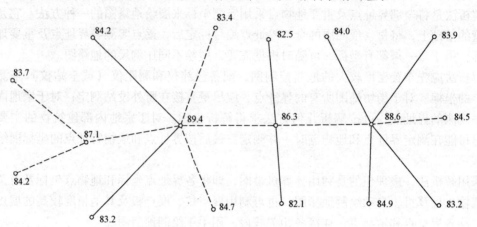

图 8-34　题 3 图

第九章

施工测量的基本工作

第一节 施工测量概述

一、施工测量的目的和内容

各种工程在施工阶段所进行的测量工作称为施工测量。施工测量的目的是把设计的建筑物、构筑物的平面位置和高程，按设计要求以一定的精度测设在地面上，设置标志作为施工的依据，并在施工过程中进行一系列的测量工作，以衔接和指导各工序间的施工。

施工测量工作贯穿整个施工过程。其内容包括：施工前施工控制网的建立；建筑物定位和基础放线；工程施工中各道工序的细部测设，如基础模板的测设、工程砌筑和设备安装的测设工作；工程竣工时，为了便于以后管理、维修和扩建，还必须编绘竣工图；有些高大或特殊的建筑物在施工期间和运营管理期间要进行沉降、水平位移、倾斜、裂缝等变形观测。

二、施工测量的特点

施工测量的精度主要取决于建（构）筑物的结构、材料、性质、用途、大小和施工方法等。一般情况下，高层建筑物的测设精度高于低层建筑物；钢结构建筑物的测设精度高于钢筋混凝土结构建筑物；装配式建筑物的测设精度高于非装配式建筑物；工业建筑物的测设精度高于民用建筑物等。

施工测量工作与工程质量及施工进度有着密切的联系。测量人员必须了解设计的内容、性质及其对测量工作的精度要求，熟悉图纸上的平面和高程数据，了解施工的全过程，并掌握施工现场的变动情况，使施工测量工作能够与施工密切配合。同时，土木工程施工技术、管理人员，也要了解施工测量的工作内容、方法及需要，为施工测量工作的开展创造必要的条件（包括时间、场地、物资等），进行必要的指导、协调、检查工作，使测量工作更好地配合施工。

施工场地多为地面与高空各工种交叉作业，并有大量的土方填挖，地面情况变动很大，再加上动力机械及车辆来往频繁，因此各种测量标志必须埋设稳固且在不易破坏的位置，应做妥善保护并经常检查，如有破坏应及时恢复。

三、施工测量的原则

施工测量必须遵循"从整体到局部，先控制后碎部"的原则，即首先在建筑物场地上建立统一的施工控制网，然后根据控制网测设建（构）筑物的平面位置和高程。测量工作的检核工作也很重要，必须采用各种不同的方法加强外业和内业的检核工作。

四、施工测量的准备工作

在施工测量前，应建立健全测量组织和检查制度，并核对设计图纸和数据，如有不符之处要向监理或设计单位提出，进行修正。然后对施工现场进行实地踏勘，根据实际情况编制测设详图，计算测设数据并拟订施工测量方案。对施工测量所使用的仪器、工具应进行检验与校正，否则不能使用。工作中必须注意人身和仪器的安全，特别是在高空和危险地区进行测量时，必须采取妥善的防护措施。

第二节 测设的基本工作

一、水平距离的测设

水平距离的测设是从地面上一个已知点出发，沿给定的方向，量出已知（设计）的水平距离，在地面上定出另一端点的位置。其测设方法如下。

1. 钢尺测设水平距离

如图 9-1 所示，A 为地面上已知点，D 为设计的水平距离，要在 AB 方向上测设出水平距离 D，以定出 B 点。具体方法是将钢尺的零点对准 A 点，沿 AB 方向拉平钢尺，在尺上读数为 D 处插测钎或吊垂球，以定出一点。为了校核，将钢尺的零端移动 10~20 cm，同法再定一点，当两点相对误差在容许范围（1/5 000~1/3 000）内，取其中点作为 B 点的位置。

2. 全站仪（测距仪）测设水平距离

如图 9-2 所示，安置全站仪（测距仪）于 A 点，瞄准已知方向。沿此方向移动棱镜位置，使仪器显示值略大于测设的距离 D，定出 B' 点。在 B' 点安置棱镜，测出至棱镜的竖直角 α 及斜距 L。计算水平距离 $D' = L\cos\alpha$（全站仪可自动解算），求出 D' 与应测设的已知水平距离 D 之差 $\Delta D = D - D'$。根据 ΔD 在实地用小钢尺沿已知方向改正 B' 至 B 点，并在木桩上标定其点位。为了检核，应将棱镜安置于 B 点，再实测 AB 的水平距离，与设计值 D 比较，若不符合要求，应再次进行改正，直到测设的距离符合限差要求为止。

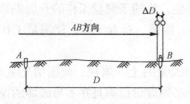

图 9-1 钢尺测设水平距离

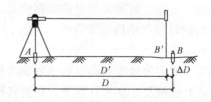

图 9-2 全站仪测设水平距离

二、水平角的测设

水平角的测设是根据已知（设计）水平角值和地面上已知方向，在地面上标定出另一方向。

1. 一般方法

如图 9-3（a）所示，设 AB 为地面上的已知方向，欲从 AB 向右测设一个已知角 β，定出 AC 方向。具体做法是在 A 点安置经纬仪，盘左瞄准 B 点，并置水平读数为 $0°00'00''$，转动照准部，当度盘读数为 β 时，在视线方向上定出 C_1 点；盘右瞄准 B 点，同法在地面上定出 C_2 点，如果两点不重合，取其中点为 C，则 $\angle BAC$ 即测设的 β 角。此方法亦称盘左、盘右分中法。

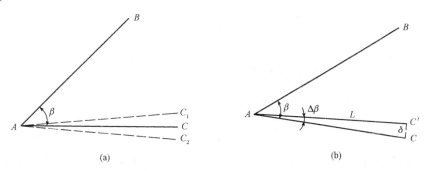

图 9-3 水平角的测设方法

2. 精密方法

当水平角测设的精度要求较高，按一般方法测设难以满足要求时，则采用精密方法。如图 9-3（b）所示，安置经纬仪于 A 点，先用盘左测设 β 角，定出 C' 点，然后用测回法对 $\angle BAC'$ 观测 2～3 个测回，求出其平均角值 β'，该值如果比 β 小 $\Delta\beta$，则根据 AC' 边长 L 用 $\Delta\beta$ 计算改正支距 δ：

$$\delta = L\tan\Delta\beta \approx L\frac{\Delta\beta}{\rho''} \tag{9-1}$$

从 C' 点沿 AC' 的垂直方向向外量取 δ 以定出 C 点，则 $\angle BAC$ 即测设的 β 角。若 β 比 β' 大 $\Delta\beta$，则向内量 δ 定 C 点。

【例 9-1】 设 $\Delta\beta = 30''$，$AC' = 70.000$ m，计算改正支距 δ。

解：$\delta = L\dfrac{\Delta\beta}{\rho''} = 70.000 \times \dfrac{30''}{206\ 265''} = 0.010$（m）

三、高程的测设

高程的测设是根据已知水准点的高程，在地面上标定出某设计高程的位置。测设时，先安置水准仪于水准点与待测设点之间，根据水准仪测得的视线高程 $H_{视}$ 和设计高程 $H_{设}$ 求出前视应读数 $b_{应}$：

$$b_{应} = H_{视} - H_{设} \tag{9-2}$$

然后以此水平视线和 $b_{应}$ 读数，上、下移动水准尺，标定设计高程位置。

【例 9-2】 如图 9-4 所示,欲根据 2 号水准点的高程 $H_2 = 113.247$ m,测设某建筑物室内地坪 B 点的设计高程 $H_{设} = 113.512$ m 的位置。

解:(1)安置水准仪于水准点 2 和 B 点之间,后视 2 点水准尺,设后视读数 $a = 1.617$ m。

(2)计算视线高程及 B 点上的应读数:

$$H_{视} = H_2 + a = 113.247 + 1.617 = 114.864 \text{ (m)}$$
$$b_{应} = H_{视} - H_{设} = 114.864 - 113.512 = 1.352 \text{ (m)}$$

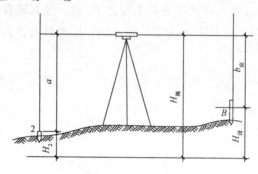

图 9-4 例 9-2 图

(3)在 B 点处打木桩,将水准尺立在木桩侧面并上下移动,当前视读数正好为 1.352 m 时,在桩侧面沿尺底画一横线,即室内地坪的设计高程的位置。常用红油漆画一倒立三角形"▼",其上边线与尺底横线重合,并注明 ±0 标高,以便使用。如果地面坡度变化较大,无法使设计高程在桩上,可测设出距 ±0 标高为整分米的标高线并注明在桩上。

当开挖较深的基坑或吊装吊车轨道时,由于水准尺长度有限,可用钢尺将高程传递到基坑或吊车梁上所设的临时水准点,再以此水准点测设所求各点高程。图 9-5 所示为向竖井传递高程的示意图。在基坑中悬吊一根钢尺,在尺下端吊以垂球,将水准仪分别安置在地面和井内,并读取 a、b、c、d 读数,则可根据水准点 A 的高程 H_A,计算出 B 点的高程 H_B,即

$$H_B = H_A + a - (b - c) - d \tag{9-3}$$

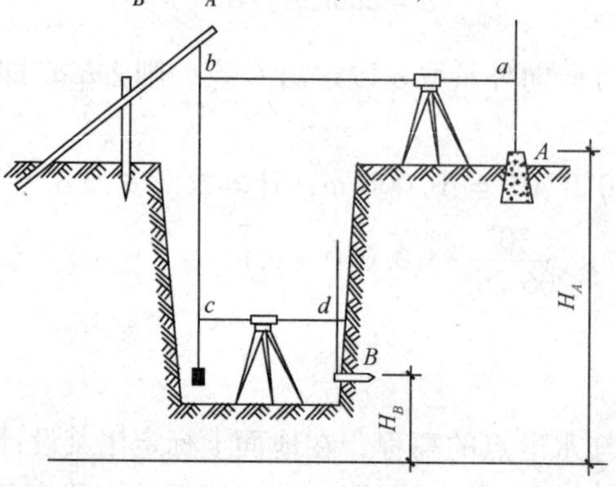

图 9-5 高程的传递

同法可向高处传递高程。为了检核,可采用改变垂球悬吊位置,再用上述方法测设,两次相差不应超过 ±3 mm。

第三节　点的平面位置的测设

测设点的平面位置的方法有直角坐标法、极坐标法、角度交会法、距离交会法、角度与距离交会法等。应综合考虑控制网的形式、控制点的分布情况、地形情况、现场条件，以及测设精度要求等因素确定合适的测设方法。

一、直角坐标法

直角坐标法是根据两个彼此垂直的水平距离测设点的平面位置的方法。如图 9-6 所示，P 为欲测设的待定点，A、B 为已知点。为将 P 点测设于地面，首先求出 P 点在直线 AB 上的垂足点 N，再求出 AN 的距离（图中记为 y）和垂距 NP（图中记为 x）。

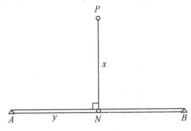

图 9-6　直角坐标法

【例 9-3】　如图 9-7 所示，A、B、C、D 为建筑方格网点，1、2、3、4 为需测设的某厂房 4 个角点，其中 1 点的设计坐标值为 $x_1 = 620.000$ m，$y_1 = 530.000$ m。

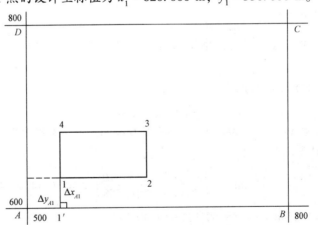

图 9-7　例 9-3 图

解：测设方法及步骤如下：

(1) 根据 A、1 两点的坐标，计算纵、横坐标增量：

$$\Delta x_{A1} = x_1 - x_A = 620.000 - 600.000 = 20.000 \text{（m）}$$

$$\Delta y_{A1} = y_1 - y_A = 530.000 - 500.000 = 30.000 \text{（m）}$$

(2) 安置经纬仪于 A 点，瞄准 B 点，沿视线方向测设 Δy_{A1} (30.000 m)，定出 $1'$ 点。

(3) 在 $1'$ 点安置经纬仪，瞄准 B 点，向左测设 $90°$，得 $1'1$ 方向线，沿此方向测设 Δx_{A1} (20.000 m)，即得 1 点在地面上的位置。

同法可测设厂房其余各点位置。

在直角坐标法中，一般用经纬仪测设直角，但在精度要求不高、支距不大、地面较平坦时，可采用钢尺根据勾股定理进行测设。如图 9-8 所示，首先从角顶点 A 起，沿已知的直角边测设出 4 m 水平距离得 B 点；一人将钢尺零点对准 A 点，另一人找到 5 m 处，对准 B 点；第三人向概略垂直方向拉出钢尺，在尺上找到 3 m、4 m 两点，两手分别拉紧钢尺两侧，并使 3 m、4 m 两刻度线重合，即得出直角。在精度要求不高的情况下，也可以用钢尺测设出任意角度。

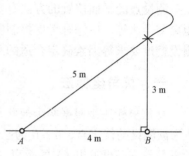

图 9-8 用勾股定理测设直角

二、极坐标法

极坐标法是根据水平角和水平距离测设地面点平面位置的方法。如图 9-9 所示，P 为欲测设的待定点，A、B 为已知点。为将 P 点测设于地面，首先按坐标反算公式计算测设用的水平距离 D_{AP} 和坐标方位角 α_{AB}、α_{AP}：

$$D_{AP} = \sqrt{(x_P - x_A)^2 + (y_P - y_A)^2} \quad (9\text{-}4)$$

$$\alpha_{AB} = \tan^{-1}\left(\frac{y_B - y_A}{x_B - x_A}\right)$$

$$\alpha_{AP} = \tan^{-1}\left(\frac{y_P - y_A}{x_P - x_A}\right) \quad (9\text{-}5)$$

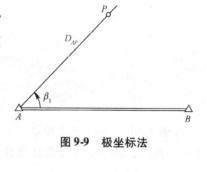

图 9-9 极坐标法

使用式（9-5）时，需根据坐标增量的符号判断直线方向的象限，才能正确地求出方位角。

测设用的水平角可按下式求得

$$\beta_1 = \alpha_{AB} - \alpha_{AP} \quad (9\text{-}6)$$

【例 9-4】 已知 $x_P = 370.000$ m，$y_P = 458.000$ m，$x_A = 348.758$ m，$y_A = 433.570$ m，$\alpha_{AB} = 103°48'48''$，计算测设数据 β_1、D_{AP}。

解： $\alpha_{AP} = \tan^{-1}\left(\dfrac{y_P - y_A}{x_P - x_A}\right) = \tan^{-1}\left(\dfrac{458.000 - 433.570}{370.000 - 348.758}\right) = 48°59'34''$

$\beta_1 = \alpha_{AB} - \alpha_{AP} = 103°48'48'' - 48°59'34'' = 54°49'14''$

$D_{AP} = \sqrt{(370.000 - 348.758)^2 + (458.000 - 433.570)^2} = 32.374$ （m）

测设时，在 A 点安置经纬仪，瞄准 B 点，测设 β_1 角（注意方向），定出 AP 方向，沿此方向测设距离 D_{AP}，即可定出 P 点在地面上的位置。

各种型号的全站仪均设计了极坐标法测设点的平面位置的功能，可根据手工计算的 β、D 进行测设；而将测站点、后视点、待定点的坐标输入全站仪，由全站仪自动解算测设数据并进行测设，更为方便。

三、角度交会法

角度交会法是根据测设两个水平角度定出的两直线方向，交会出点的平面位置的方法。如图 9-10 所示，A、B 为已知点，P 为待定点。测设前，根据式（9-5）、式（9-6）计算测设数据 β_1、β_2。测设时，分别在两已知点 A、B 上安置经纬仪，测设水平角 β_1、β_2，定出两个方向，其交点就是 P 点的位置。

四、距离交会法

距离交会法是根据测设两个水平距离，交会出点的平面位置的方法。如图 9-11 所示，A、B 为已知点，P 为待定点。根据式（9-4）计算测设距离 D_{AP}、D_{BP}。测设时，分别用两把钢尺将零点对准 A、B 点，同时拉紧并摆动钢尺，两尺读数分别为 D_{AP}、D_{BP} 时的交点即 P 点。

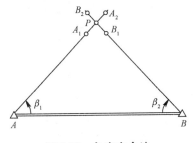

图 9-10　角度交会法

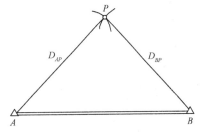

图 9-11　距离交会法

五、角度与距离交会法

角度与距离交会法是根据测设一个水平角度和一个水平距离，交会出点的平面位置的方法。如图 9-12 所示，A、B 为已知点，P 为待定点。根据式（9-4）~式（9-6）计算测设 β_1、D。测设时，安置经纬仪于 A 点，测设水平角 β_1，在实地标出 AP 的方向线 A_1A_2；在 B 点以 B 为圆心，以 D_{BP} 为半径画弧线与 A_1A_2 相切出 P 点。

上述各种方法中，直角坐标法适用于施工控制网为建筑方格网或建筑基线的形式，且测设距离方便的场地，在建筑工地上被广泛采用；极坐标法传统上适用于测设

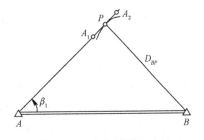

图 9-12　角度与距离交会法

距离方便，且待定点距已知点较近的施工场地，但由于光电测距仪，甚至全站仪的普及，距离测设已非常方便，该方法由于使用灵活而得到广泛应用；角度交会法由于不必测设水平距离，因而更多地适用于待定点距已知点较远或测设距离较困难的场地；距离交会法适用于待定点距两已知点较近（一般不超过一个整尺长），且地势平坦、便于量距的场地；角度与距离交会法综合了角度交会法和距离交会法的优点，适用于待定点至一个已知点间便于量距的场地。

第四节 坐标系统转换

在建筑工程中,为便于进行建筑物的放样,常采用坐标轴与建筑物主轴线相一致或平行的施工坐标系(也称建筑坐标系)。如图 9-13 所示,在建筑场地上,通常把施工坐标设为 A、B 轴,若已知施工坐标系原点 O' 的测量坐标 (x_0, y_0),其 A 轴的测量坐标方位角为 α。设 P 点的施工坐标为 (A_P, B_P),可按下式将其换算为测量坐标 (x_P, y_P):

$$\left.\begin{aligned} x_P &= x_0 + A_P\cos\alpha - B_P\sin\alpha \\ y_P &= y_0 + A_P\sin\alpha + B_P\cos\alpha \end{aligned}\right\} \tag{9-7}$$

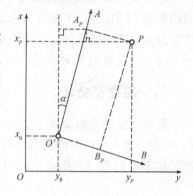

图 9-13 施工坐标与测量坐标的换算

用矩阵表示为

$$\begin{pmatrix} X_P \\ Y_P \end{pmatrix} = \begin{pmatrix} X_0 \\ Y_0 \end{pmatrix} + \begin{pmatrix} A_P \\ B_P \end{pmatrix} \begin{pmatrix} \cos\alpha & -\sin\alpha \\ \sin\alpha & \cos\alpha \end{pmatrix} \tag{9-8}$$

如已知 P 点的测量坐标,则可按下式将其换算为施工坐标:

$$\left.\begin{aligned} A_P &= (x_P - x_0)\cos\alpha + (y_P - y_0)\sin\alpha \\ B_P &= (y_P - y_0)\cos\alpha - (x_P - x_0)\sin\alpha \end{aligned}\right\} \tag{9-9}$$

用矩阵表示为

$$\begin{pmatrix} A_P \\ B_P \end{pmatrix} = \begin{pmatrix} X_P - X_0 \\ Y_P - Y_0 \end{pmatrix} \begin{pmatrix} \cos\alpha & \sin\alpha \\ -\sin\alpha & \cos\alpha \end{pmatrix} \tag{9-10}$$

由于建筑工程中大量使用点的施工坐标,通常将控制点的测量坐标换算为施工坐标。

【例 9-5】 图 9-13 中,已知某建筑场地上施工坐标系原点 O' 的测量坐标 $x_0 = 4\ 503.204\ \text{m}$,$y_0 = 5\ 678.647\ \text{m}$,其 A 轴的测量坐标方位角为 $\alpha = 12°36'06''$。控制点 P 的测量坐标为 $x_P = 4\ 668.745\ \text{m}$,$y_P = 5\ 846.675\ \text{m}$,将其换算为施工坐标。

解: $A_P = (x_P - x_0)\cos\alpha + (y_P - y_0)\sin\alpha = 198.154\ \text{m}$
$B_P = (y_P - y_0)\cos\alpha - (x_P - x_0)\sin\alpha = 127.877\ \text{m}$

在道路工程中,为便于曲线测设数据的计算,常采用以道路中线(或其切线)方向为坐标纵轴的独立施工坐标系。由于道路工程中独立坐标系众多,通常分别将其统一到测量坐标系。

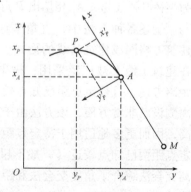

图 9-14 道路曲线坐标换算为测量坐标

【例 9-6】 如图 9-14 所示,公路中线上点 M、A 测量坐标分别为 $x_M = 2\ 654.675\ \text{m}$,$y_M = 8\ 736.309\ \text{m}$ 和 $x_A = 3\ 029.430\ \text{m}$,$y_A = 8\ 287.572\ \text{m}$。在以 A 点为原点,以 MA 方向为 x' 轴,以其法线方向为 y' 轴的独立坐标系(左手系)中,曲线上点 P 的独立坐标 $x'_P = 105.305\ \text{m}$,$y'_P = 7.872\ \text{m}$。求 P 点的测量坐标。

第九章 施工测量的基本工作

解：(1) A 点即独立坐标系原点，MA 方向的方位角 α_{MA} 即独立坐标系 x' 轴与测量坐标 x 轴的夹角 α。

$$\alpha_{MA} = \tan^{-1}\left(\frac{y_A - y_M}{x_A - x_M}\right) = -50°08'01'' + 360° = 309°51'59''$$

(2) 进行平移和旋转后，独立坐标系 y' 轴的方向与测量坐标系 y 轴相反，应将其统一到与测量坐标相同的右手系，可将 y'_P 取负值，即取 $y'_P = -7.872$ m。

(3) 换算为测量坐标：

$$x_P = x_A + x'_P \cos\alpha_{MA} - y'_P \sin\alpha_{MA} = 3\,090.888 \text{ m}$$
$$y_P = y_A + x'_P \sin\alpha_{MA} + y'_P \cos\alpha_{MA} = 8\,201.700 \text{ m}$$

思考题

1. 试述施工测量的目的和基本工作内容。
2. 施工测量有哪些特点？
3. 如何用一般方法测设水平角？
4. 已测设直角 $\angle AOB$，并用多个测回测得其平均值为 $90°00'48''$，又知 OB 的长度为 150.000 m，问在垂直于 OB 方向上，B 点应该向何方向移动多少距离才能得到 $90°00'00''$ 的角？
5. 利用高程为 220.256 m 的水准点 A，测设高程为 221.100 m 的室内 ± 0.000 标高。设用一木杆立在水准点上时，按水准仪水平视线在木杆上画一条线，问在此杆上什么位置再画一条线，才能使水平视线对准此线时木杆底部就是 ± 0.000 标高位置？
6. 点的平面位置的测设方法有哪些，各在什么情况下采用？
7. 施工场地上已知测量控制点 A、B，其坐标分别为 $x_A = 449.537$ m，$y_A = 809.815$ m，$x_B = 350.035$ m，$y_B = 995.350$ m；欲于 A 点安置经纬仪以极坐标法测设待定点 P，P 点设计坐标为：$x_P = 420.000$ m，$y_P = 800.000$ m，计算测设数据，并画出测设示意图。
8. 某建筑场地上，施工坐标系的原点 O' 的测量坐标为 $x_0 = 3\,246.200$ m，$y_0 = 6\,534.500$ m，施工坐标系 A 轴的测量坐标方位角 $\alpha = 23°04'35''$。已知 P 点施工坐标：$A_P = 200.000$ m，$B_P = 300.000$ m，试将其转换为测量坐标。
9. 公路中线上 A、B 点的测量坐标分别为 $x_A = 3\,574.852$ m，$y_A = 4\,366.095$ m 和 $x_B = 3\,209.580$ m，$y_B = 4\,727.725$ m。在以 B 点为原点，以 AB 方向为 x' 轴、以其法线方向为 y' 轴的独立坐标系（右手系）中，曲线上 P 点的独立坐标 $x'_P = 155.488$ m，$y'_P = 13.245$ m。求 P 点的测量坐标。

第十章

建筑施工测量

第一节 建筑施工控制测量

施工测量必须遵循"先控制后碎部"的原则，因此施工以前，在建筑场地上要建立统一的施工控制网。在勘测阶段所建立的测图控制网，可以作为施工测量放样时使用，但是在勘测阶段时建筑物的设计位置尚未确定，测图控制网无法考虑满足施工测量要求，而且在施工现场由于大量的土方填挖，地面变化很大，原来布置的测图控制点往往会被破坏掉，因此在施工以前，应在建筑场地重新建立施工控制网，以供建筑物的施工放样和变形观测等使用。相对于测图控制网来说，施工控制网具有控制范围小、控制点密度大、精度要求高、使用频繁等特点。

施工控制网一般布置成矩形的格网，称为建筑方格网。当建筑物面积不大，结构又不复杂时，只需布置一条或几条基线做平面控制，称为建筑基线。当建立方格网困难时，常用导线或导线网作为施工测量的平面控制网。

一、建筑方格网

前面已提到，在建筑场地上常采用施工坐标系（建筑坐标系），如图10-1所示。其 A、B 轴与建筑区主要建筑物或主要道路、管线方向平行；坐标系原点设在建筑群落的西南角，使所有建（构）筑物的施工坐标均为正值。施工坐标系与国家大地坐标系之间的关系，由施工坐标系原点 O' 的测量坐标 x_0、y_0 及 $O'A$ 轴的测量坐标方位角 α 确定。这些数据由勘测设计单位给出。

1. 建筑方格网的设计

建筑方格网的布设方案应根据建筑物设计总平面图上的建（构）筑物、道路及各种管线

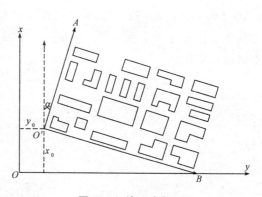

图 10-1 施工坐标系

的布设情况,并结合现场的地形情况拟订。设计时先选定建筑方格网的主轴线,后设计其他方格点。方格网可设计成正方形或矩形,当场区面积较大时,常分两级。首级可采用十字形、口字形或田字形,然后加密方格网,如图10-2所示。当场区面积不大时,尽量布置成全面网。

方格网设计时,方格网的主轴线应布设在场区的中部,并与拟建主要建筑物的基本轴线平行;方格网的折角应严格呈90°;方格网的边长一般为

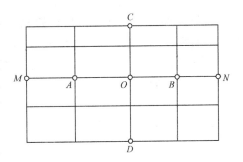

图10-2 建筑方格网

100~200 m,并尽可能为50 m的整数倍,边长的相对精度一般为1/10 000~1/20 000;方格网的边长应保证通视且便于测距和测角,点位标石应埋设牢固,以便能长期保存。

2. 建筑方格网主轴线的测设

建筑方格网主轴线点的点位是根据测图控制点来测设的。首先应将测图控制点的测量坐标换算成施工坐标。图10-3中的 N_1、N_2、N_3 点为测量控制点,A、O、B 为主轴线的主点。根据各点坐标计算测设数据 D_1、D_2、D_3 和 β_1、β_2、β_3,然后按极坐标法分别测设出 A、O、B 三个主点的概略位置 A'、O'、B',并用混凝土桩把各点标定下来。桩顶部通常设置一块 100 mm × 100 mm 的铁板,供调整点位用。由于存在测设误差,致使三个主轴线点一般不严格在一条直线上,如图10-4所示。因此需在 O' 点上安置经纬仪,精确测量 $\angle A'O'B'$ 的值,如果它和180°之差超过 ±10″,则应进行调整。调整时,各主轴线点应在 AOB 的垂线方向移动同一改正值 δ,使三点成一直线。在图10-4中,设三点在垂直于轴线的方向上移动一段微小的距离 δ,由于 μ 和 γ 角均很小,故

$$\left. \begin{array}{l} \mu = \dfrac{\delta}{\dfrac{a}{2}}\rho'' = \dfrac{2\delta}{a}\rho'' \\ \gamma = \dfrac{\delta}{\dfrac{b}{2}}\rho'' = \dfrac{2\delta}{b}\rho'' \end{array} \right\}$$

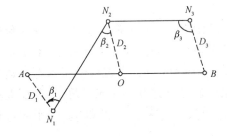

图10-3 主轴线点的测设

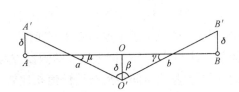

图10-4 长轴线点位调整

而

$$180° - \beta = \mu + \gamma = \left(\frac{2\delta}{a} + \frac{2\delta}{b}\right)\rho'' = 2\delta\left(\frac{a+b}{ab}\right)\rho''$$

$$\delta = \frac{ab}{2(a+b)}\frac{1}{\rho''}(180° - \beta) \qquad (10\text{-}1)$$

定好 A、O、B 三个主点后，如图 10-5 所示，将经纬仪安置在 O 点，瞄准 A 点，分别向左、右转 90°，测设出另一主轴线 COD，同样用混凝土桩在地上定出其概略位置 C' 和 D'，再精确测出 $\angle AOC'$ 和 $\angle AOD'$，分别算出它们与 90°之差 ε_1 和 ε_2，并计算出改正值 l_1 和 l_2。

$$l_i = L_i \frac{\varepsilon}{\rho} \tag{10-2}$$

式中，L_i 指 OC' 或 OD' 的距离。

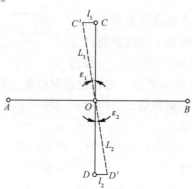

图 10-5　短轴线点位调整

C、D 两点定出后，还应观测改正后的 $\angle COD$，它与 180°之差也应在限差范围之内。然后精密丈量出 OA、OB、OC、OD 的距离，若超过限差应进行调整，最后在铁板上刻出各点点位。

3. 建筑方格网的详细测设

主轴线测设好后，分别在主轴线端点上安置经纬仪，均以 O 点为起始方向，分别向左、右测设出 90°，这样就交会出田字形方格网点。为了进行校核，还要安置经纬仪于方格网点上，测量其角值是否为 90°，并测量各相邻点间的距离，看它是否与设计边长相等，误差均应在允许范围之内。此后再以基本方格网点为基础，加密方格网中其余各点。

二、建筑基线

建筑基线应靠近建筑物并与其主要轴线平行，以便使用比较简单的直角坐标法来放样建筑物。通常建筑基线可布置成三点直线形、三点直角形、四点丁字形和五点十字形，如图 10-6 所示。建筑基线主点间应相互通视，边长为 100～400 m，点位应便于保存。建筑基线的测设方法与建筑方格网主轴线的测设方法类似。各角应为直角（或平角），其误差值不应超过 ±24″；基线点间距离与设计值相比较，其误差值不应大于 1/10 000。否则应进行必要的点位调整。

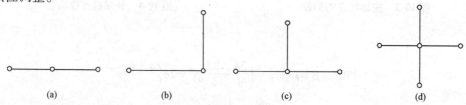

图 10-6　建筑基线形式

三、高程控制测量

建筑场地上的高程控制采用水准网,一般布设成两级,首级为整个场地的高程基本控制,应布设成闭合路线,尽量与国家水准点联测,水准点应布设在场地平整范围以外土质坚实的地方,并埋设成永久性标志。以首级控制为基础,布设成闭合、附合水准路线的加密控制,加密点的密度应尽可能满足安置一次仪器即可测设出所需的高程点,其点可埋设成临时性标志,也可在方格网点桩面上中心点旁边设置一个突出的半球标志。

在一般情况下,首级网采用四等水准测量方法建立,而对连续生产的车间、下水管道或建筑物间高差关系要求严格的建筑场地上,则需采用三等水准测量的方法测定各水准点的高程。加密水准网根据测设精度的不同要求,可采用四等水准或图根水准的技术要求进行施测。

第二节 多层民用建筑施工测量

民用建筑施工测量,就是按照设计要求,将民用建筑物的平面位置和高程标定在实地上的放样工作,并配合施工以保证工程质量。

设计图纸是施工放样的主要依据,测设之前必须详细阅读、核对有关图纸。建筑总平面图(图10-7)给出建筑物与周围建筑物的位置关系及总体尺寸,是建筑物进行定位的依据;建筑平面图(图10-8),给出建筑物各定位轴线间的尺寸关系及室内地坪标高等,是测设建筑物细部轴线的依据;基础平面图(图10-9)给出基础布置与基础剖面位置关系,以及基础边线与定位轴线的平面尺寸关系等,是基础测设的依据;基础剖面图(图10-10)标明基础立面尺寸、设计标高,以及基础边线与定位轴线的尺寸关系,所以是基础施工的依据。

在阅读图纸时,要注意核对各图种间的各种尺寸是否相符,如总平面图与平面图、建筑图与结构图、平面图与立(剖)面图、桩位图与承台图等;核对每张图上总尺寸与各分段尺寸之和是否相等;区分轴线间尺寸和墙皮尺寸,即区分图中所标明的尺寸是指到轴线还是到墙皮线或是到中心线的距离;正确引用剖面图、节点详图的典型图和标准图,注意剖面图的剖切方向;注意外墙、施工缝等特殊部位的尺寸关系。发现问题应及时向设计单位提出。

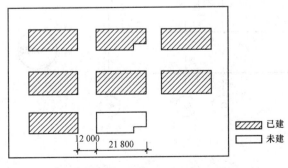

图 10-7 建筑总平面图

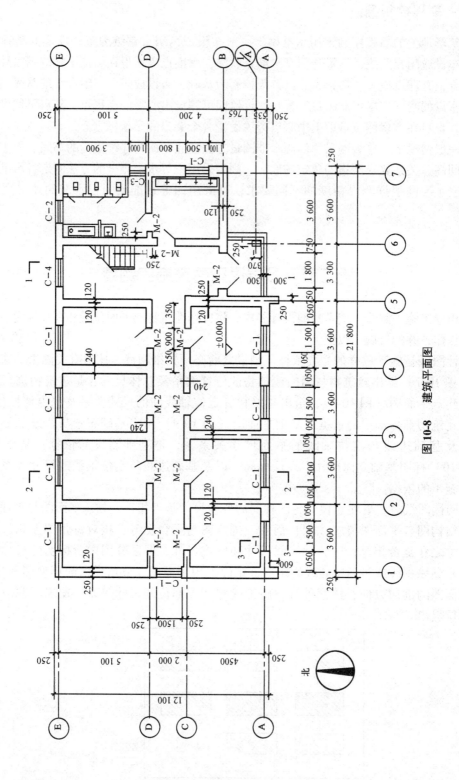

图 10-8 建筑平面图

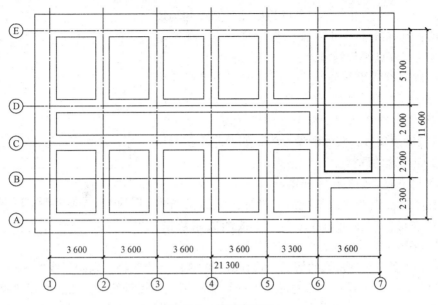

图 10-9　基础平面图

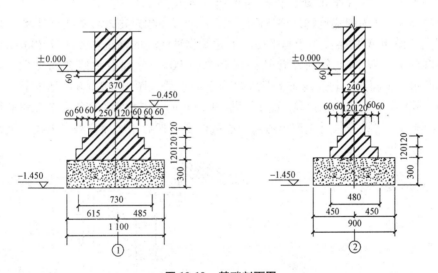

图 10-10　基础剖面图

一、主轴线的测设

建筑物主轴线是建筑物细部放样的依据。施工前，应先在建筑场地上测设出建筑物的主轴线。根据建筑物的布置情况和施工场地实际条件，建筑物主轴线可布置成三点直线形、三点直角形、四点丁字形及五点十字形等各种形式。主轴线的布设形式与作为施工控制的建筑基线相似（可参见图 10-6）。无论采用何种形式，主轴线的点数不得少于 3 个。

1. 根据建筑红线测设主轴线

在城市建设中，新建建筑物均由规划部门规定建筑物的边界位置。由规划部门批准并测设的具有法律效力的建筑物边界线，称为建筑红线。建筑红线一般与道路中心线相平行。

图 10-11 中，Ⅰ、Ⅱ、Ⅲ 三点设为地面上测设的场地边界线拐点，其连线 Ⅰ－Ⅱ－Ⅲ 称为建筑红线。建筑物的主轴线 AO、OB 就是根据建筑红线来测设的。由于建筑物主轴线和建筑红线平行或垂直，所以用直角坐标法来测设主轴线比较方便。当 A、O、B 三点在地面上标定出后，应在 O 点安置经纬仪，检查 ∠AOB 是否等于 90°。OA、OB 的长度也要进行实际测量检验，如误差不在容许范围内，要做合理的调整。

2. 根据现有建筑物测设主轴线

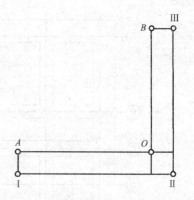

图 10-11　根据建筑红线测设主轴线

在已有建筑群内新建或扩建时，设计图上通常给出拟建的建筑物与已有建筑物或道路中心线的关系数据，建筑物主轴线就可根据给定的数据在现场测设。

图 10-12 所示为几种常见的情况，画有斜线的为已有建筑物，未画斜线的为拟建的建筑物。图 10-12（a）（图 10-7 中拟建的某工程）中，拟建房屋轴线 MN 在已有建筑物墙脚 AB 所对应轴线的延长线上。测设直线 MN 的方法如下：先作 AB 的垂线 AA' 及 BB'，并使 AA' = BB' = l（2 ~ 3 m），然后在 A' 处安置经纬仪作 A'B' 的延长线 M'N'，并使 B'M' = D + d 即 12 000 + 370 mm（D 为两建筑物外墙皮间距离，d 为拟建建筑物外墙轴线与外墙皮的距离），测设出 M' 点，使 M'N' 的距离等于总平面图上建筑物轴线间的轴线总长（21 300 mm），测设出 N' 点；再在 M'、N' 两点分别安置经纬仪并测设 90°，分别沿垂线方向量取 l + d = l + 370 mm 可得 M、N 两点，其连线 MN 即所要确定的直线。图 10-12（b）是按上法，定出 O 点后转 90°，根据有关数据定出 MN 直线。图 10-12（c）中，拟建的多层建筑物平行于原有的道路中心线，其测设方法是先定出道路中心线位置，然后用经纬仪测设垂线、量距，定出拟建建筑物的主轴线。

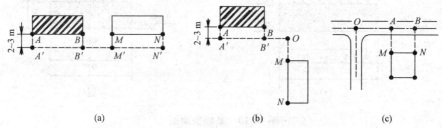

图 10-12　根据现有建筑物测设主轴线

3. 根据建筑基线（方格网）测设主轴线

在施工现场为建筑基线或建筑方格网控制时，可根据建筑物各角点的坐标，利用直角坐标法测设建筑物主轴线。

二、定位测量

1. 建筑物角桩的测设

建筑物的定位，就是把建筑物外廓的各轴线交点（如图 10-13 中 M、N、P、Q 各点）测设到地面上，这些交点桩也称为建筑物的角桩。在图 10-12（a）中，已测设了主轴线

MN，应检查 MN 距离应为其设计距离（21 300 mm），误差应不超过 1/2 000；如图 10-13 所示，分别在 M、N 点安置经纬仪，拨 90°、测设建（构）筑物轴线长得 P、Q 两点；检查 PQ 距离，与设计值误差应不超过 1/2 000，检查 $\angle P$、$\angle Q$，与 90°之差应不超过 ±40″。经过上述各项检查，若超过限差则应进行调整，直至合格。

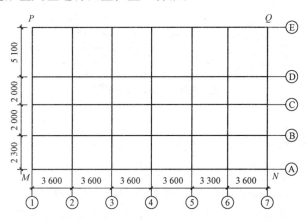

图 10-13　建筑物角桩的测设

2. 建筑物各轴线的测设

根据平面图上各轴线间尺寸关系，依据已测设的各角桩，用钢尺测设出建筑物各轴线并检查各分段尺寸之和是否等于轴线长。

对于平面为圆弧形建筑物的定位测量，可参见第十二章第四节缓和曲线的测设中的方法，也可如同椭圆形、双曲线形、抛物线形等复杂平面图形建筑物一样，根据设计图纸中各点的施工坐标，在施工场地的导线点或建筑方格（基线）点、主轴线控制点上以极坐标法逐点进行测设。

三、轴线控制桩与龙门板的设置

标定在地面上的建筑物轴线交点，在基础施工时将被破坏。为便于恢复各轴线位置，应先将轴线引测至开挖范围以外安全的地方，一般采用轴线控制桩法和龙门板法。

1. 轴线控制桩的设置

如图 10-14 所示，在轴线延长线上测设轴线控制桩。如果附近有已建的建筑物，也可将轴线投设在建筑物上，用油漆画红三角"▶"来标志。

2. 龙门板的设置

如图 10-15 所示，龙门桩设置在基槽边界以外 1.5~2.0 m 处，桩要钉得竖直、牢固，桩的外

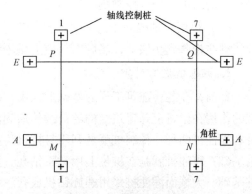

图 10-14　轴线控制桩的设置

侧面要与基槽平行，将建筑物 ±0 标高线测设到每个桩上。然后把龙门板的顶面对准龙门桩上的 ±0 标高线，再将其钉在桩上，则龙门板的顶面高程为 ±0 标高。安置经纬仪在角桩上，瞄准另一角桩，据视线方向将轴线投测在龙门板上，定出一点并用小钉标志，称为轴线钉。

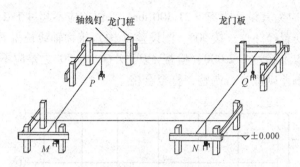

图 10-15 龙门板的设置

四、基础施工测量

1. 条形基础和扩大基础的施工测量

（1）平面位置的测设。根据轴线控制桩或龙门板上的轴线钉，将建筑物各轴线测设在地面上；经检查各轴线并确认无误后，按设计的基础形式和基础宽度，再加上基础挖深应放坡的尺寸，在地面上用白灰撒出基槽（坑）开挖边线。在测设时，要分清各部位基础的不同形式及其相应的尺寸，并应注意外墙或施工缝等处特殊轴线上基础的尺寸关系。

（2）基槽（坑）的高程测设。当基础开挖到距槽（坑）底0.3~0.5 m时，需在槽（坑）壁上每隔3~5 m及转角处距槽（坑）底设计高程为整分米的水平桩，作为控制挖槽（坑）深度和修平槽（坑）底的依据，如图10-16所示。水平桩测设高程容许误差为±10 mm。槽（坑）底清理好后，依据水平桩在槽（坑）底测设顶面恰为垫层标高的木桩，用以控制垫层的标高。

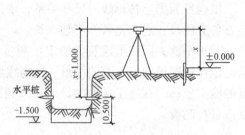

图 10-16 基坑高程测设

（3）垫层上轴线的投测。垫层打好后，根据轴线控制桩或龙门板上的轴线钉，用经纬仪将轴线投测到垫层上，然后在垫层上用墨线弹出基础边线，以便砌筑或支模板浇筑基础。

2. 桩基础施工测量

目前，在各种建筑工程的基础形式中，桩基础的应用最为普遍，如图10-17所示。桩基础的作用在于将上部建筑结构的荷载传递到深处承载力较大的持力层中。桩基础可分为预制桩和灌注桩两种。预制桩就是利用打桩机将在预制场中预制好的桩振冲打入设计位置而形成桩基础；灌注桩就是在桩位上用钻机钻孔，然后在钻孔内放入钢筋骨架再灌注混凝土而筑成桩基础。大截面灌注桩采用螺旋钻机成孔，小截面灌注桩采用沉管振冲成孔。桩基础施工中的测量工作主要有桩位的测设、灌入深度的测设、承台（地梁）的施工测量。

（1）桩位的测设。根据轴线控制桩或龙门板上的轴线钉，将建筑物各轴线测设到地面上；经检查各轴线并确认测设无误后，根据桩位平面图，测设每个轴线上各桩的平面位置。由于桩机移动时会破坏地面上钉设的木桩，通常可采用在桩位上用钢钎打200~500 mm深的孔，在孔中灌入白灰以保存桩位。在测设时，要注意分清不同的桩位布置形式，在测设外墙或施工缝等处特殊轴线上的桩位时，要注意桩位标注尺寸的意义，还要注意不要颠倒了尺寸关系。桩位平面图如图 10-18 所示。定出的桩位之间尺寸必须再进行一次检核。

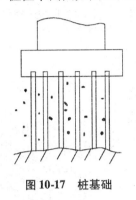

图 10-17 桩基础

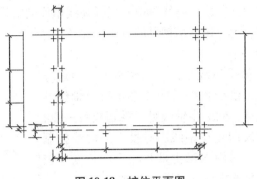

图 10-18 桩位平面图

（2）灌入深度的测设。根据施工场地上已测设的 ±0 标高，测定桩位的地面标高，通过桩顶设计标高、设计桩长即可计算出该桩应灌入的深度。

桩的铅直度一般可由桩机本身控制，必要时可用经纬仪进行校准。

（3）承台（地梁）的施工测量。在预制桩和小截面灌注桩基础中，均采用在群桩上设置承台，或在一条轴线上的各单桩上设置地梁。其施工测量方法和条形基础、扩大基础基本相同。

五、主体施工测量

主体施工中的测量工作，依建筑物的结构形式、高度、施工方法的不同而有所不同。下面介绍多层建筑施工中常见的砌体结构施工测量。

1. 砌筑中的测量工作

基础完工以后，根据龙门板上轴线钉（或轴线控制桩），将轴线投测到基础的侧面上，以红三角"▶"标示，以备向上投测轴线之用。再将轴线投测在基础顶面上，并据此轴线弹出纵、横墙边线，同时定出门、窗和其他洞口的位置，并将这些线弹设到基础的侧面上。

砌筑中，墙体各部位构件的标高用皮数杆作为控制，如图 10-19 所示。皮数杆是用长 2 m 的方木制成，按照设计尺寸，在杆上从 ±0 线起向上画有每层砖和灰缝厚度，以及门、窗、过梁、楼板等位置。立皮数杆时，先在立杆处打一木桩，并把 ±0 标高测设在桩的侧面上，再把皮数杆上的 ±0 线与桩上的 ±0 线对准，并钉牢。一层楼砌好后，若有二层、三层等层，则从一层皮数杆起，一

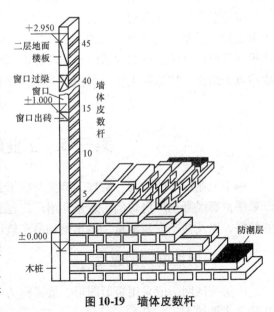

图 10-19 墙体皮数杆

层一层地往上接着立皮数杆，从而完成各层、各部位的标高控制。一般墙身砌起500 mm以后，根据龙门板的±0标高，在室内砖墙上测设出+300 mm标高线，供室内地坪找平和室内装修之用。二层标高线是由一层标高线用尺向上量一楼层高而定出的，同法依次定出各层的标高线。也可用悬吊钢尺的方法传递高程。

2. 轴线投测

（1）吊垂球线法：可在楼板、柱顶边缘悬吊垂球，依线在楼板或柱边缘投得轴线的一个投设点，同法将轴线另一端再投设一点，两点的连线即定位轴线。对投设的轴线控制点及轴线，需用钢尺丈量并与设计长度比较检查，满足要求后方可继续施测。

（2）经纬仪投测法：如图10-20所示，安置经纬仪于定位主轴线的控制桩或引桩上。严格整平仪器，分别用盘左、盘右位置照准基础侧面上的主轴线标志"▶"；仰起望远镜，向楼板或柱边缘投设轴线，并取两个盘位投测的中点为结果，即所投测主轴线上的一点。同法在建筑物另一侧投测该主轴线点，两点的连线即楼层的定位主轴线。根据投测的两条相互垂直的主轴线，经检查合格后，即可进行各层的轴线测设及细部施工放样。

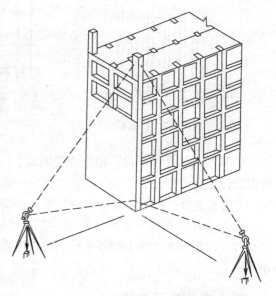

图10-20 经纬仪投测轴线

对于某些建筑物，由于主轴线上构造柱中有钢筋，为方便放样，可投测一条与该轴线平行且与该轴距离为一整数（如1 m）的平行线。

按规范要求，在多层建筑施工测量中，一般应每施工2～3层后用经纬仪投测一次轴线。为保证投测质量，应对所使用的经纬仪进行严格的检验与校正，尤其是照准部水准管轴应严格垂直于仪器竖轴，安置仪器时必须使照准部水准管气泡严格居中，并使用盘左、盘右投测取中点为结果。应选在无风时投测，并给仪器打伞遮阳。

第三节　工业厂房施工测量

由于工业厂房的结构、层数、跨度及施工方法不同，其施工测量方法也有所差异。本节以单层钢筋混凝土厂房为例，着重介绍厂房控制网的建立、厂房柱列轴线的测设、杯形基础的放样，以及柱子安装测量、吊车梁和吊车轨道的安装测量工作等。

一、厂房控制网的建立

厂房控制网一般采用矩形图形，故又称为矩形控制网，它是测设厂房柱列轴线的依据。其建立步骤如下：

1. 厂房控制点坐标的计算

厂房控制网的四个角点（称为厂房控制网主点），常设置在厂房外墙轴线外 4 m 处，故其坐标可由房角点的设计坐标推算。例如，图 10-21 中厂房控制点 Q 的坐标（$A = 255$ m，$B = 104$ m）是由相应房角点的设计坐标（$A = 251$ m，$B = 108$ m）加或减 4 m 而得出的。

2. 厂房控制网的测设

如图 10-21 所示，先根据厂房控制点的设计坐标和建筑方格网点 E、F 的坐标，计算放样数据。然后利用方格网边 EF，按直角坐标法在地上测设出厂房控制网的四个角点 P、Q、R、S，最后检查 $\angle Q$、$\angle R$ 是否等于 $90°$，PS 及 QR 两边是否等于设计长度，其误差一般不超过 $24''$ 和 $1/10\,000$，为了便于柱列轴线的测设，需在测设和检查距离的过程

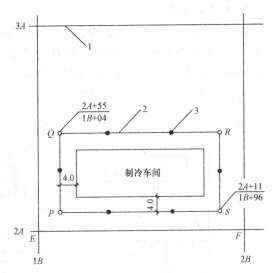

图 10-21　厂房矩形控制网

1—建筑方格网；2—厂房控制网；3—距离指标桩

中，由控制点起（要除去上述 4 m 以后），沿矩形控制网的边上，按每隔 18 m 或 24 m 设置一桩，称为距离指标桩。

二、柱列轴线的测设与基础施工测量

1. 柱列轴线的测设

按照厂房柱列平面图（图 10-22）所示的柱间距和柱跨距的尺寸，根据距离指标桩，用钢尺沿厂房控制网的边逐段测设距离，以定出各轴线控制桩，并在桩顶钉小钉以示点位。相应控制桩的连线即柱列轴线（又称定位轴线），并应注意变形缝等处特殊轴线的测设。

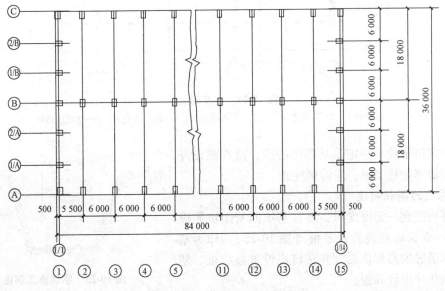

图 10-22　厂房柱列平面图

2. 柱基的测设

用两台经纬仪分别安置在纵、横轴线控制桩上,交会出柱基定位点(即定位轴线的交点)。再根据定位点和定位轴线,按基础详图(图10-23)上的尺寸和基坑放坡宽度,放出开挖边线,并撒上白灰。同时在基坑外的轴线上,离开挖边线约2 m处,各打入一个基坑定位小木桩(图10-24),桩顶钉小钉作为修坑和立模的依据。

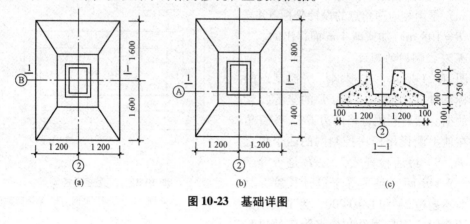

图10-23 基础详图

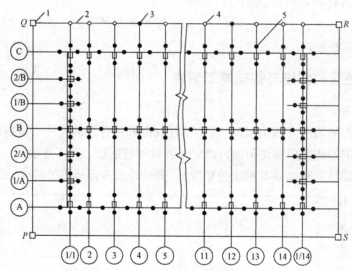

图10-24 柱基的测设

1—厂房控制点;2—厂房控制网;3—距离指标桩;4—轴线控制桩;5—基坑定位桩

由于定位轴线不一定是基础中心线,故在测设外墙、变形缝等处柱基时,应特别注意。

3. 基坑的高程测设

当基坑挖到一定深度时,要在基坑四壁距坑底设计高0.3~0.5 m处设置水平桩(图10-25),作为基坑修坡和清底的高程依据,并在坑底设置垫层桩,使其桩顶为垫层设计高程。

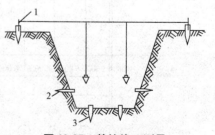

图10-25 基坑施工测量

1—基坑定位桩;2—水平桩;3—垫层桩

三、柱子的安装测量

柱子安装测量的精度要求：

(1) 柱脚中心线应对准柱列轴线，其偏差不得超过 ±5 mm。

(2) 牛腿面高程与设计高程一致，其误差不得超过 ±5 mm。

(3) 柱子的垂直度，其偏差不得超过 ±3 mm。当柱高大于 10 m 时，垂直度可适当放宽。

详细的技术规定请查阅《工程测量规范》(GB 50026—2007)。

1. 吊装前的准备工作

(1) 弹杯口定位线和柱子中心线。根据轴线控制桩，将柱列轴线投测在杯形基础的顶面上，并用红油漆画"▶"标志作为定位线，如图10-26所示。当柱列轴线与柱子中心线不一致时，应在杯形基础顶面上加画柱中心定位线。另外，在柱子的三面弹出柱中心线，并在每条线的上、下（近杯口处）端画"▶"标志，作为柱子校正之用。

(2) 柱长的检查及杯底找平。如图10-27所示，杯底设计标高 H_1 加上柱长 l 应等于牛腿面设计标高 H_2，即

$$H_2 = H_1 + l \tag{10-3}$$

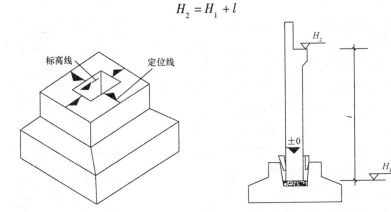

图10-26 杯口上的定位线与标高线　　图10-27 柱长检查与柱的固定

由于柱子预制有误差，使其长度不为 l。为便于调整，使牛腿面位于设计标高，就必须使浇注的杯底标高比其设计高小 2~5 mm，还需在杯口内壁测设一条距杯底设计高为整分米的标高线，再根据实量的柱长，用 1:2 水泥砂浆在杯底找平。

2. 柱子的校正

(1) 柱子的水平位置校正。柱子吊入杯口后，使柱子中心线对准杯口定位线，并用木楔或钢楔做临时固定，如果发现错动，可用敲打楔块的方法进行校正，为了便于校正时使柱脚移动，事先应在杯中放入少量粗砂。

(2) 柱子的铅直校正。如图10-28所示，将两台经纬仪分别安置在纵、横轴线附近，离柱子的距离约为1.5倍柱高。先瞄准柱脚中线标志"▶"，固定照准部并逐渐抬高望远镜，若是柱子上部的标志"▶"在视线上，则说明柱子在这一方向上是竖直的；否则应进行校正。校正的方法有：敲打楔块法、变换撑杆长度法以及千斤顶斜顶法等。根据具体情况采用适当的校正方法，使柱子在两个方向上都满足铅直度要求为止。

在实际工作中，常把成排柱子都竖起来，这时可把经纬仪安置在柱列轴线的一侧，使得安置一次仪器能校正数根柱子。为了提高校正的精度，视线与轴线的夹角不得大于15°。

（3）柱子铅直校正的注意事项：校正用的经纬仪必须经过严格的检查和校正；照准部水准管气泡要严格居中；柱子的垂直度校正好后，要复查柱中心线是否仍对准基础定位线；当校正变截面的柱子时，经纬仪必须安置在轴线上，以防差错；避免在日照下校正，应选择在阴天或早晨，以防由于温度差使柱子向阴面弯曲，而影响柱子校正工作。

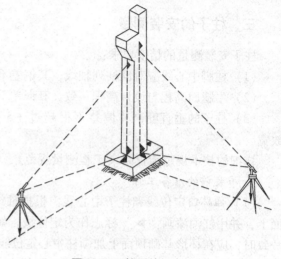

图 10-28　柱子的铅直校正

四、吊车梁的安装测量

安装前先弹出吊车梁顶面中心线和两端中心线，要将吊车轨道中心线投到牛腿面上。牛腿面上吊车梁中心线的测设方法是：如图 10-29（a）所示，根据厂房中心线和设计轨距在地面上测设出吊车轨道中心线 $A'A'$ 和 $B'B'$，然后安置经纬仪于吊车轨道中心线的一个端点 A'（B'），瞄准另一端点 A'（B'），仰起望远镜，即可将吊车轨道中心线投测到每根柱子的牛腿面上，并弹出墨线。吊装时，使吊车梁端中心线与牛腿面上的中心线对齐。吊装完成后，应检查吊车梁面的标高，可先在地面上安置水准仪，将 +500 mm 标高线测设在柱子侧面上，再用钢尺从该线起沿柱子侧面向上量出至梁顶面的高度，检查梁面标高是否正确，然后在梁下垫铁板调整梁面的标高，使其满足设计要求。在检测梁面标高的同时，还要在柱子上测设比梁面高整分米的标高线，以做检查之用。

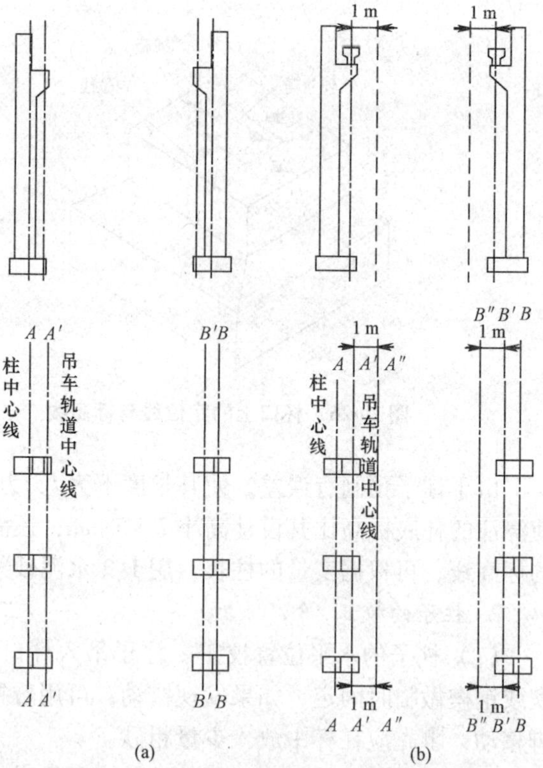

图 10-29　吊车轨道中心线的测设与检查

五、吊车轨道的安装测量

安装吊车轨道前，必须对梁上的中心线进行检测，此项检测多采用平行线法。如图 10-29（b）所示，首先在地面上从吊车轨道中心线向厂房中心线方向量出长度 a（1 m），

得平行线 $A''A''$ 和 $B''B''$。然后安置经纬仪于平行线的一端 A''（B''）点，瞄准另一端点 A''（B''），固定照准部，仰起望远镜投测。此时另一人在梁上移动横放的小木尺，使 1 m 刻划对准视线，木尺的零刻划与梁面的中心线应该重合。如不重合应予以改正，可用撬杠移动吊车梁，使梁中心线与 $A''A''$（$B''B''$）的距离为 1 m。

吊车轨道按中心线就位后，再将水准仪安置在吊车梁上，水准尺直接放在轨道面上，根据柱子上的标高线，每隔 3 m 检测一点轨面标高，并与其设计标高比较，误差应在 ±3 mm 以内。还要用钢尺检查两吊车轨道间的跨距，与设计跨距相比较，误差不得超过 ±5 mm。

第四节　高层建筑施工测量

一、基础施工测量

在高层建筑中，多采用箱形基础。箱形基础挖深较大，有时深达 20 m，施工测量要注意以下几项工作。

1. 施工控制点的保存

由于施工场地狭窄，建筑设备、材料、作业区布置紧凑，基础施工过程中降水、土的侧压力等因素造成地表沉降、基坑壁水平位移等因素，对点位要采取较好的保存措施，施工场地内的点应砌护墩，将后视这些点位的方向投测到施工范围外的建筑物上，也可瞄准远处一些地物，记录各方向读数以备作为后视检核控制点是否发生位移，并应尽可能将坐标或轴线方向与高程引测至施工范围外作为备用点位保存。

2. 基坑的标定

根据建筑物的大小、几何图形的繁简程度、施工场地条件等因素，基坑的标定可考虑如下方案。

(1) 按设计要素计算出各基坑轮廓点的施工坐标，根据施工场地上已有的导线点、建筑方格（基线）点，以极坐标法测设这些基坑轮廓点以确定开挖范围。

(2) 根据建筑红线、现有建筑物、建筑方格网（基线）、导线点等，测设建筑物的主轴线，再根据主轴线控制点测设基坑开挖范围。

(3) 在施工场地上已进行了建筑物定位，根据施工场地上建筑物角桩或其轴线控制桩测设基坑开挖范围。

3. 基坑支护工程的监测

通常情况下，由于施工场地狭窄，不可能采用放坡开挖施工，为保证土壁的稳定，深基坑一般需要采用挡土支护措施。为此需要对基坑支护结构的变形以及基坑施工对周围建筑物的影响进行现场监测，以便为基坑施工以及周围环境保护问题做出合理的技术决策和为现场的应变决定提供有效的依据。基坑支护工程的沉降监测可参看本章第五节，这里仅介绍基坑支护工程水平位移监测方法。

(1) 视准线法。水平位移观测方法有很多，诸如视准线法、引张线法、极坐标法以及前方交会法等。结合建筑施工工地的特点，对支护工程多采用视准线法。如图 10-30 所示，建立一条基

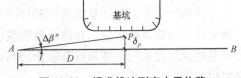

图 10-30　视准线法测定水平位移

线 AB，利用精密经纬仪测定小角 $\Delta\beta''$，从而可计算 P 点的水平位移 δ_P，即

$$\delta_P = \frac{\Delta\beta''}{\rho''}D \tag{10-4}$$

式中，D 是测站点 A 到观测点 P 之间的水平距离。

在视准线法中，平距 D 只需丈量一次，在以后的各期观测中，可以认为 D 值不变。因此这种方法方便易行，但在狭窄的施工现场布设四条基线通常比较困难。

（2）全站仪监测法。观测原理如图 10-31 所示，对任何形状的施工现场，均只需建立一条基准线 MN，将测站点 M、后视点 N 的施工坐标 A_M、B_M 和 A_N、B_N 输入全站仪，利用全站仪的坐标测量功能观测某位移观测点 i，即可得到 i 点的施工坐标 A_i、B_i。对于普通的测距仪，则可观测 i 点的水平角 β_i 和水平距离 D_{Mi}，则

$$\begin{aligned} A_i &= A_M + D_{Mi}\cos(\alpha_{MN}+\beta_i) \\ B_i &= B_M + D_{Mi}\sin(\alpha_{MN}+\beta_i) \end{aligned} \tag{10-5}$$

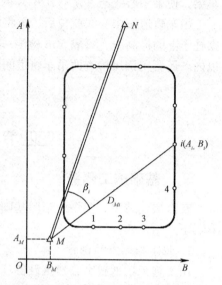

图 10-31 全站仪监测法测定水平位移

由于基坑壁方向即为建筑物轴线方向，亦即施工坐标轴方向，故两期 i 点坐标结果之差 δ_{Ai} 或 δ_{Bi} 即该期间内 i 点的水平位移，其中 δ_{Ai} 为南北轴线方向的位移值，δ_{Bi} 为东西轴线方向的位移值。

在观测中应注意以下事项：

①基准点应选在与所有观测点通视的地方，最好做成强制对中式的观测墩，这样可消除对中误差，同时提高了工作效率，而且在繁杂的工地上也易于得到保护。

②基准方向至少选两个，如 N 和 P，每次观测时可以检查基准线 MN 与 MP 间的夹角 β，以便间接检查 M 点的稳定性；另外，N 点和 P 点应选取尽可能远离基坑且与 M 点距离不同的建筑物上的明显标志点，使 M 点与 N、P 点避免构成危险圆。

③观测点应设置在支护的柱或圈梁上，应稳固且尽可能明显，以提高成果质量。

④监测成果应及时反馈给监理公司、业主、承包商等各方，及时解决施工中出现的问题。

4. 基坑的高程测设

高程控制测量可采用悬吊钢尺的方法将高程传递到基坑中，也可利用土方施工中的工作面，以水准测量方法传递高程。在坑底设置多个临时水准点，并应通过检核使其精度符合要求，供基坑中垫层、模板支护、基础浇筑等项施工的高程测设之用。

5. 基础轴线的测设

在基础垫层上，根据基坑周围的导线点、建筑方格（基线）点或建筑物主轴线控制桩，在基坑底进行建筑物定位，并测设各轴线，检查各项是否均符合精度要求。

某些建筑物采用箱基和桩基联合的基础形式，在测设基础各轴线后，根据桩位平面图测设桩位。

二、主体结构施工测量

高层建筑物多采用框架或框–剪结构形式和整体现浇施工。其每层内施工测量方法与砌体结构大致相同，这里仅介绍轴线投测方法以及滑模施工中的测量工作。

1. 轴线投测方法

（1）吊垂球法。对于高层建筑，可用 10~20 kg 重的特制垂球，用直径 0.5~0.8 mm 钢丝悬吊，在 ±0.000 首层地面上以靠近高层建筑物主体结构四周的轴线点为准，逐层向上悬吊引测轴线并控制建筑物的竖向偏差。在用此方法时，要采取一些必要措施，如用铅直的塑料管套在垂线上，以防风吹，并采用专用观测设备，以保证精度。

（2）经纬仪投测法。与前述方法相同，但当建筑物楼层增至相当高度时，经纬仪向上投测的仰角增大，投点精度会随着仰角的增大而降低，且观测操作也不方便。因此，必须将主轴线控制点引测到远处的稳固地点或附近大楼的屋面上，以减小仰角。为保证投测质量，使用的经纬仪必须经过严格的检验校正，尤其是照准部水准管轴应严格垂直于仪器竖轴，安置仪器时必须使照准部水准管气泡严格居中。应选无风时投测，并给仪器打伞。这种方法要求有宽阔的施测场地，对于近年来非常狭窄的施工场地，已不宜应用。

（3）激光铅垂仪投测轴线。如图 10-32（a）所示，首先根据梁、柱的结构尺寸，在彼此垂直的主轴线上分别选定距轴线 500~1 000 mm 的投测点（1#~5#）。为提高投测精度，各点可设成强制对中式的观测墩。宜在仪器上设置护罩。在各点上分别安置激光铅垂仪（或装配弯管目镜的激光经纬仪、普通经纬仪），如图 10-32（b）所示。根据观测站位置，在每层楼面相应位置都应预留孔洞，供铅垂仪照准及安放接收屏之用。根据激光束读取激光靶的读数，并转动照准部，以对称的 3~4 个方向的中心为投测结果。深圳市国际贸易中心主楼（高160 m），采用滑模施工，用激光铅垂仪进行轴线的竖向投测，取得良好效果。

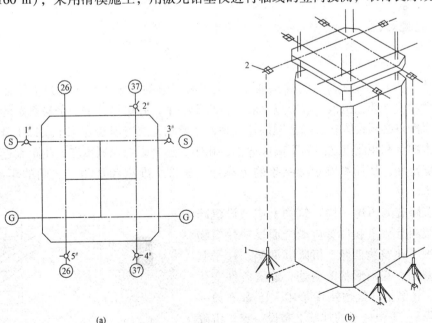

图 10-32 激光铅垂仪投测轴线

1—激光铅垂仪；2—激光接收靶

2. 滑模施工中的测量工作

滑模施工就是在现浇混凝土结构施工中，一次装设 1 m 多高的模板，浇筑一定高度的混凝土，通过一套提升设备将模板不断向上提，在模板内不断绑扎钢筋和浇筑混凝土，随着模板的不断向上滑升，逐步完成建筑物的混凝土浇筑工作。在施工过程中所做的测量工作主要有铅直度和水平度的观测及标高测设，现分别叙述如下。

（1）铅直度观测。滑模施工的质量关键是保证铅直度。可采用前面介绍的吊垂球法、经纬仪投测法，但更宜采用激光铅垂仪投测。

（2）标高测设。首先在墙体上测设 +1 m 的标高线，然后用钢尺从标高线沿墙体向上测量，最后将标高测设在支承杆上。为了减少逐层读数误差的影响，可采用数层累计读数的测法，如三层读一次尺。

（3）水平度观测。在滑升过程中，若施工平台发生倾斜，则结构就会发生偏扭，将直接影响建筑物的垂直度，所以施工平台的水平度观测是十分重要的。在每层停滑间歇，用水准仪在支撑杆上独立进行两次抄平，互为检核，标注红三角"▼"，再利用红三角"▼"在支撑杆上每隔 0.2 m 弹设一分划线，以控制各支撑点滑升的同步性，从而保证施工平台的水平度。

第五节　建筑物的变形观测

为保证建筑物在施工、使用和运行中的安全，以及为建筑设计积累资料，通常需要对建（构）筑物及其周边环境的稳定性进行观测，这种观测称为建筑物的变形观测。变形观测的主要内容包括沉降观测、位移观测、倾斜观测和裂缝观测等。

一、沉降观测

1. 水准点和沉降观测点的布设

作为建（构）筑物沉降观测的水准点一定要有足够的稳定性，同时为了保证水准点高程的正确性和便于相互检核，水准点一般不得少于三个，并选择其中一个最稳定的点作为水准基点。水准点必须设置在沉降范围以外，埋设在原状土层（至少在冻土层以下 0.5 m）或基岩上。水准点和观测点之间的距离应适中，相距太远会影响观测精度，相距太近又会影响水准点的稳定性，从而影响观测结果的可靠性。通常水准点和观测点之间的距离以 60 ~ 100 m 为宜。

进行沉降观测的建（构）筑物上应埋设沉降观测点。观测点数量和位置应能全面反映建筑物的沉降情况。建筑物四角、沉降缝两侧、柱子基础、设备基础、基础形状改变处、地质条件变化处应设点，还需沿建筑物外墙每 10 ~ 15 m 布设一点，或每隔 2 ~ 3 根柱子的柱基上布设一点。沉降点的埋设形式如图 10-33 所示。

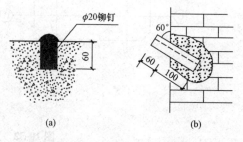

图 10-33　沉降点的埋设形式

2. 沉降观测的一般规定

(1) 观测周期：待观测点埋设稳固后，且在建（构）筑物主体开工前，应进行第一次观测。在建筑物主体施工过程中，一般为每增加1～2层观测一次；对于工业建筑，浇筑基础、回填土、安装柱子和屋架、砌筑墙体以及吊车安装等分项施工时要进行沉降观测；大楼封顶或竣工后，一般每月观测一次，如果沉降速度减缓，可改为2～3个月观测一次，直到沉降量100天不超过1 mm时，观测才可停止。

(2) 观测方法和仪器的要求：对于多层建筑物的沉降观测，可采用S3级水准仪用普通水准测量方法进行。对于精密设备及其厂房、高层建筑物的沉降观测，则应采用S1级精密水准仪，用二等水准测量方法进行。为了保证水准测量的精度，观测时视线长度一般不得超过50 m，前、后视距要尽量相等。具体、详尽的技术要求可见《工程测量规范》(GB 50026—2007) 有关章节和沉降观测规范。

(3) 沉降观测的工作要求：沉降观测是一项长期的连续观测工作，为了保证观测成果的正确性，应尽可能做到固定观测人员，使用固定的水准仪和水准尺，使用固定的水准基点，按规定的日期、方法及既定的路线、测站进行观测。

3. 沉降观测成果整理

每次观测之后，应检查记录中的数据和计算是否准确，精度是否合格，各项文字说明是否齐全。然后把各次沉降观测点的高程列入成果表，并计算相邻两次观测之间的沉降量和累计沉降量，并注明观测日期和荷载情况。为了更清楚地表示沉降、荷载、时间之间的关系，还要画出各沉降观测点的沉降、荷载、时间关系曲线图（图10-34）。

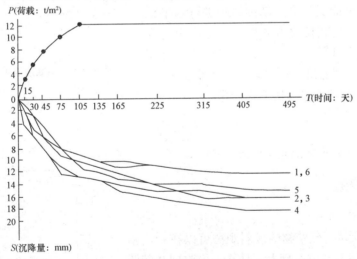

图10-34 观测点沉降、荷载、时间关系曲线图

4. 沉降观测中几种异常情况

(1) 曲线在首次观测后即发生回升。在第二次观测时即发现多个点沉降曲线上升，通常情况下是由于水准点、观测点埋设后尚未稳定或观测误差较大所引起；若为个别点（或一侧点）曲线上升，应分析是否是由于该点附近有建筑材料、设备等荷载，从而导致该点处翘曲（被撬高）。找到原因并排除后，可将第一次观测成果作废，从第二次观测成果开始重新计算。

（2）曲线在中间某点突然回升。发生此种现象的原因，多半是水准基点或沉降观测点被碰，如水准基点被压低，或沉降观测点被撬高，此时应仔细检查水准基点和沉降观测点的外形有无损伤。如果众多沉降观测点出现此种现象，则水准基点被压低的可能性很大，此时可改用其他水准基点继续观测，并再埋设新水准点，以保证水准点数不少于三个；如果只有一个沉降观测点出现此种现象，则多半是该点被撬高，如果观测点被撬后已活动，则需另行埋设新点，若点位尚牢固，则可继续使用，对于该点的沉降量计算，则应进行合理调整。

（3）曲线自某点起渐渐回升。产生此种现象一般是由于水准基点下沉。此时应根据水准点之间的高差来判断出最稳定的水准点，以此作为新水准基点，将原来下沉的水准基点废除。另外，埋在裙楼上的沉降观测点，由于受主楼的影响，有可能会出现正常的渐渐回升现象。

（4）曲线的波浪起伏现象。曲线在后期呈现微小波浪起伏现象，其原因是测量误差。曲线在前期波浪起伏之所以不突出，是因为下沉量大于测量误差；但到后期，由于建筑物下沉极微或已接近稳定，在曲线上就出现测量误差比较突出的现象。此时可将波浪曲线改为水平线，并适当地延长观测的间隔时间。

二、位移观测

位移观测除前述的视准线法、极坐标法外，还可采用测角前方交会法等方法。有些建筑物只要求测定某特定方向上的位移量，如大坝在水压力方向上的位移量，这种情况可采用基准线法进行水平位移观测。观测时，先在位移方向的垂直方向上建立一条基准线，如图10-35所示，A、B为控制点，P为观测点，只要定期测量出观测点P与基准线AB的角度变化值$\Delta\beta$，其位移量可按下式计算：

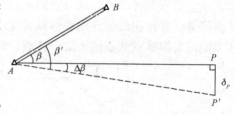

图10-35 基准线法观测水平位移

$$\delta_P = D_{AP} \frac{\Delta\beta''}{\rho''} \tag{10-6}$$

式中，D_{AP}为A、P两点间的水平距离。

三、倾斜观测

1. 水准仪观测法

如图10-36所示，建筑物的倾斜观测可以在利用精密水准仪进行沉降观测的基础上，计算一段时期基础两端点的沉降量之差Δh，再根据两点间的距离D，即可计算出基础的倾斜度i：

$$i = \frac{\Delta h}{D} \tag{10-7}$$

如果知道建筑物的高度h，则可计算出建筑物顶部的倾斜位移值δ：

$$\delta = ih = \frac{\Delta h}{D} h \tag{10-8}$$

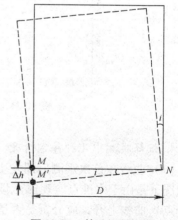

图10-36 基础倾斜观测

2. 经纬仪观测法

初次观测时，在建筑物的高处设置一个观测点 A，在大致垂直于墙面的方向找一点 M，使 M 至 A 点的仰角不大于 $45°$。如图 10-37（a）所示，在 M 点安置经纬仪（不必对中），瞄准 A 点，放平望远镜，在墙面上投测出与 A 点位于同一铅垂面内的 B 点，做好标记，并测出 A、B 的高差 h。每次观测时，仪器仍安置在 M 点附近，用经纬仪把观测点 A 投测到 B 点所在水平线上，得 B' 点，则 BB' 即 A 点的倾斜位移值，据此可计算出 A、B 两点连线的倾斜度 i：

$$i = \frac{BB'}{h} \tag{10-9}$$

如果将 A 点选在建筑物某个拐角的棱上，分别在建筑物两个墙面延长线上的 M、N 两点安置经纬仪进行上述观测，设 MB 方向为 x 轴，NB 方向为 y 轴，则可得建筑物在这两个方向的倾斜位移值 δ_y、δ_x，如图 10-37（b）所示，若建筑物两墙面互相垂直，则建筑物该角顶部的总倾斜量 δ 为

$$\delta = \sqrt{\delta_x^2 + \delta_y^2} \tag{10-10}$$

相对于 x 轴正向的倾斜方向方位角 θ 为

$$\theta = \tan^{-1}\left(\frac{\delta_y}{\delta_x}\right) \tag{10-11}$$

若建筑物两墙面不垂直，可依其夹角合成其总倾斜量和倾斜方向。

对圆形建（构）筑物的倾斜观测，可在其底部横放一根标尺，作为 y 轴，如图 10-38 所示。用经纬仪将圆形建（构）筑物顶部边缘 A、A' 两点和底部边缘 B、B' 两点分别投测到标尺上，得读数 y_1、y_1'、y_2、y_2'。同法在与其垂直的方向放另一根标尺，作为 x 轴，并投测得读数 x_1、x_1'、x_2、x_2'。则 δ_x、δ_y 为

$$\begin{aligned} \delta_x &= \frac{y_1 - y_1'}{2} - \frac{y_2 - y_2'}{2} \\ \delta_y &= \frac{x_1 - x_1'}{2} - \frac{x_2 - x_2'}{2} \end{aligned} \tag{10-12}$$

可按式（10-10）、式（10-11）计算其总倾斜量和倾斜方向。

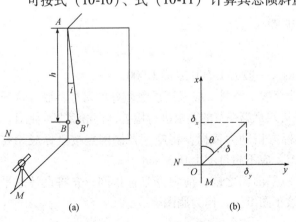

图 10-37 用经纬仪进行倾斜观测

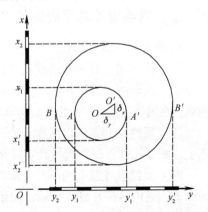

图 10-38 圆形建筑物的倾斜观测

四、裂缝观测

发现建筑物裂缝，应立即检查，绘出裂缝分布图，量出每一裂缝的长度、宽度、深度。然后用两块大小不同的矩形镀锌薄钢板，使其边缘相互平行，部分重叠的分别固定在裂缝两侧，如图10-39所示。固定后，将镀锌薄钢板的端线相互投到另一块的表面上，用红油漆画成"▶"标记。如果裂缝继续发展，则镀锌薄钢板端线与"▶"标记逐渐离开，定期量取组端线与标记之间的距离，并取其平均值，即裂缝在某段时间内的发展情况。

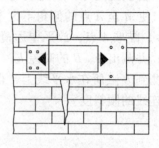

图 10-39 建筑物裂缝观测

第六节 竣工总平面图的编绘

一、编绘竣工总平面图的意义

竣工总平面图是设计总平面图在施工结束后实际情况的全面反映。由于在施工过程中经常出现设计时没有考虑到的因素而使设计有所变更，设计总平面图与竣工总平面图一般不会完全一致，这种临时变更设计的情况必须通过测量反映到竣工总平面图上，因此施工结束后应及时编绘竣工总平面图。其目的在于：

（1）对建筑物竣工成果和质量进行验收测量。

（2）便于日后进行各种设施的维修工作，特别是地下管道等隐蔽工程的检查和维修工作。

（3）为企业的改、扩建提供原有各建筑物、地上和地下各种管线及测量控制点的坐标、高程等资料。

编绘竣工总平面图，需要在施工过程中收集一切有关的资料和必要的实地测量，并对资料加以整理，然后及时进行编绘。为此，从建筑物开始施工起，就应有所考虑和安排。

二、编绘竣工总平面图的方法和步骤

1. 绘制前的准备工作

（1）确定竣工总平面图的比例尺。比例尺一般为 1：500 或 1：1 000。

（2）绘制图底坐标方格网。为能长期保存竣工资料，应采用质量较好的聚酯薄膜等优质图纸，在图纸上精确地绘出坐标方格网，按第八章第一节的要求进行检查，合格后方可使用。

（3）展绘控制点。以图底上绘出的坐标方格网为依据，将施工控制网点按坐标展绘在图上。相邻控制点间距离与其实际距离之差，应不超过图上 0.3 mm。

（4）展绘设计总平面图。在编绘竣工总平面图之前，应根据坐标格网，先将设计总平面图的图面内容按其设计坐标，用铅笔展绘于图纸上，作为底图。

2. 竣工总平面图的编绘

在建筑物施工过程中，在每一个单位工程完成后，应进行竣工测量，并提出该工程的竣

工测量成果。对具有竣工测量资料的工程,若竣工测量成果与设计值之差不超过规定的定位容许误差,按设计值编绘;否则应按竣工测量资料编绘。

对于各种地上、地下管线,应用各种不同颜色的墨线绘出其中心位置,注明转折点及井位的坐标、高程及有关注记。在一般没有设计变更的情况下,墨线绘的竣工位置与按设计原图用铅笔绘的设计位置应该重合。随着施工的进展,逐渐在底图上将铅笔线都绘成墨线。在图上按坐标展绘工程竣工位置时,与在图底上展绘控制点的要求一样,均以坐标格网为依据进行展绘,展点对邻近的方格而言,其容许误差为 ±0.3 mm。

另外,建筑物的竣工位置应到实地去测量,如根据控制点采用极坐标法或直角坐标法实测其坐标。外业实测时,必须在现场绘出草图,最后根据实测成果和草图,在室内进行展绘,便成为完整的竣工总平面图。

三、竣工总平面图的附件

为了全面反映竣工成果,便于管理、维修和日后的扩建或改建,下列与竣工总平面图有关的一切资料,应分类装订成册,作为竣工总平面图的附件保存:

(1) 建筑场地及其附近的测量控制点布置图及坐标与高程一览表。
(2) 建筑物或构筑物沉降及变形观测资料。
(3) 地下管线竣工纵断面图。
(4) 工程定位、检查及竣工测量的资料。
(5) 设计变更文件。
(6) 建设场地原始地形图等。

思考题

1. 为什么要建立施工控制网?
2. 施工平面控制网有哪些形式?各宜在什么条件下采用?
3. 如图 10-40 所示,测得 $\beta = 180°00'42''$。设计 $a = 150.000$ m, $b = 100.000$ m, 试求 A'、O'、B' 三点的调整移动量 δ。

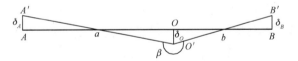

图 10-40 题 3 图

4. 民用建筑施工测量包括哪些主要工作?建立轴线控制桩或龙门板有什么作用?
5. 建筑物轴线投测方法有哪些?在使用中应注意哪些问题?
6. 施工中对柱子安装测量有何要求?如何进行柱子的竖直校正工作?校正时应注意哪些事项?
7. 如何控制吊车梁安装时的中心线位置和高程?
8. 为什么要进行变形观测?变形观测主要包括哪几种?
9. 简述沉降观测的目的和方法。
10. 对某烟囱进行变形观测,如图 10-38 所示,设沿 y 方向观测到的标尺读数为 $y_1 = 0.57$ m、$y_1' = 1.97$ m、$y_2 = 0.07$ m、$y_2' = 2.87$ m,沿 x 方向标尺读数为 $x_1 = 2.05$ m、$x_1' = 0.65$ m、$x_2 = 2.95$ m、$x_2' = 0.15$ m。烟囱高为 30 m,试求烟囱倾斜度及倾斜方向。
11. 为什么要编绘竣工总平面图?竣工总平面图包括哪些内容?

第十一章 线路勘测

第一节 线路测量工作概述

线路工程是指长宽比很大的工程，包括铁路、公路以及输电、供水、供气、输油、各种用途的管道工程等。这些工程建设中所进行的测量工作称为线路工程测量，简称线路测量。

一、线路测量的基本过程

1. 规划选线阶段

规划选线阶段是线路测量的开始阶段，一般内容包括图上选线、实地勘察和方案论证。

（1）图上选线。根据建设单位提出的工程建设基本思想，选用合适的比例尺（1:5 000~1:50 000）地形图，在图上比较、选取线路方案。现势性好的地形图是规划选线的重要图件，可以为线路工程初步设计提供地形信息，可以依此测算线路长度、桥梁和涵洞数量、隧道长度等项目，估算所选方案的建设投资费用等。

（2）实地勘察。根据图上选线的多种方案，进行野外实地踏勘、视察，进一步掌握沿线的实际情况，收集沿线的实际资料。要特别注意以下信息：有关的测量控制点；沿途的工程地质情况；规划线路所经过的新建筑物及与拟建线路的交叉位置；有关土、石建筑材料的来源等。地形图的现势性往往跟不上经济建设的速度，实际地形与地形图可能存在差异，因此，实地勘察获得的资料是图上选线的重要补充资料。

（3）方案论证。根据图上选线和实地勘察的全部资料，结合建设单位的意见进行方案论证，经比较后确定规划线路方案。

2. 线路工程勘测阶段

线路工程的勘测通常分初测和定测两个阶段。

（1）初测阶段。在确定的规划线路上进行初步的勘测、设计工作。主要测量技术工作包括控制测量和带状地形图的测绘，目的是为线路工程设计、施工和运营提供完整的控制基准及详细的地形信息。

①控制测量：经过规划选线，在中比例尺地形图上已经有了线路的位置，并经实地勘察确定了规划线路的走向。控制测量即实地沿规划线路进行的平面控制测量和高程测量工作。

平面控制测量以导线测量形式为主，现已更多地采用全站仪进行导线测量和应用 GPS 定位技术。高程控制测量多采用水准测量形式，沿线布设水准点。

②带状地形图的测绘：在控制测量的基础上，沿规划中线进行地形测量，按一般地形图测绘的技术要求测绘 100～300 m 宽的带状地形图。在测绘过程中应注意测绘各种管线、道路、桥梁、房屋等重要地物与规划路线的关系，加测穿越规划路线的净空高或负高。规划公路沿线的桥梁隧道应测绘大比例尺工点地形图。测图比例尺按不同线路工程的实际要求参照表 11-1 选定。

表 11-1　线路工程测图比例尺

线路工程类型	带状地形图	工点地形图	纵断面图		横断面图	
			水平	垂直	水平	垂直
铁　　路	1:1 000	1:200	1:1 000	1:100	1:100	1:100
	1:2 000	1:200	1:2 000	1:200	1:200	1:200
	1:5 000	1:500	1:10 000	1:1 000		
公　　路	1:2 000	1:200	1:2 000	1:200	1:100	1:100
		1:500				
	1:5 000	1:1 000	1:5 000	1:500	1:200	1:200
架空索道	1:2 000	1:200	1:2 000	1:200	—	—
	1:5 000	1:500	1:5 000	1:500	—	—
架空送电线路	—	1:200	1:2 000	1:200	—	—
		1:500	1:5 000	1:500		
自流管线	1:1 000		1:1 000	1:100	—	—
	1:2 000	1:500	1:2 000	1:200		
压力管线	1:2 000		1:2 000	1:200	—	—
	1:5 000	1:500	1:5 000	1:500		

根据上述测量成果，线路设计人员进一步进行图上定线设计，在带状地形图上确定线路中线直线段及交点位置，标明直线段连接曲线的有关参数。

（2）定测阶段。主要测量技术工作有中线测量和纵、横断面测量。

①中线测量：将经过线路设计人员在带状地形图上设计的道路中线标定于实地。

②纵、横断面测量：根据标定在地面的中线桩位，测定沿线路中线方向、中线的法线方向的高程变化，绘制出纵、横断面图。

依据纵、横断面图等资料，线路设计人员进行线路的纵、横断面设计。

在一些工程标准较低的线路勘测过程中，也可只进行一阶段勘测设计，即在现场直接进行一次性定测工作，完成中线定线和纵、横断面测量等勘测设计工作。

3. 线路工程的施工放样阶段

根据施工设计图纸及有关资料，在实地放样线路工程的边桩、边坡及其他有关点位，指导施工，保证线路工程建设的顺利进行。

4. 工程竣工运营阶段

对竣工工程，要进行竣工验收，测绘竣工平面图和断面图，为工程运营及后续工程建设做准备。在运营阶段,还要监测工程的运营状况,评价工程的安全性。

二、线路测量的基本工作内容

从上述过程可以看出线路测量的任务有两方面:一是为线路工程的设计与施工提供控制测量成果、地形图和纵、横断面图资料;二是按规划设计位置要求将线路敷设于实地。其主要包括下列各项工作。

(1) 收集规划设计区域各种比例尺地形图、平面图和断面图资料,收集沿线水文、工程地质以及测量控制点等有关资料。

(2) 根据设计人员在图上完成的初步设计方案,在实地标出线路的基本走向,沿着基本走向进行平面和高程控制测量。

(3) 根据线路工程的需要,沿着基本走向测绘带状地形图或平面图,在指定的测绘工点测绘地形图。

(4) 根据定线设计,把线路中心线上的各类点位测设到实地,称为中线测量。中线测量包括线路起止点、转折点、曲线主点和线路中心线里程桩、加桩等。

(5) 测绘线路走向中心线上各地面点的高程,绘制线路走向的纵断面图。根据线路工程的需要测绘横断面图。

(6) 根据线路工程的详细设计进行施工测量。工程竣工后,对照工程实地测绘竣工总平面图和断面图。

三、线路测量的基本特点

(1) 全过程性。测量工作贯穿线路工程的规划选线、勘测设计、工程施工以及运营管理各阶段。

(2) 阶段性。这种阶段性既是测量技术本身的特点,又是线路设计过程的需要,也有随设计阶段的深入,测量工作反复进行的含义。图 11-1 反映了实地勘察、平面设计、竖向设计与初测、定测、放样各阶段的对应关系。

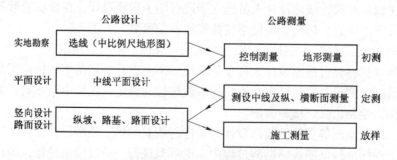

图 11-1　线路设计与测量的关系

(3) 渐近性。线路工程从规划设计到施工、竣工经历了一个从粗到精的过程。从图 11-1 可以看出从实地—图纸—实地—图纸—实地,从粗略到精确这一特点。为此,线路设计人员要懂测量,测量技术人员也要懂设计,勘测与设计交替进行,共同完成线路工程的勘测设计、施工工作。

第二节　中线测量

一、交点与转点的测设

如图 11-2 所示，线路方向的转折点称为交点，它是布设线路、详细测设直线和曲线的控制点。当中线的直线段太长或直线段通视受阻，设置传递直线方向的点称为转点。

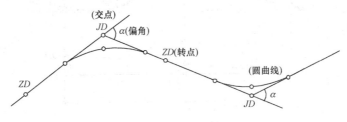

图 11-2　线路中线

1. 一阶段勘测

对于低等级的线路，常采用一次定测的方法直接在现场选定交点的位置，工作内容如下。

（1）直接选定交点。根据线路设计标准和现场条件，由线路勘测设计人员直接在现场选定交点位置。

（2）根据转点定出交点。在某些特定的情况下，不能直接选定线路交点，而是要使线路通过一些特定的转点（如可利用的桥涵、旧路等）。如图 11-3 所示，当根据现场选定的转点 A、B 和 C、D 分别确定两直线后，可确定交点。将经纬仪安置于 B 点并瞄准 A 点，在视线上接近交点 JD 的概略位置前后打下两桩（骑马桩）。采用盘左、盘右分中法，在该两桩上定出 a、b 两点，并钉以小钉，挂上细线。仪器搬至 C，同法定出 c、d 点，挂上细线。在两细线的相交处打下木桩，并钉以小钉，得到 JD 点位。

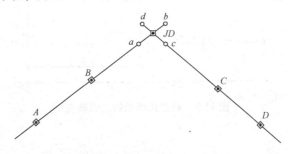

图 11-3　根据转点定出交点

（3）相邻交点间不通视时转点的测设。当相邻两交点互相不通视时，需要在其连线上测设一个或数个转点。其测设方法如下。

①两交点间设转点。在图 11-4 中，JD_5、JD_6 互不通视，ZD' 为初定转点。欲检查 ZD' 是否在两交点的连线上，可将经纬仪安置在 ZD' 上，用盘左、盘右分中法延长直线 JD_5—ZD'

至 JD_6'，与 JD_6 的偏差为 f，用视距法测定 a、b，则 ZD' 应移动的距离 e 可按下式计算：

$$e = \frac{a}{a+b}f \tag{11-1}$$

将 ZD' 按 e 移至 ZD。在 ZD 上安置经纬仪，按上述方法逐渐趋近，直至符合要求为止。

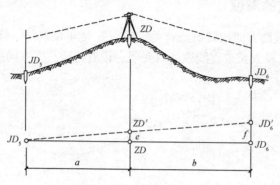

图 11-4　两交点间设转点

②两交点延长线上设转点：在图 11-5 中，JD_8、JD_9 互不通视，可在其延长线上初定转点 ZD'。在 ZD' 上安置经纬仪，用正、倒镜照准 JD_8，固定水平制动螺旋俯视 JD_9，两次取中得到中点 JD_9'。JD_9' 与 JD_9 的偏差值为 f，用视距法测定 a、b，则 ZD' 应移动的距离 e 可按下式计算：

$$e = \frac{a}{a-b}f \tag{11-2}$$

将 ZD' 按 e 移至 ZD。重复上述方法，直至符合要求为止。

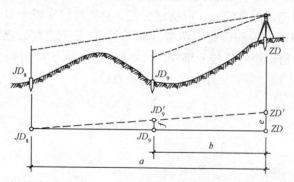

图 11-5　两交点延长线上设转点

2. 两阶段勘测

（1）根据设计数据测设交点位置。对于等级高的线路或地形复杂的地段，需进行两阶段勘测设计。设计人员在带状地形图上进行纸上定线，确定交点的位置，再将其测设到实地。根据线路性质、精度要求、勘测方法等不同的现场情况，测设交点的方法也需灵活多样，可采用直角坐标法、极坐标法、角度交会法、距离交会法和角度与距离交会法等方法进行交点的测设。针对不同的精度要求，可分别采用解析法和图解法取得交点的测设数据。

例如，图 11-6 所示为某道路中线交点测设示意图。图中 A、B、K_1、K_2、K_3 为导线点，QD、JD_1 分别为设计坐标已知的道路中线起点和交点。先采用解析法计算出分别于 B、K_2 两点用极坐标法测设 QD、JD_1 的测设数据 β_1、D_1 和 β_2、D_2，再分别于 B、K_2 两点以极坐标法测设出 QD、JD_1。

又如，图 11-7 所示为某生活污水排水管道，图中 Ⅰ、Ⅱ、Ⅲ 点是设计管道的交点，A、B 是原有管道检查井位置。欲在地面上定出 Ⅰ、Ⅱ、Ⅲ 等交点，可根据比例尺，用图解的方法在图上量出长度 D、a、b、c、d 和 e，即测设数据。然后沿原管道 BA 方向，从 B 量出 D 即得 Ⅰ 点（线性内插，直角坐标法的特例）；用直角坐标法从房角量取 a，并垂直于房边量取 b 即得 Ⅱ 点，再量 e 作为检核 Ⅱ 点是否正确；用距离交会法从两个房角同时量出 c、d，交会出 Ⅲ 点。

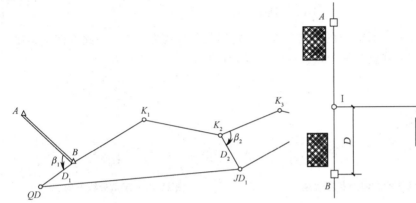

图 11-6　极坐标法测设交点

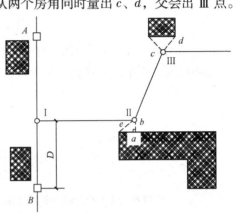

图 11-7　直角坐标法距离交会法测设交点

（2）根据转点计算交点坐标。在两阶段勘测设计中，有些情况下交点的坐标不是直接在图上设计出的，要先根据实地情况确定直线段上转点的坐标，再根据转点的坐标计算出交点的坐标。如图 11-8 所示，1、2、3、4 为相邻两直线段的转点，其坐标值已知。可根据 P 点分别与 1、2 两点及 3、4 两点构成线段的斜率相等列方程，求解出交点 P 的坐标。

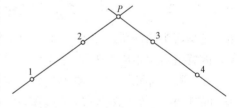

图 11-8　根据转点计算交点坐标

$$\begin{cases} \dfrac{Y_P - Y_2}{X_P - X_2} = \dfrac{Y_2 - Y_1}{X_2 - X_1} \\ \dfrac{Y_3 - Y_P}{X_3 - X_P} = \dfrac{Y_4 - Y_3}{X_4 - X_3} \end{cases}$$

记 $\dfrac{Y_2 - Y_1}{X_2 - X_1} = K_1$，$\dfrac{Y_4 - Y_3}{X_4 - X_3} = K_2$，解方程得

$$\begin{cases} X_P = \dfrac{Y_3 - Y_2 + K_1 X_2 - K_2 X_3}{K_1 - K_2} \\ Y_P = \dfrac{K_1 K_2 (X_2 - X_3) + Y_3 K_1 - K_2 Y_2}{K_1 - K_2} \end{cases} \quad (11\text{-}3)$$

解得的 X_P、Y_P 应进行计算检核, 确认无误后方能使用。

二、转角的测定

线路方向改变时, 转变后的方向与原方向的夹角称为转角（或称偏角）, 用 α 表示。如图 11-9 所示, 当偏转后的方向位于原方向的左侧时, 为左偏角; 位于原方向的右侧时, 为右偏角。

在一阶段勘测设计中, 一般观测线路前进方向的右角 $\beta_右$, 可用 J6 级经纬仪测回法观测一测回。当 $\beta_右 > 180°$ 时为左偏角, 当 $\beta_右 < 180°$ 时为右偏角, 偏角值按下式计算:

$$\begin{cases} \alpha_左 = \beta_右 - 180° \\ \alpha_右 = 180° - \beta_右 \end{cases} \tag{11-4}$$

在道路的勘测设计中, 通常需在测定 β 角后, 定出其角分线方向 C, 在此方向上钉临时桩, 以便后续工作中测设线路曲线中点, 如图 11-10 所示。

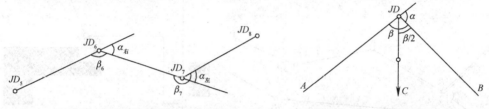

图 11-9　路线的右偏角和左偏角　　　　图 11-10　定角分线方向

某些管道的转角要满足定型弯头的转角要求, 当给水管道使用铸铁弯头时, 转角有 $90°$、$45°$、$22\frac{1}{2}°$、$11\frac{1}{4}°$、$5\frac{5}{8}°$ 等几种类型。当管道主点之间距离较短时, 设计管道的转角与定型弯头的转角之差不应超过 $1° \sim 2°$。排水管道的支线与干线汇流处, 不应有阻水现象, 故管道转角不应大于 $90°$。

在两阶段勘测设计中, 线路转角 α 可用其相邻两直线段的坐标方位角求得。在图 11-9 中, JD_6 处的转角 $\alpha_右$ 等于 JD_6 至 JD_7 直线段的坐标方位角 α_{67} 与 JD_5 至 JD_6 直线段的坐标方位角 α_{56} 之差:

$$\alpha_右 = \alpha_{67} - \alpha_{56} \tag{11-5}$$

当 $\alpha < 0°$ 时, 线路转角为左偏; 当 $\alpha > 0°$ 时, 线路转角为右偏。

可在实地测设出交点后, 用前述方法实测出线路转角, 与计算值检核。

三、里程桩的测设

里程指线路中线点距起点的沿线路中线的水平距离。里程桩是指埋设在线路中线上并注有里程的桩位标志, 又称中桩。

为了测定线路的长度、标定中线位置和测绘纵、横断面图, 从线路起点开始, 需沿线路方向在地面上设置中桩。每隔某一整数设置的桩, 称为整桩。根据不同的线路, 整桩之间距离也不同, 一般为 50 m、30 m、20 m、10 m、5 m。在相邻整桩之间线路穿越重要地物处（如铁路、公路、各种管线等）要增设地物加桩; 在地面坡度变化处要增设地形加桩; 在道路转向处设置曲线时, 增设控制曲线位置的曲线加桩; 在控制线路总体位置的起讫点、交点、转点处设置关系加桩等。

为便于计算，线路中桩均按起点至该桩的里程进行编号，并用红油漆写在木桩侧面。例如桩号为 0+100，即此桩距起点 100 m，"+"前为千米数，在公路、铁路的勘测设计中通常在千米数前加注"K"，例如 K4+752.86，或加测点桩类型（如 ZY 等），如图 11-11 (a)、(b)、(c) 所示。不同的线路，起点不同，如给水、煤气、热力、电力、电信等线路以其源头为起点；而排水管道则以其下游出水口为起点。

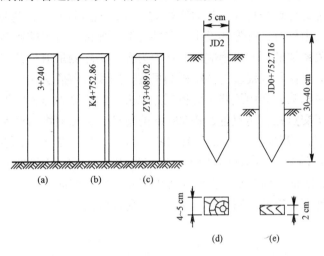

图 11-11 里程桩的标写与钉设

线路中线各主要点位的名称见表 11-2。

表 11-2 线路主要点位名称

点位名称	汉语拼音缩写	英文缩写
直线		
交点	JD（JiaoDian）	IP（Intersect Point）
转点	ZD（ZhuanDian）	TP（Trans Point）
公切点	GQ（GongQie）	CP（Common Point）
圆曲线		
直圆点（起点）	ZY（ZhiYuan）	BC（Beginning of Cycle）
曲中点（中点）	QZ（QuZhong）	MC（Middle Point of Curve）
圆直点（终点）	YZ（YuanZhi）	EC（End of Cycle）
缓和曲线		
直缓点	ZH（ZhiHuan）	TS（Trans Point of Spiral）
缓圆点	HY（HuanYuan）	SC（Spiral Cycle）
曲中点	QZ（QuZhong）	MC（Middle Point of Curve）
圆缓点	YH（YuanHuan）	CS（Cycle Spiral）
缓直点	HZ（HuanZhi）	ST（Spiral Trans）

在一阶段勘测设计中，一般根据已选定的直线段上的主点，沿直线方向以钢尺量距测量水平距离的一般方法测设直线段的中桩。为避免量距错误，测设中桩时量距一般用钢尺丈量两次，精度为 1/1 000。

在两阶段勘测设计中，由于已设计了线路起讫点、各交点的坐标，因此可利用坐标反算公式计算各段的水平距离。对于交点处不设曲线的线路，可直接计算各交点里程；对于设置曲线的线路，则应考虑交点处直线段与曲线段的差异，通过计算求出这些关系加桩的里程。定测阶段测设直线段中桩时，可先测设出线路的各关系加桩，再用前述钢尺量距的方法测设直线段中桩；其各关系加桩点的里程应以计算值为准，实际测量值与其进行检核。也可根据线路起讫点、交点的坐标及直线段上各中桩的里程，用线性内插法或用坐标正算公式计算出各中桩的平面直角坐标值，利用线路平面控制点以极坐标法测设出各中桩的位置。

在钉桩时，对于交点桩、转点桩、每 500 m 的整桩、重要地物加桩（如桥梁、隧道位置桩），以及曲线主点桩，都要打下方桩［图 11-11（d）］，桩顶露出地面约 20 cm，在其旁钉一指示桩［图 11-11（e）］，指示桩为板桩。交点桩的指示桩应钉在曲线圆心和交点连线外距交点 20 cm 位置，字面朝向交点。曲线主点的指示桩字面朝向圆心。其余的里程桩一般使用板桩，一半露出地面，以便书写桩号，字面一律背向线路前进方向。

第三节　圆曲线测设

一、圆曲线主点的测设

圆曲线是道路中线从一个直线方向转向另一个直线方向缓和过渡的基本曲线。如图 11-12 所示，道路从直线方向 $ZD_1 - JD$ 转向直线方向 $JD - ZD_2$，中间必须经过一段半径为 R 的圆曲线。这段曲线的起点 ZY（直圆点）、中点 QZ（曲中点）、终点 YZ（圆直点），称为圆曲线主点。为测设出曲线主点位置，应根据线路的转角 α 和圆曲线设计半径 R 计算出圆曲线与直线切点至交点间的切线长 T、圆曲线总长（曲线长）L 和曲中点至交点的外矢距 E。据此可在实地测设出三个主点的位置，并可以根据交点的里程计算出主点的里程，为了进行计算检核，还需计算两条切线长与曲线长的差 D（称为切曲差，又称超距）。

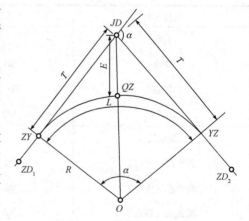

图 11-12　圆曲线主点的测设

1. 圆曲线主点测设要素的计算

切线长 $$T = R\tan\frac{\alpha}{2} \tag{11-6}$$

曲线长 $$L = R\alpha\frac{\pi}{180°} \tag{11-7}$$

外矢距 $\quad E = R(\sec\frac{\alpha}{2} - 1)$ (11-8)

切曲差 $\quad D = 2T - L$ (11-9)

2. 圆曲线主点里程的计算

ZY 里程 $\quad ZY_{里程} = JD_{里程} - T$ (11-10)

YZ 里程 $\quad YZ_{里程} = ZY_{里程} + L$ (11-11)

QZ 里程 $\quad QZ_{里程} = YZ_{里程} - \dfrac{L}{2}$ (11-12)

计算检核 $\quad JD_{里程} = QZ_{里程} + \dfrac{D}{2}$ (11-13)

3. 圆曲线主点的测设方法

(1) 在图 11-12 中，安置经纬仪于 JD，瞄准直线段上 ZD_1，沿此方向测设切线长 T，在实地标定出 ZY 点。可量取 ZY 点至已测设出的最接近该点的直线段上点之间的距离，与该直线段上点与 ZY 点里程之差进行检核，以发现主点计算与测设中的错误。

(2) 瞄准直线段上 ZD_2，沿此方向用钢尺往返测设切线长 T，取平均标定出 YZ 点。

(3) 瞄准已测设出的角分线方向 C，沿此方向用钢尺往返测设外矢距 E，取平均标定出 QZ 点。

【例 11-1】 某交点处转角 $\alpha = 12°23'42''$，圆曲线设计半径 $R = 1\,000$ m，JD 里程为 K11 + 813.04，计算圆曲线主点测设数据及主点里程。

解：(1) 主点测设数据：

切线长 $T = R\tan\dfrac{\alpha}{2} = 108.59$ m

曲线长 $L = R\alpha\dfrac{\pi}{180°} = 216.33$ m

外矢距 $E = R\left(\sec\dfrac{\alpha}{2} - 1\right) = 5.88$ m

切曲差 $D = 2T - L = 0.85$ m

(2) 主点里程：

$ZY_{里程} = JD_{里程} - T = $ K11 + 704.45

$YZ_{里程} = ZY_{里程} + L = $ K11 + 920.78

$QZ_{里程} = YZ_{里程} - \dfrac{L}{2} = $ K11 + 812.62

检核 $JD_{里程} = QZ_{里程} + \dfrac{D}{2} = $ K11 + 813.04

二、圆曲线的详细测设

将圆曲线主点测设在地面后，即已实现了圆曲线的定位，但主点之间的距离一般较长，还需要按道路勘测设计、施工的要求，按一定的整桩距 l_0 详细地测设圆曲线的位置。整桩距 l_0 随道路等级、曲线半径不同可分别取 5 m、10 m、20 m。曲线上中桩一般按桩号设为整

桩距 l_0 整倍数的整桩号法设置，也可按距曲线起点（或终点）的距离为整桩距 l_0 整倍数的整桩距法设置。圆曲线详细测设方法很多，道路勘测中常用的有切线支距法、偏角法、弦线支距法、弦线偏距法等常规方法。随着全站仪的普及，可自由灵活设站的极坐标法得到广泛应用。本节介绍切线支距法和偏角法。

1. 切线支距法

（1）测设数据的计算。切线支距法是一种直角坐标法。其坐标系如图 11-13 所示，以 ZY（YZ）为原点，以切线为 x 轴，向 JD 方向为正，ZY（YZ）点处法线为 y 轴，向圆心方向为正，建立独立平面直角坐标系。圆曲线上距 ZY（YZ）弧长为 l_i 的任一中桩点 P_i 的参数方程为

$$\begin{cases} x_i = R\sin\dfrac{l_i}{R} \\ y_i = R\left(1-\cos\dfrac{l_i}{R}\right) \end{cases} \quad (11\text{-}14)$$

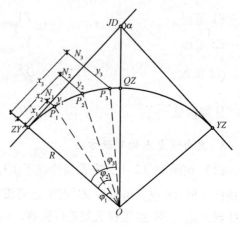

图 11-13 切线支距法测设圆曲线

【例 11-2】 对例 11-1 的圆曲线主点测设后，计算以切线支距法进行详细测设的数据。

解： 取整桩距 $l_0 = 20$ m，按整桩号设置曲线整桩。为避免支距过大影响点位测设精度，分别从 ZY、YZ 向 QZ 测设，列表 11-3。

表中相邻点间弦长 C，根据相邻点间弧长 l 按 $C = 2R\sin\dfrac{l}{2R}$ 计算，用以在实地检查已测设出的曲线上中桩。

用计算器计算上述测设数据时，建议角度选择弧度为单位。

（2）测设方法。

①以 ZY（YZ）为起点，沿至 JD 的方向分别测设水平距离 x_i（15.55 m，35.54 m，55.52 m，…），得垂足点 N_i（N_1，N_2，N_3，…）；

②在各垂足点 N_i（N_1，N_2，N_3，…）沿垂线方向（可用钢尺以勾股定理测设）分别测设水平距离 y_i（0.12 m，0.63 m，1.54 m，…），即得各中桩点 P_i（P_1，P_2，P_3，…）；

③以各相邻点间的弦长进行点位测设的检核。

2. 偏角法

（1）测设数据的计算。如图 11-14 所示，安置经纬仪于 ZY（YZ）点，后视 JD 的切线方向。为凑成整桩号，中桩点 P_1 与 ZY（YZ）的弧长为 l_1、弦长为 c_1，对应的圆心角为 φ_1，通过 ZY（YZ）与 P_1 点的弦线与 ZY（YZ）切线间的弦切角称为偏角 δ_1，测设 δ_1 得弦线方向，沿此方向测设水平距离 c_1 即得中桩点 P_1；中桩点 P_2 与 P_1 的弧长为整桩距 l_2、弦长为 c_2，对应的圆心角为 φ_2，通过 P_2 点的弦线与切线间的（弦切角）偏角 δ_2，测设 δ_2 得弦线方向，以已测设出的 P_1 点为圆心、以弦长 c_0 为半径画弧与弦线方向的交点即 P_2 点；与 P_2 点相同可测设出 P_3，P_4，…。

表11-3 圆曲线切线支距法测设数据计算表

点号	桩号	与ZY（YZ）的弧长 l_i/m	x_i/m	y_i/m	相邻点间弦长 C/m
ZY	11+704.45	0.00	0.00	0.00	
					15.55
1	11+720.00	15.55	15.55	0.12	
					20.00
2	11+740.00	35.55	35.54	0.63	
					20.00
3	11+760.00	55.55	55.52	1.54	
					20.00
4	11+780.00	75.55	75.48	2.85	
					20.00
5	11+800.00	95.55	95.40	4.56	
					12.62
QZ	11+812.62	108.17	107.96	5.84	
QZ	11+812.62	108.16	107.95	5.84	
					7.38
6	11+820.00	100.78	100.61	5.07	
					20.00
7	11+840.00	80.78	80.69	3.26	
					20.00
8	11+860.00	60.78	60.74	1.85	
					20.00
9	11+880.00	40.78	40.77	0.83	
					20.00
10	11+900.00	20.78	20.78	0.22	
					20.00
11	11+920.00	0.78	0.78	0.00	
					0.78
YZ	11+920.78	0.00	0.00	0.00	

偏角法中的 P_1 点采用的是极坐标法，其余各点采用的是角度与距离交会法。

用计算机编程计算偏角时，可用下式：

$$\delta_i = \frac{l_i \times 180°}{2\pi R} \qquad (11\text{-}15)$$

采用计算器手算时，建议采用下面的公式：

$$\delta_1 = \frac{l_1 \times 180°}{2\pi R}$$

$$\delta_2 = \delta_1 + \delta_0$$

$$\delta_3 = \delta_1 + 2\delta_0$$

$$\vdots$$

$$\delta_{QZ} = \delta_1 + m\delta_0 + \delta_2 = \frac{\alpha}{4}$$

$$\vdots$$

$$\delta_{YZ} = \delta_1 + n\delta_0 + \delta_3 = \frac{\alpha}{2}$$

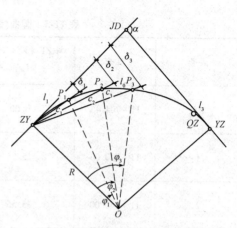

图 11-14 偏角法测设圆曲线

式中 $\delta_0 = \dfrac{l_0 \times 180°}{2\pi R}$

$\delta_2 = \dfrac{l_2 \times 180°}{2\pi R}$

$\delta_3 = \dfrac{l_3 \times 180°}{2\pi R}$

各弦长 c_0、c_1、c_2、c_3，可分别代入相应的弧长 l_i 按下式计算：

$$c_i = 2R\sin\frac{l_i}{2R} \qquad (11\text{-}16)$$

（2）测设方法。

①安置经纬仪于 ZY 点，盘左瞄准 JD 方向，并使水平度盘读数对零（0°00′00″）；

②转动照准部，测设偏角 δ_1（使水平度盘读数对成 0°26′44″），得 P_1 点所在的弦长方向，以 ZY 点为圆心、弦长 c_1（15.55 m）为半径画弧，与已测设方向的交点（用经纬仪指挥立在钢尺 15.55 m 处的测钎左右移动，直至测钎对准竖丝为止）即中桩点 P_1；

③测设偏角 δ_2（水平度盘读数 1°01′06″），以 P_1 点为圆心、弦长 c_2（20.00 m）为半径画弧，与所测设方向的交点即中桩点 P_2；

④同法继续测设，直至测设出 QZ 点，并与主点测设时测设出的 QZ 点作为检核，其闭合差不应超过：半径方向（横向）±0.1 m；切线方向（纵向）±L/1 000；

⑤安置经纬仪于 YZ 点，同法测设至 QZ，注意偏角值 δ_i 为反拨。

【例 11-3】 计算对例 11-2 的圆曲线以偏角法进行详细测设的数据。

解：由于该曲线不长，可从 ZY 测设至 YZ，但为说明偏角的正、反拨，仍采用分别从 ZY、YZ 向 QZ 测设，见表 11-4。

计算检核：$\dfrac{\alpha}{4} = 3°05′55.5″$。

表 11-4　圆曲线偏角法测设数据计算表

点号	桩号	与 ZY（YZ）的弧长 l_i/m	偏角 δ_i /(° ′ ″)	水平度盘读数 /(° ′ ″)	相邻点间弦长 c/m
ZY	11+704.45	0.00	0 00 00	0 00 00	
					15.55
1	11+720.00	15.55	0 26 44	0 26 44	
					20.00
2	11+740.00	35.55	1 01 06	1 01 06	
					20.00
3	11+760.00	55.55	1 35 29	1 35 29	
					20.00
4	11+780.00	75.55	2 09 52	2 09 52	
					20.00
5	11+800.00	95.55	2 44 14	2 44 14	
					12.62
QZ	11+812.62	108.17	3 05 56	30 55 6	
QZ	11+812.62	108.16	3 05 54	356 54 06	
					7.38
6	11+820.00	100.78	2 53 13	357 06 47	
					20.00
7	11+840.00	80.78	2 18 51	357 41 09	
					20.00
8	11+860.00	60.78	1 44 28	358 15 32	
					20.00
9	11+880.00	40.48	1 10 05	358 49 55	
					20.00
10	11+900.00	20.78	0 35 43	359 24 17	
					20.00
11	11+920.00	0.78	0 01 20	359 58 40	
					0.78
YZ	11+920.78	0.00	0 00 00	0 00 00	

如图 11-14 所示，从 ZY 向 QZ 测设时为正拨，度盘读数可设置为偏角值；而从 YZ 向 QZ 测设时为反拨，度盘读数设置为 $360°-\delta_i$。

上述两种方法中，切线支距法的优点是测设的各中桩点独立，误差不累积，可仅用钢尺、标杆、测钎作业，测设速度较快。影响其精度的最主要因素是 x_i、y_i 的方向，若用目估确定直线方向，则测设误差较大。偏角法的缺点是误差累积，但事物都是辩证的，正是这种误差的累积使其具有严密的检核：在计算中采用各弦切角、圆周角累加，与 QZ、YZ 点的偏角理论值检核；在测设中以 QZ、YZ 点与其相应的主点测设点位检核，若检核合格，可保证整个计算、测设过程无误。偏角法测设精度较高，测设数据简单、灵活，是最主要的常规方法。

采用切线支距法的中桩点独立平面直角坐标，再利用坐标转换公式将其转换为测量坐标，根据已知测量控制点及其坐标，以极坐标法测设中桩的方法已在高等级道路勘测设计中广泛使用。对此将在第十二章中加以介绍。

第四节 纵断面测量

线路纵断面测量又称线路水准测量。它的任务是测定中线上各中桩的地面高程，绘制中线纵断面图，作为设计管线埋深、线路坡度，计算中桩填挖尺寸的依据。根据"从整体到局部"的测量原则，纵断面测量一般分为两步进行：沿线路方向设置水准点，建立高程控制，称为基平测量；根据基平测量的成果，分段进行水准测量，测定各中桩的地面高程，称为中平测量。

一、高程控制测量

1. 水准点的设置

在线路的起点、终点、桥梁、隧道、泵站等重要构造物附近，以及线路每隔 5 km 处应设置永久性水准点。在公路、铁路勘测设计中，平原微丘区每隔 1~2 km、山岭重丘区每隔 0.5~1 km 设置临时性水准点，一般管道勘测设计中每隔 0.3~0.5 km 设置临时性水准点。

2. 水准测量方法

水准测量时，首先应将起始水准点与附近国家水准点进行联测，并应尽量构成附合水准路线。当不能引测国家水准点时，应参考地形图选定一个与实地高程接近的假定高程起算点。

对于不同的线路勘测设计、施工，应分别采用不同的技术规范进行水准测量，但均应注意加强测站、路线检核。

根据不同的精度要求，也可用电磁波测距、三角高程等方法代替水准测量。

二、线路纵断面测量

1. 线路纵断面测量方法

线路纵断面测量（中平测量）一般是以两相邻水准点为一测段，从一个水准点开始，逐个测定中桩的地面高程，直至附合于下一个水准点上。在每一个测站上，应尽量多地观测中桩，还需在一定距离内设置转点。相邻转点间所观测的中桩称为中间点。由于转点起着传递高程的作用，在测站上应先观测转点，后观测中间点。转点读数至 mm，视线长度不应大于 150 m，水准尺应立于尺垫、稳固的桩顶或岩石上。中间点读数可至 cm，视线也可适当放长，立尺应紧靠桩边的地面上。

如图 11-15 所示，水准仪安置于 I 站，后视水准点 BM_1，前视转点 ZD_1，将读数记入表 11-5 后视、前视栏。然后观测 BM_1 与 ZD_1 间的中间点 K0+000、+020、+040、+060、+080，将读数记入表 11-5 中视栏。再将仪器搬至 II 站，后视转点 ZD_1，前视转点 ZD_2，然后观测各中间点 K0+100、+120、+140、+160、+180，将读数分别记入后视、前视和中视栏。按上述方法继续向前观测，直至附合至水准点 BM_2。

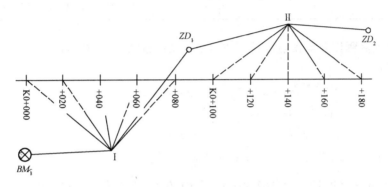

图 11-15 纵断面水准测量观测过程

中平测量只做单程、单次观测。一测段观测结束后，应先计算测段高差 $\sum h_{中}$。它与基平所测测段两端水准点间高差之差，称为测段高差闭合差，不得大于 $\pm 50\sqrt{L}$ mm；否则应重测。中桩地面高程误差不得超过 ±10 cm。

表 11-5 纵断面水准测量记录表

测　点	水准尺读数/m			视线高程 H_i/m	高程 H/m	备　注
	后视 a	中视 c	前视 b			
BM_1	2.191			514.505	512.314	BM_1 高程为基平所测
0+000		1.62			512.89	
0+020		1.90			512.61	
0+040		0.62			513.89	
0+060		2.03			512.48	
0+080		0.90			513.61	
ZD_1	3.162		1.006	516.661	513.499	
0+100		0.50			516.16	
0+120		0.52			516.14	
0+140		0.82			515.84	
0+160		1.20			515.46	

续表

测　点	水准尺读数/m			视线高程 H_i/m	高程 H/m	备　注
	后视 a	中视 c	前视 b			
0+180		1.01			515.65	
ZD_2	2.246				515.140	
⋮	⋮	⋮	⋮		⋮	
1+240		2.32			523.06	
BM_2					524.782	基平测得 BM_2 高程为 524.824 m

中桩的地面高程以及前视点高程应按所属测站的视线高程进行计算。每一测站的计算按下列公式进行：

$$视线高程 = 已知点高程 + 后视读数 \quad H_i = H_后 + a \qquad (11\text{-}17)$$
$$中桩高程 = 视线高程 - 中视读数 \quad H_中 = H_i - c \qquad (11\text{-}18)$$
$$转点高程 = 视线高程 - 前视读数 \quad H_转 = H_i - b \qquad (11\text{-}19)$$

复检：$\sum h_中 = 524.782 - 512.314 = 12.468$（m）

$\sum a - \sum b = (2.191 + 3.162 + \cdots) - (1.006 + 1.521 + \cdots + 0.606) = 12.468$（m）

$f_h = 524.782 - 524.824 = -42$（mm）

$f_{h容} = \pm 50\sqrt{1.24} = \pm 55$（mm）

成果合格。

2. 跨沟谷纵断面水准测量

当线路经过沟谷时，一般采用沟内、沟外分开的方法进行测量。如图 11-16 所示，当测至沟谷边缘时，仪器置于测站Ⅰ，同时设两个转点 ZD_{16} 和 ZD_A，后视 ZD_{15}，前视 ZD_{16} 和 ZD_A，此后沟内、沟外即分开施测。测量沟内中桩时，仪器下沟置于测站Ⅱ，后视 ZD_A，观测沟谷内两侧的中桩并设置转点 ZD_B。再将仪器迁至测站Ⅲ，后视 ZD_B，观测沟底各中桩。至此沟内观测结束。然后仪器置于测站Ⅳ，后视 ZD_{16}，继续向前观测。

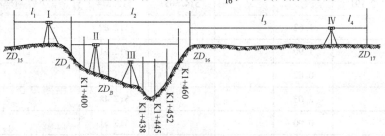

图 11-16　跨沟谷纵断面水准测量

这种方法可使沟内、沟外高程传递各自独立，互不影响。沟内的测量不会影响整个测段的附合而造成不必要的返工。但由于沟内为支水准路线，缺少检核条件，故施测时应多加注意。记录时也应分开单独记录。另外，为了减小Ⅰ站前、后视距不等所引起的误差，仪器置于Ⅳ站时，尽可能使 $l_3 = l_2$，$l_4 = l_1$，或者 $(l_1 - l_2) + (l_3 - l_4) = 0$。

3. 利用全站仪三维坐标功能进行纵断面测量

目前，全站仪在线路勘测设计、施工中得到迅速普及。绝大多数全站仪具有三维坐标测定、测设功能，尤其是较新型的仪器具有多达数千点的内存空间，可以用来存储中桩点坐标、高程等信息，为提高测量效率提供了强有力的保证。

通常可将线路中线测量与纵断面测量联合进行。首先利用全站仪的坐标测设功能测设出各中桩站位置；再利用全站仪三维坐标测定功能测量中桩点的高程，记入手簿。全站仪如有内存，可将中桩点编号及中平测量信息存储于内存中，作业完成后与计算机通信调入计算机，作为后续计算机辅助设计（CAD）的基础资料。

三、纵断面图的绘制

纵断面图是沿中线方向绘制的反映地面起伏和纵坡设计的线状图，它可以表示出各路段纵坡的大小和中线位置的填挖尺寸，是线路设计和施工中的重要文件资料。

如图 11-17 所示，在图的上半部，从左至右有两条贯穿全图的线。一条是细的折线，表示中线方向的实际地面线，是以里程为横坐标、高程为纵坐标，根据中平测量的中桩地面高程绘制的。为了明显反映地面的起伏变化，一般高程比例尺比里程比例尺放大 10 倍。另一条线是包含竖曲线在内的纵坡设计线，是在设计时绘出的。此外，图上还注有水准点的位置和高程，桥涵的类型、孔径、跨数、长度、里程桩号和设计水位，竖曲线示意图及其曲线元素，同公路、铁路交叉点的位置、里程及有关说明等。

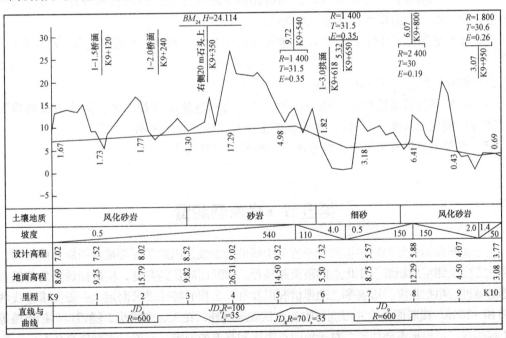

图 11-17　线路纵断面图

图 11-17 的下半部为有关的测量及纵坡设计资料，主要包括以下内容：

（1）直线与曲线。按里程标明线路的直线和曲线部分。曲线部分用折线表示，上凸表示线路右转，下凹部分表示线路左转，并注明交点编号和圆曲线半径，带有缓和曲线段的应注明其长度。在不设曲线的交点位置，用锐角折线表示；在 ZY、YZ 对应于其里程处，用直角折线表示；在 ZH 至 HY、YH 至 HZ 对应于其里程处，用斜线表示。

（2）里程。按里程比例尺标注各中桩，本例中为示例需要，比例尺较小，故只标注至百米桩。

（3）地面高程。按中平测量成果填写相应里程桩的地面高程。

（4）设计高程。根据设计纵坡和相应的平距推算出的里程桩设计高程。

（5）坡度。从左至右向上斜的直线表示上坡（正坡），下斜的表示下坡（负坡），水平的表示平坡。斜线或水平线上面的数字表示坡度的百分数，下面的数字表示坡长。

（6）工程地质说明。标明路段的工程地质情况。

纵断面图的绘制一般可按下列步骤进行：

（1）按照选定的里程比例尺和高程比例尺打格制表，填写里程、地面高程、直线与曲线、工程地质说明等资料。

（2）绘出地面线。首先选定纵坐标的起始高程，使绘出的地面线位于图上适当位置。一般是以 10 m 整倍数的高程定在 5 cm 方格的粗线上，便于绘图和阅图。然后根据中桩的里程和高程，在图上按纵、横比例尺依次标出各中桩的地面位置，再用直线将相邻点一个个连接起来，就得到地面线。在高差变化较大的地区，如果纵向受到图幅限制，可在适当地段变更图上高程起算位置，此时地面线将构成台阶形式。

（3）根据纵坡设计计算设计高程。当线路的纵坡确定后，即可根据设计纵坡和两点间的水平距离，由一点的高程计算另一点的设计高程。

设设计坡度为 i，起算点高程为 H_0，推算点高程为 H_P，推算点至起算点水平距离为 D，则

$$H_P = H_0 + i \cdot D \tag{11-20}$$

式中，上坡时 i 为正，下坡时 i 为负。

（4）计算各桩的填挖尺寸。同一桩号的设计高程与地面高程之差，即该中桩的填土高度（正号）或挖土深度（负号）。通常在图上填写专栏并分栏注明填挖尺寸。

（5）在图上注记有关资料，如水准点、桥涵、竖曲线等。

第五节　横断面测量

由于横断面测量是测定中桩两侧垂直于中线的地面线，因此首先要确定横断面的方向，然后在此方向上测定地面坡度变化点的距离和高程。横断面测量的宽度，应根据道路的路基宽度或管沟宽度、填挖高度、边坡率、地形情况以及有关工程的特殊要求而定，一般要求中线两侧各测 10~50 m。横断面测绘的密度，除各中桩应施测外，在大、中桥头，隧道口，挡土墙等重点工程地段，可根据需要加密。对于地面点距离和高差的测定，一般只需精确至 0.1 m。

一、横断面方向的测定

直线段横断面方向与线路中线垂直，一般采用方向架测定。如图 11-18 所示，将方向架置于中桩点，方向架上有两个相互垂直的固定板，分别钉有两组方向相互垂直的两个小钉，用其中的一组小钉瞄准直线上任一中桩，另一组小钉所指方向即该桩点的横断面方向。

为了测定圆曲线中桩的横断面方向，在方向架上加一根可转动的木板，并钉两根方向钉，如图 11-19 所示，如确定 ZY 和 P_1 点的横断面方向，先将方向架立于 ZY 点上，沿 ab 方向瞄准直线上任一点，则 cd 方向即 ZY 的横断面方向。再转动定向板 ef 方向对准 P_1 点，制动定向板。将方向架移至 P_1 点，用 cd 方向瞄准 ZY 点，据同弧两端弦切角相等的原理，ef 方向即 P_1 点的横断面方向。为了继续测设曲线上 P_2 点的横断面方向，在 P_1 点定好横断面方向后，转动定向板，用 ef 方向瞄准 P_2 点，制动定向板。然后将方向架移至 P_2 点，用 cd 瞄准 P_1 点，则 ef 方向即 P_2 点的横断面方向。

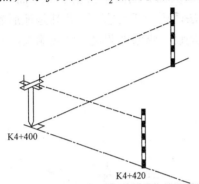

图 11-18　直线段横断面方向的测定

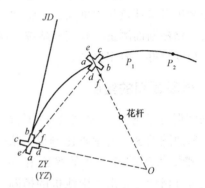

图 11-19　圆曲线段横断面方向的测定

二、横断面的测量方法

横断面上中桩的地面高程已在纵断面测量时测出，只要测量出横断面各地形特征点相对于中桩的平距和高差，就可以确定其点位和高程。可根据不同的精度要求和地形情况采用下述方法。

1. 水准仪皮尺法

水准仪皮尺法适用于施测横断面较宽的平坦地区。如图 11-20 所示，安置水准仪后，以中桩地面高程为后视，以中桩两侧横断面方向的地形特征点为前视，水准尺读数至 cm。用皮尺分别量出各特征点到中桩的水平距离，量至 dm。记录格式见表 11-6，表中按线路前进方向分左、右侧记录，以分式表示前视读数和水平距离。高差由后视读数与前视读数求差得到。

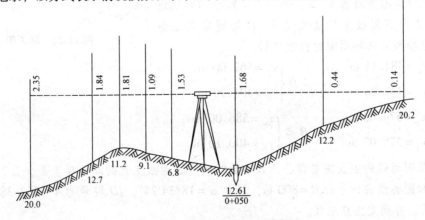

图 11-20　水准仪皮尺法测横断面

表 11-6 横断面测量记录表

前视读数（左侧） 水平距离	后视读数 桩号	前视读数（右侧） 水平距离
$\dfrac{2.35\ \ 1.84\ \ 1.81\ \ 1.09\ \ 1.53}{20.0\ \ 12.7\ \ 11.2\ \ 9.1\ \ 6.8}$	$\dfrac{1.68}{0+050}$	$\dfrac{0.44\ \ 0.14}{12.2\ \ 20.0}$

2. 经纬仪视距法

安置经纬仪于中桩上，可直接用经纬仪测定出横断面方向。量出至中桩地面的仪器高，用视距法测出各特征点与中桩间的平距和高差。此法适用于任何地形，尤其是地形复杂、山坡陡峻的线路横断面测量。利用全站仪，结合中桩测设、纵断面测量一同施测横断面，则速度更快、精度更好、效率更高。

三、横断面图的绘制

根据实际工程要求，参照表 11-1 确定绘制横断面图的水平和垂直比例尺。依据横断面测量得到的各点间的平距和高差，在毫米方格纸上绘出各中线桩的横断面图，如图 11-21 所示。绘制时，先标定中桩位置，由中桩开始，逐一将特征点展绘在图纸上，用细线连接相邻点，即绘出横断面的地面线。在线路设计中，横断面设计及土（石）方量计算均应依据横断面图进行。

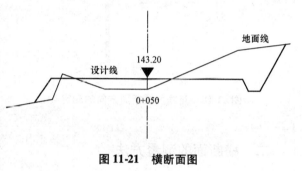

图 11-21 横断面图

思考题

1. 试述初测、定测的主要工作内容和目的。
2. 确定线路中线交点的方法有哪些？
3. 如图 11-22 所示，已知设计管道主点 A、B 的坐标，在管线附近有导线点 1、2、…，其坐标已知。试求出根据 1、2 两点用极坐标法测设 A、B 所需的测设数据，并提出检核方法和所需的检核数据。

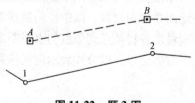

图 11-22 题 3 图

1 点 $\begin{cases} x_1 = 481.11\ \text{m} \\ y_1 = 322.00\ \text{m} \end{cases}$ 2 点 $\begin{cases} x_2 = 562.00\ \text{m} \\ y_2 = 401.90\ \text{m} \end{cases}$

A 点 $\begin{cases} x_A = 574.00\ \text{m} \\ y_A = 328.00\ \text{m} \end{cases}$ B 点 $\begin{cases} x_B = 586.00\ \text{m} \\ y_B = 400.10\ \text{m} \end{cases}$

4. 计算圆曲线的主点需要哪些已知参数？决定圆曲线主点的测设要素是什么？
5. 已知圆曲线设计半径 $R = 800$ m，转角 $\alpha = 18°34'24''$，JD 桩号为 $4+562.38$，计算主点测设要素，并确定主点里程。

6. 对题 5 中的圆曲线以整桩距 $l_0 = 20$ m，整桩号设置曲线中桩。分别计算用切线支距法、偏角法，从 ZY、YZ 向 QZ 测设的测设数据，并制定相应的测设方案。

7. 完成表 11-7 的中平测量记录的计算。

表 11-7　中平测量记录

测 点	水准尺读数/m			视线高程 H_i/m	高程 H/m	备 注
	后视 a	中视 c	前视 b			
BM_5	1.326				221.505	
4+980		0.62				
5+000		1.40				
+020		1.62				
+040		2.23				
+060		1.99				
ZD_1	0.869		2.963			
+080		1.69				
+092.4		2.52				
+100		1.32				
ZD_2	2.162		1.006			
+120		3.32				
+140		2.86				
+160		2.93				
+180		1.29				
+200		1.01				
ZD_3			2.521			

8. 根据表 11-8 中的数据计算出各点与中桩点的高差后，按距离与高差比例均为 1∶200，在一张坐标格网纸上绘出中线上 0+020 和 0+035.6 两个横断面图。

表 11-8　各点与中桩点的高差

$\dfrac{\text{前视读数（左侧）}}{\text{水平距离}}$	$\dfrac{\text{后视读数}}{\text{桩号}}$	$\dfrac{\text{前视读数（右侧）}}{\text{水平距离}}$
$\dfrac{0.21\ \ 0.81\ \ 1.32}{20.0\ \ 7.8\ \ 3.2}$	$\dfrac{1.54}{0+020}$	$\dfrac{1.14\ \ 2.79\ \ 2.81}{4.2\ \ 11.7\ \ 20.0}$
$\dfrac{0.32\ \ 0.57\ \ 1.02}{20.0\ \ 14.5\ \ 3.7}$	$\dfrac{1.05}{0+035.6}$	$\dfrac{1.25\ \ 2.36\ \ 2.40}{5.5\ \ 10.5\ \ 20.0}$

第十二章 道路曲线测设方法

第一节 虚　交

虚交是指路线交点 JD 落入水中或遇建筑物等不能设桩或安置仪器时的处理方法。有时交点虽可钉出，但因转角很大，交点远离曲线或遇地形、地物等障碍，也可作为虚交处理。下面介绍两种虚交的处理方法。

一、圆外基线法

如图 12-1 所示，为解决虚交问题，在曲线外侧沿两切线方向各选择一辅助点 A 和 B，构成圆外基线 AB。用经纬仪测出 α_A、α_B，用钢尺往返丈量 AB，所测角度和距离应满足规定的限差要求。

由图 12-1 可知

$$\alpha = \alpha_A + \alpha_B \tag{12-1}$$

$$\left.\begin{array}{l} AC = AB \dfrac{\sin\alpha_B}{\sin\alpha} \\[6pt] BC = AB \dfrac{\sin\alpha_A}{\sin\alpha} \end{array}\right\} \tag{12-2}$$

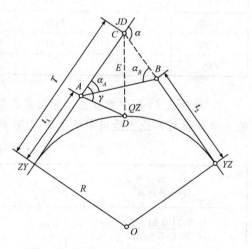

图 12-1　圆外基线法

根据转角 α 和选定的半径 R，即可算得切线长 T 和曲线长 L。再由 AC、BC、T，计算辅助点 A、B 至曲线 ZY 点和 YZ 点的距离 t_1 和 t_2：

$$\begin{array}{l} t_1 = T - AC \\ t_2 = T - BC \end{array} \tag{12-3}$$

如果计算出的 t_1 或 t_2 出现负值，说明曲线的 ZY 点或 YZ 点位于辅助点和虚交点之间。根据 t_1、t_2 即可定出曲线的 ZY 点和 YZ 点。A 点的里程量出后，曲线主点的里程亦可算出。

第十二章 道路曲线测设方法

QZ 点的测设可采用极坐标法。仪器安在 A 点时，其测设数据可分别根据余弦定理、正弦定理，按下面的式子计算：

$$AD = \sqrt{AC^2 + E^2 - 2 \cdot AC \cdot E \cdot \cos\left(90° - \frac{\alpha}{2}\right)} \tag{12-4}$$

$$\gamma = \sin^{-1}\left(\frac{E \cdot \sin\left(90° - \frac{\alpha}{2}\right)}{AD}\right) \tag{12-5}$$

曲线主点测出后，即可用切线支距法或偏角法进行详细测设。

【例 12-1】 如图 12-1 所示，测得 $\alpha_A = 15°18'$，$\alpha_B = 18°22'$，$AB = 54.68$ m，选定半径 $R = 300$ m，A 点的里程桩号为 K9+048.53。试计算测设主点的数据及主点的里程桩号。

解： $\alpha = \alpha_A + \alpha_B = 15°18' + 18°22' = 33°40'$

$$AC = AB\frac{\sin\alpha_B}{\sin\alpha} = 54.68 \times \frac{\sin18°22'}{\sin33°40'} = 31.08 \text{（m）}$$

$$BC = AB\frac{\sin\alpha_A}{\sin\alpha} = 54.68 \times \frac{\sin15°18'}{\sin33°40'} = 26.03 \text{（m）}$$

又 $T = R\tan\dfrac{\alpha}{2} = 300 \times \tan\dfrac{33°40'}{2} = 90.77$（m）

$$L = R\alpha\frac{\pi}{180°} = 300 \times 33°40' \times \frac{\pi}{180°} = 176.28 \text{（m）}$$

$$E = R\left(\sec\frac{\alpha}{2} - 1\right) = 300 \times \left(\sec\frac{33°40'}{2} - 1\right) = 13.43 \text{（m）}$$

$D = 2T - L = 2 \times 90.77 - 176.28 = 5.26$（m）

因此 $t_1 = T - AC = 90.77 - 31.08 = 59.69$（m）

$t_2 = T - BC = 90.77 - 26.03 = 64.74$（m）

于 A 点以极坐标法测设 QZ 点：

$$AD = \sqrt{AC^2 + E^2 - 2 \cdot AC \cdot E \cdot \cos\left(90° - \frac{\alpha}{2}\right)}$$

$$= \sqrt{31.08^2 + 13.43^2 - 2 \times 31.08 \times 13.43 \times \cos\left(90° - \frac{33°40'}{2}\right)}$$

$$= 30.08 \text{（m）}$$

$$\gamma = \sin^{-1}\left(\frac{E \cdot \sin\left(90° - \frac{\alpha}{2}\right)}{AD}\right) = \sin^{-1}\left(\frac{13.43 \times \sin\left(90° - \frac{33°40'}{2}\right)}{30.08}\right) = 25°17'57''$$

主点里程：

$JD_{里程} = A_{里程} + AC = \text{K9}+048.53 + 31.08 = \text{K9}+079.61$

$ZY_{里程} = JD_{里程} - T = \text{K9}+079.61 - 90.77 = \text{K8}+988.84$

$YZ_{里程} = ZY_{里程} + L = \text{K8}+988.84 + 176.28 = \text{K9}+165.12$

$QZ_{里程} = YZ_{里程} - \dfrac{L}{2} = \text{K9}+165.12 - \dfrac{176.28}{2} = \text{K9}+076.98$

$JD_{里程} = QZ_{里程} + \dfrac{D}{2} = \text{K9}+076.98 + \dfrac{5.26}{2} = \text{K9}+079.61$

圆外基线法的基线点位布设灵活，除非受地形的严格限制，基线既可布设在圆外、圆内或与圆相切、相割，也可布设成三点甚至是多点构成的导线。圆外基线法是传统道路勘测中解决虚交问题的最基本方法。

二、切基线法

与圆外基线法相比较，切基线法计算简单，容易控制曲线的位置。

如图 12-2 所示，基线 AB 与圆曲线相切于一点，该点称为公切点，以 GQ 表示。以 GQ 点将曲线分为两个相同半径的圆曲线。AB 称为切基线，可以起到控制曲线位置的作用。用经纬仪测出 α_A、α_B，用钢尺往返丈量 AB。设两个同半径曲线的半径为 R，切线长分别为 T_1 和 T_2，则

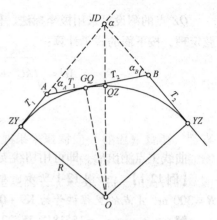

图 12-2 切基线法

$$AB = T_1 + T_2 = R\tan\frac{\alpha_A}{2} + R\tan\frac{\alpha_B}{2} = R\left(\tan\frac{\alpha_A}{2} + \tan\frac{\alpha_B}{2}\right)$$

因此

$$R = \frac{AB}{\tan\dfrac{\alpha_A}{2} + \tan\dfrac{\alpha_B}{2}} \tag{12-6}$$

半径 R 应算至 cm。R 算得后，根据 R、α_A、α_B 即可算出两个同半径曲线的测设元素 T_1、L_1 和 T_2、L_2。

测设时，由 A 沿切线方向向后量 T_1 得 ZY 点，由 A 沿 AB 向前量 T_1 得 GQ 点，由 B 沿切线方向向前量 T_2 得 YZ 点。QZ 点的测设可以 GQ 点为坐标原点，用切线支距法设置。

【例 12-2】 如图 12-2 所示，测得 $\alpha_A = 63°10'$，$\alpha_B = 42°18'$，切基线长 $AB = 62.52$ m，试计算圆曲线半径。

解：
$$R = \frac{62.52}{\tan\dfrac{63°10'}{2} + \tan\dfrac{42°18'}{2}} = 62.42 \text{（m）}$$

校核
$$T_1 = 62.42 \times \tan\frac{63°10'}{2} = 38.38 \text{（m）}$$

$$T_2 = 62.42 \times \tan\frac{42°18'}{2} = 24.15 \text{（m）}$$

$$AB = 38.38 + 24.15 = 62.53 \text{（m）（正确）}$$

第二节 复曲线的测设

复曲线是由两个或两个以上不同半径的同向圆曲线连接而成的。在测设时，必须先定出其中一个圆曲线的半径，该曲线称为主曲线，其余的曲线称为副曲线。副曲线的半径则通过主曲线和测得的有关数据求得。

如图 12-3 所示，主、副曲线的交点为 A、B，两曲线相接于公切点 GQ。用经纬仪观测转角 α_A、α_B，钢尺丈量切基线 AB。在选定主曲线的半径 R_1 后，即可按以下步骤计算副曲线的半径 R_2 及测设元素：

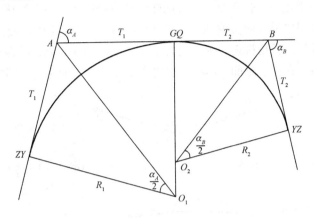

图 12-3　复曲线的测设

（1）根据主曲线的转角 α_A 和半径 R_1 计算主曲线的测设元素 T_1、L_1、E_1、D_1。

（2）根据切基线 AB 长度和主曲线的切线长 T_1，计算副曲线的切线长 T_2：

$$T_2 = AB - T_1 \tag{12-7}$$

（3）根据复曲线的转角 α_B 和切线长 T_2，计算副曲线的半径 R_2：

$$R_2 = \frac{T_2}{\tan\dfrac{\alpha_B}{2}} \tag{12-8}$$

（4）根据副曲线的转角 α_B 和半径 R_2，计算副曲线的测设元素 L_2、E_2、D_2。

【例 12-3】　如图 12-3 所示，测得 $\alpha_A = 20°16'$，$\alpha_B = 30°38'$，$AB = 221.72$ m。选定主曲线半径 $R_1 = 600$ m，试计算复曲线的测设元素。

解：（1）根据 $\alpha_A = 20°16'$，$R_1 = 600$ m 计算主曲线的测设元素：

$T_1 = 107.24$ m，$L_1 = 212.23$ m，$E_1 = 9.51$ m，$D_1 = 2.25$ m

（2）计算副曲线的切线长 T_2：

$T_2 = 221.72 - 107.24 = 114.48$ （m）

（3）计算副曲线半径 R_2：

$$R_2 = \frac{114.48}{\tan\dfrac{30°38'}{2}} = 417.99 \text{（m）}$$

（4）根据 $\alpha_B = 30°38'$ 和半径 $R_2 = 417.99$ m 计算副曲线测设元素：

$L_2 = 223.48$ m，$E_2 = 15.39$ m，$D_2 = 5.48$ m

测设曲线时，由 A 沿切线方向向后量 T_1 得 ZY 点，沿 AB 向前量 T_1 得 GQ 点，由 B 沿切线方向向前量 T_2 得 YZ 点。曲线的详细测设仍可用切线支距法或偏角法。

第三节 回头曲线的测设

回头曲线是一种半径小、转弯急、线形标准低的曲线形式。但在线路跨越山岭时，为了减缓坡度而展线，往往需要设置回头曲线。如图 12-4 所示，回头曲线一般由主曲线和两个副曲线组成。主曲线一般为一转角接近、等于或大于 180° 的圆曲线；副曲线在线路上、下线各设置一个，为一般圆曲线。在主、副曲线之间一般以直线连接。下面主要介绍主曲线的测设方法。

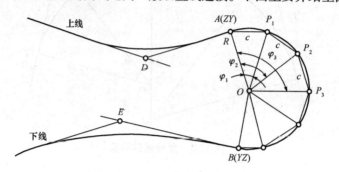

图 12-4 推磨法和辐射法测设回头曲线

一、推磨法和辐射法

在山坡比较平缓，曲线内侧障碍物较少的地段，设置小半径回头曲线时，可采用推磨法和辐射法。这两种方法均在现场确定主曲线圆心 O 的位置，选定主曲线的半径 R，然后以 O 为圆心，以 R 为半径画弧，在圆弧上定出曲线各点。根据图 12-4，具体测设步骤如下：

（1）在选线时，首先确定副曲线的交点 D、E，然后初步定出主曲线起点 A 和终点 B 的位置以及半径 R。

（2）在 A 点用方向架或经纬仪瞄准 D，沿 AD 的垂直方向量取半径 R，定出圆心 O。

（3）如果采用推磨法，从圆心 O 和曲线起点 A 开始，用半径 R 和弦长 c 连续进行距离交会，逐一定出 P_1、P_2、P_3、…曲线各点。

如果采用辐射法，将经纬仪置于圆心 O，后视 A 并将水平度盘配至 $0°00'00''$，依次拨 AP_1、AP_2、AP_3、…的圆弧所对的圆心角 φ_1、φ_2、φ_3、…，并自圆心量取半径 R，定出 P_1、P_2、P_3、…曲线各点。

在定出曲线各点之后，应检查曲线位置是否符合设计要求，若不符合则可调整 A、O 的位置以至 R 的大小，重新测设直至曲线符合要求为止。

（4）在 B 点用方向架或经纬仪瞄准 O 点，沿 BO 的垂直方向观察视线是否对准 E 点，若未对准，则可沿圆弧前后移动 B 点，直至视线通过 E 点，设定 B 点。

（5）将仪器置于圆心 O，测出 AB 圆弧所对的圆心角 α（即曲线转角）。根据 α 和 R 即可计算出曲线长，并与实测的曲线长核对，符合要求后，进行里程计算，测设结束。

二、切基线法

如图 12-5 所示，在选线已定出上、下线的基础上，结合地形、地质情况，选择曲线经过的合适位置，据已选定公切点的位置，将公切线与上、下线相交得出两交点 A、B。测出 α_A 和 α_B，丈量切基线 AB，即可按虚交切基线法计算半径［式（12-6）］，并测设回头曲线。

三、顶点切基线法

如图 12-6 所示，DA、EB 为曲线上、下线，D、E 为副曲线的交点。AB 切于曲线中点 QZ，称为顶点切基线。该法的测设步骤如下：

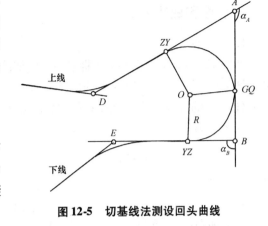

图 12-5　切基线法测设回头曲线

（1）根据地形、地质条件，选择顶点切基线 AB 的初定位置 AB'，其中 A 为定点，B' 为初定点。

（2）将经纬仪置于 B' 点，观测 α_B，并在 B 点的概略位置前后标定骑马桩 a、b 两点。

（3）将仪器置于 A 点，观测 α_A，则转角 $\alpha = \alpha_A + \alpha_B$。后视 D 点，拨 $\dfrac{\alpha}{2}$，则视线与 a、b 连线的交点，即为 B 点点位。

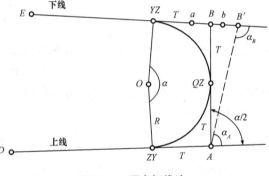

图 12-6　顶点切线法

（4）丈量 AB 长度，取 $T = \dfrac{AB}{2}$，从 A 点沿 AD、AB 方向各量 T，定出 ZY 和 QZ 点；从 B 点沿 BE 方向量 T，定出 YZ 点。

（5）计算主曲线半径 $R = \dfrac{T}{\tan\dfrac{\alpha}{4}}$，由 R 和 α 再求出曲线长 L，并根据 A 点里程，求出曲线主点里程。

（6）采用切线支距法或偏角法详细测设曲线。

第四节　缓和曲线的测设

车辆在曲线上行驶，会产生离心力。由于离心力的作用，车辆将向曲线外侧倾倒，影响车辆的安全行驶和舒适度。为了减小离心力的影响，路面必须在曲线外侧加高，称为超高。在直线上超高为 0，在圆曲线上超高为 h，这就需要在直线与圆曲线之间插入一段曲率半径由无穷大逐渐变化至圆曲线半径 R 的曲线，使超高由 0 逐渐增加到 h，同时实现曲率半径由 ∞ 到 R 的过渡，这段曲线称为缓和曲线。

缓和曲线可采用回旋线（也称辐射螺旋线）、三次抛物线、双纽线等线形。目前在我国公路和铁路系统中，均采用回旋线作为缓和曲线。

一、缓和曲线公式

1. 基本公式

如图 12-7 所示，回旋线是曲率半径随曲线长度的增大而成反比地均匀减小的曲线，即在回旋线上任一点的曲率半径 ρ 与曲线长度 l 成反比，以公式表示为

$$\rho = \frac{c}{l}$$

或

$$\rho l = c \tag{12-9}$$

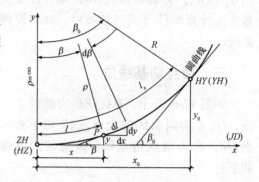

图 12-7 缓和曲线基本公式

缓和曲线终点即 HY 点（或 YH 点）的曲率半径等于圆曲线半径，即 $\rho = R$，该点的曲线长度即是缓和曲线的全长 l_s，即 $l = l_s$，按式（12-9）可得

$$Rl_s = c \tag{12-10}$$

式中，c 为常数，表示缓和曲线半径的变化率，与车速有关，目前我国公路采用

$$c = 0.035\,V^3$$

式中，V 为计算行车速度，以 km/h 为单位。

缓和曲线全长

$$l_s = 0.035\,\frac{V^3}{R} \tag{12-11}$$

我国交通运输部颁发的《公路工程技术标准》（JTG B01—2014）中规定：缓和曲线采用回旋线，缓和曲线的长度应根据相应等级公路的计算行车速度求算，并应不小于表 12-1 所列的数值。

表 12-1 各等级公路最小缓和曲线长度

公路等级	汽车专用公路						公路等级	一般公路					
	高速公路			一		二		二		三		四	
地形	平原微丘	重丘	山岭	平原微丘	山岭重丘	平原微丘	山岭重丘	地形	平原微丘	山岭重丘	平原微丘	山岭重丘	平原微丘	山岭重丘
最小缓和曲线长度/m	100	85	70	50	85	50	70	35	最小缓和曲线长度/m	70	35	50	25	35	20

2. 切线角公式

如图 12-7 所示，设回旋线上任一点 P 的切线与起点 ZH（或 HZ）切线的交角为 β，该角值与 P 点至起点曲线长 l 所对的中心角相等。在 P 处取一微分弧段 $\mathrm{d}l$，所对的中心角为 $\mathrm{d}\beta$，于是

$$\mathrm{d}\beta = \frac{\mathrm{d}l}{\rho} = \frac{l\,\mathrm{d}l}{c}$$

积分得

$$\beta = \frac{l^2}{2c} = \frac{l^2}{2Rl_s} \tag{12-12}$$

当 $l = l_s$ 时，β 以 β_0 表示，式（12-12）可写成

$$\beta_0 = \frac{l_s}{2R} \tag{12-13}$$

以角度表示则为

$$\beta_0 = \frac{l_s}{2R} \cdot \frac{180°}{\pi}$$

β_0 即缓和曲线全长 l_s 所对的中心角（切线角），也称缓和曲线角。

3. 缓和曲线的参数方程

如图 12-7 所示，以缓和曲线起点为坐标系原点，过该点的切线方向为 x 轴（向 JD 方向为正），过该点的法线方向为 y 轴（向圆心方向为正），建立独立平面直角坐标系。设缓和曲线上任一点 P 的坐标为 (x,y)，则微分弧段 dl 在坐标轴上的投影分别为

$$\left.\begin{array}{l} dx = dl \cdot \cos\beta \\ dy = dl \cdot \sin\beta \end{array}\right\} \tag{12-14}$$

将式（12-14）中的 $\cos\beta$、$\sin\beta$ 按级数展开，并将式（12-12）代入，积分并略去高次项得

$$\left.\begin{array}{l} x = l - \dfrac{l^5}{40R^2 l_s^2} \\ y = \dfrac{l^3}{6Rl_s} \end{array}\right\} \tag{12-15}$$

式（12-15）称为缓和曲线的参数方程。

当 $l = l_s$ 时，得到缓和曲线终点坐标：

$$\left.\begin{array}{l} x_0 = l_s - \dfrac{l_s^3}{40R^2} \\ y_0 = \dfrac{l_s^2}{6R} \end{array}\right\} \tag{12-16}$$

二、圆曲线带有缓和曲线段的主点测设

1. 内移值与切线增值

如图 12-8 所示，在直线与圆曲线之间插入缓和曲线时，必须将原有的圆曲线向内移动距离 p，才能使缓和曲线的起点位于直线方向上，这时切线增长 q。公路上一般采用圆心不动的平行移动方法，即未设缓和曲线时的圆曲线为 $\overparen{FG}$，其半径为 $(R+p)$；插入两段缓和曲线 $\overparen{AC}$ 和 $\overparen{BD}$ 后，圆曲线向内移，其保留部分为 $\overparen{CMD}$，半径为 R，所对的圆心角为 $(\alpha - 2\beta_0)$。由图可知

$$\left.\begin{array}{l} p = y_0 - R(1 - \cos\beta_0) \\ q = x_0 - R\sin\beta_0 \end{array}\right\} \tag{12-17}$$

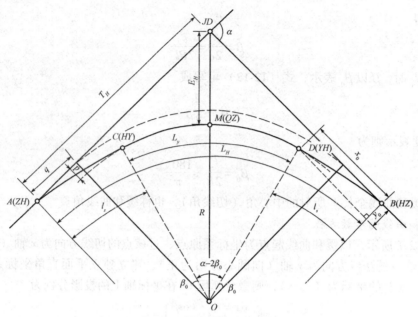

图 12-8 缓和曲线主点测设

将式（12-17）中的 $\cos\beta_0$、$\sin\beta_0$ 按级数展开，并按式（12-13）和式（12-16）将 β_0、x_0、y_0 代入，略去高次项得

$$\left.\begin{array}{l} p = \dfrac{l_s^2}{24R} \\[2mm] q = \dfrac{l_s}{2} - \dfrac{l_s^3}{240R^2} \end{array}\right\} \qquad (12\text{-}18)$$

由式（12-18）与式（12-16）可知，内移值 p 等于缓和曲线终点纵坐标 y_0 的 1/4 倍；切线增值 q 约为缓和曲线长 l_s 的一半，缓和曲线的位置大致是一半占用直线部分，一半占用圆曲线部分。

2. 曲线测设元素

当测得转角 α，确定圆曲线半径 R 和缓和曲线长 l_s 后，即可按式（12-13）及式（12-18）计算切线角 β_0、内移值 q 和切线增值 p。则曲线测设元素可用下列公式计算：

$$\left.\begin{array}{ll} \text{切线长} & T_H = (R+p)\tan\dfrac{\alpha}{2} + q \\[2mm] \text{曲线总长} & L_H = R\alpha\dfrac{\pi}{180°} + l_s \\[2mm] \text{圆曲线长} & L_Y = R\alpha\dfrac{\pi}{180°} - l_s \\[2mm] \text{外距} & E_H = (R+p)\sec\dfrac{\alpha}{2} - R \\[2mm] \text{切曲差} & D_H = 2T_H - L_H \end{array}\right\} \qquad (12\text{-}19)$$

3. 主点里程

根据交点的里程和曲线测设元素，计算主点里程：

$$\left.\begin{array}{ll}\text{直缓点} & ZH_{里程} = JD_{里程} - T_H \\ \text{缓圆点} & HY_{里程} = ZH_{里程} + l_s \\ \text{圆缓点} & YH_{里程} = HY_{里程} + L_Y \\ \text{缓直点} & HZ_{里程} = YH_{里程} + l_s \\ \text{曲中点} & QZ_{里程} = HZ_{里程} - \dfrac{L_H}{2} \\ \text{交点} & JD_{里程} = QZ_{里程} + \dfrac{D_H}{2} \text{（计算检核）}\end{array}\right\} \quad (12\text{-}20)$$

4. 主点测设

主点 ZH、HZ 和 QZ 的测设方法与圆曲线主点测设方法相同。HY 点和 YH 点可按式 (12-16) 计算其坐标 x_0、y_0，用切线支距法测设。

三、圆曲线带有缓和曲线段的详细测设

1. 切线支距法

（1）缓和曲线段。如图 12-9 所示，以 ZH（或 HZ）点为坐标原点，以切线为 x 轴，以过原点的法线为 y 轴，利用缓和曲线参数方程式 (12-15) 计算缓和曲线段上各点坐标 (x, y)。

（2）圆曲线段。

①仍在以 ZH（或 HZ）为原点的坐标系中进行测设。圆曲线上各点坐标的计算公式可按图 12-9 写出。

$$\left.\begin{array}{l} x = R\sin\varphi + q \\ y = R(1 - \cos\varphi) + p \end{array}\right\} \quad (12\text{-}21)$$

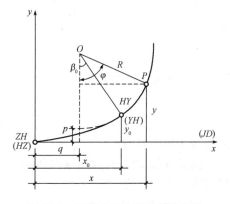

图 12-9 切线支距法测设缓和曲线

式中，$\varphi = \dfrac{1}{R} - \beta_0 = \dfrac{2l - l_s}{2R}$

l 为该点至 ZH（或 HZ）的曲线长，包括缓和曲线段及圆曲线部分。选择弧度为角度单位。

②如图 12-10 所示，以 HY（或 YH）为坐标原点，以该点处的切线方向为 x 轴，以该点处的法线方向为 y 轴建立独立平面直角坐标系。此时只要将 HY（或 YH）点的切线定出，即可与无缓和曲线段的圆曲线一样测设。如图，计算出 T_d 之长，据此测设出 Q 点，延长 Q 至 HY（或 YH）的方向即切线方向。T_d 由下式计算：

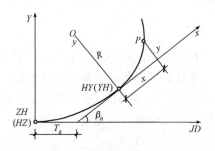

图 12-10 切线支距法测设圆曲线部分

$$T_d = x_0 - \dfrac{y_0}{\tan\beta_0} = \dfrac{2}{3}l_s + \dfrac{l_s^3}{360R^2} \quad (12\text{-}22)$$

2. 偏角法

（1）缓和曲线段。如图 12-11 所示，设缓和曲线上任意一点 P 的偏角为 δ，至 ZH（或 HZ）点的曲线长为 l，其弦长近似与曲线长相等，亦为 l。由直角三角形得

$$\sin\delta = \frac{y}{l}$$

因 δ 很小，则 $\sin\delta = \delta$。由于 $y = \frac{l^3}{6Rl_s}$，则

$$\delta = \frac{l^2}{6Rl_s} \tag{12-23}$$

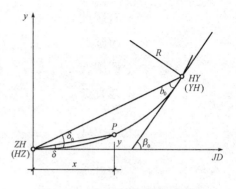

图 12-11　偏角法测设缓和曲线

HY（或 YH）点的偏角 δ_0 为缓和曲线的总偏角。将 $l = l_s$ 代入式（12-23）得

$$\delta_0 = \frac{l_s}{6R} \tag{12-24}$$

由于

$$\beta_0 = \frac{l_s}{2R}$$

则

$$\delta_0 = \frac{1}{3}\beta_0 \tag{12-25}$$

缓和曲线上的弦长

$$c = l - \frac{l^5}{90R^2 l_s^2} \tag{12-26}$$

近似等于相对应的弧长，因而在测设时弦长一般以弧长代替。

按式（12-23）计算出缓和曲线上各点的偏角后，将仪器置于 ZH（或 HZ）点上，即可按偏角法进行测设。

（2）圆曲线段。

①仍在 ZH（或 HZ）点安置仪器。对于圆曲线上任一点 P，可根据式（12-21）计算其相对于 ZH（或 HZ）的坐标 (x, y)，按下式计算其偏角值 δ：

$$\delta = \tan^{-1}\left(\frac{y}{x}\right) \tag{12-27}$$

在计算中，p、q、x、y 各项计算值均应取至毫米位。

按计算出的各点偏角值及各相邻点间弦长，即可从 HY（或 YH）继续测设。

②在 HY（或 YH）点安置仪器。此时只要将 HY（或 YH）点的切线定出，即可与无缓和曲线段的圆曲线一样测设。如图 12-11 所示，显然

$$b_0 = \beta_0 - \delta_0 = \frac{2}{3}\beta_0 = 2\delta_0 \tag{12-28}$$

将仪器置于 HY（或 YH）点，盘右瞄准 ZH（或 HZ），水平度盘配置在 b_0（当曲线右转时，配置在 $360° - b_0$），旋转照准部使水平度盘读数为 $0°00'00''$ 并倒镜，此时视线方向即 HY（YH）点的切线方向。

3. 极坐标法

如图 12-12 所示，首先设定一个独立平面直角坐标系。例如，以 ZH（或 HZ）为坐标原点，以其切线方向为 x 轴，向 JD 方向为正，以其法线方向为 y 轴，向圆心方向为正。这时，曲线上任一点 P 的坐标 (x_P, y_P) 仍可按式（12-15）和式（12-21）计算，但当曲线偏向直线左侧时，y_P 取负值。

在曲线附近选择一转点 ZD，将仪器置于 ZH（或 HZ）点，测量 ZH 至 ZD 的距离 $D_{ZH \cdot ZD}$，测量 x 轴正向顺时针至 ZD 的角度（ZH 至 ZD 直线在该坐标系中的方位角）$\alpha_{ZH \cdot ZD}$，则转点 ZD 的坐标为

$$\left. \begin{array}{l} x_{ZD} = D_{ZH \cdot ZD} \cos\alpha_{ZH \cdot ZD} \\ y_{ZD} = D_{ZH \cdot ZD} \sin\alpha_{ZH \cdot ZD} \end{array} \right\} \quad (12\text{-}29)$$

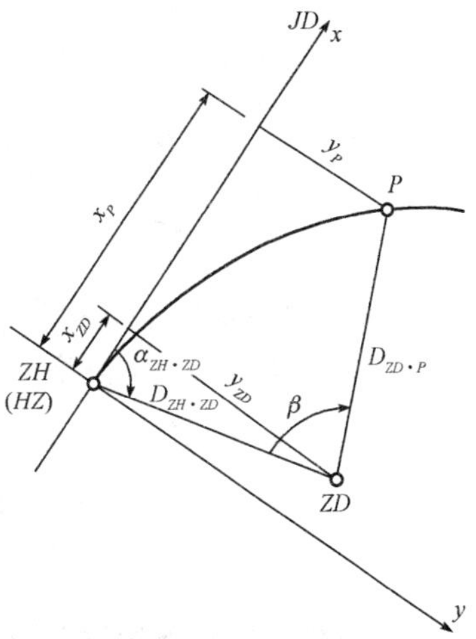

图 12-12 极坐标法测设缓和曲线

直线 ZD 至 ZH 和 ZD 至 P 点的方位角为

$$\alpha_{ZD \cdot ZH} = \alpha_{ZH \cdot ZD} \pm 180° \quad (12\text{-}30)$$

$$\alpha_{ZD \cdot P} = \tan^{-1}\left(\frac{y_P - y_{ZD}}{x_P - x_{ZD}} \right) \quad (12\text{-}31)$$

于是

$$\beta = \alpha_{ZD \cdot P} - \alpha_{ZD \cdot ZH} \quad (12\text{-}32)$$

$$D_{ZD \cdot P} = \sqrt{(x_{ZD} - x_P)^2 + (y_{ZD} - y_P)^2} \quad (12\text{-}33)$$

按上述公式算出曲线上各点的测设角度 β（$0° \leq \beta < 360°$）和距离 $D_{ZD \cdot P}$ 后，将仪器置于转点 ZD 上，即可用极坐标法测设 P 点。也可在 ZD 上增设新的转点，继续测设曲线。

若线路勘测过程中已建立了平面控制测量，则可在控制点上以极坐标法测设，但首先应计算道路中线上任一点的测量坐标。

第五节 道路中线逐桩坐标计算

随着勘测设计技术的进步，逐桩计算道路中桩坐标成为可能。计算了中线上任一点的坐标，再配合控制测量成果，使勘测设计的质量得到迅速提高，同时也为高质量地进行施工测量奠定了基础。为此，在高等级道路工程的设计文件中，要求编制中线逐桩坐标表。

如图 12-13 所示，各交点的坐标 X_{JD}、Y_{JD}（为区别于切线支距法坐标，故用大写）已经确定，路线导线的坐标方位角 A（为区别于线路转角）和边长 D 按坐标反算求得。在选定各圆曲线半径 R 和缓和曲线长 l_s 后，根据各桩的里程桩号，按下述方法即可算出相应的坐标值 X、Y。

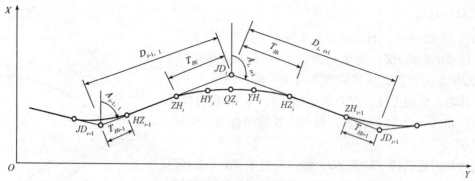

图 12-13 道路中线逐桩坐标计算

一、HZ 点（含起点）至 ZH 点间

如图 12-13 所示，HZ_{i-1}（或线路起点）至 ZH_i 之间为直线段，各中桩点的坐标按下式计算：

$$X_i = X_{HZ_{i-1}} + D_i \cos A_{i-1,i}$$
$$Y_i = Y_{HZ_{i-1}} + D_i \sin A_{i-1,i}$$
(12-34)

式中，$A_{i-1,i}$ 为线路导线 JD_{i-1} 至 JD_i 的坐标方位角；D_i 为桩点至 HZ_{i-1} 点的距离，即桩点里程与 HZ_{i-1} 点里程之差；$X_{HZ_{i-1}}$、$Y_{HZ_{i-1}}$ 为 HZ_{i-1} 点的坐标，由下式计算：

$$X_{HZ_{i-1}} = X_{JD_{i-1}} + T_{H_{i-1}} \cos A_{i-1,i}$$
$$Y_{HZ_{i-1}} = Y_{JD_{i-1}} + T_{H_{i-1}} \sin A_{i-1,i}$$
(12-35)

式中，$X_{HZ_{i-1}}$、$Y_{HZ_{i-1}}$ 为 JD_{i-1} 点的坐标，$T_{HZ_{i-1}}$ 为切线长。

ZH_i 点为直线的终点，除可按式（12-34）计算外，也可按下式计算：

$$X_{ZH_i} = X_{JD_{i-1}} + (D_{i-1,i} - T_{H_i}) \cos A_{i-1,i}$$
$$Y_{ZH_i} = Y_{JD_{i-1}} + (D_{i-1,i} - T_{H_i}) \sin A_{i-1,i}$$
(12-36)

式中，$D_{i-1,i}$ 为线路导线 JD_{i-1} 至 JD_i 的边长。

二、ZH 点至 YH 点间

此段包括第一缓和曲线段及圆曲线段，可按式（12-15）、式（12-21）先算出切线支距法坐标 x、y，然后通过坐标转换将其转换为测量坐标 X、Y，写出公式：

$$\begin{pmatrix} X \\ Y \end{pmatrix} = \begin{pmatrix} X_{ZH_i} \\ Y_{ZH_i} \end{pmatrix} + \begin{pmatrix} \cos A_{i-1,i} & -\sin A_{i-1,i} \\ \sin A_{i-1,i} & \cos A_{i-1,i} \end{pmatrix} \begin{pmatrix} x \\ y \end{pmatrix}$$
(12-37)

在运用式（12-37）计算时，当曲线为左转角时，y 应以负值代入。

三、YH 点至 ZH 点间

此段为第二缓和曲线段，仍可按式（12-21）计算切线支距法坐标，再按下式转换为测量坐标：

$$\begin{pmatrix} X \\ Y \end{pmatrix} = \begin{pmatrix} X_{HZ_i} \\ Y_{HZ_i} \end{pmatrix} - \begin{pmatrix} \cos A_{i,i+1} & -\sin A_{i,i+1} \\ \sin A_{i,i+1} & \cos A_{i,i+1} \end{pmatrix} \begin{pmatrix} x \\ y \end{pmatrix} \qquad (12\text{-}38)$$

当曲线为右转角时，y 以负值代入。

第六节　不对称曲线的平面计算

在圆曲线两端设置相同的缓和曲线，称为对称曲线。若在圆曲线两端设置不同的缓和曲线，则称为不对称曲线。由于不对称曲线既便于路线设计，又便于适应自然环境，已经在高等级公路中得到广泛应用。不对称曲线涵盖了对称曲线和圆曲线，使对称曲线和圆曲线成为不对称曲线的特例。

一、不对称曲线的计算

1. 不对称曲线平面计算的起算数据

如图 12-14 所示，总点数（含路线的起、终点和交点）：M；交点数：$M-2$；起点 (SP) 处：K_{SP}、α_i、R_i、LS_1、LS_2（$i=2,3,\cdots,M-1$），对于 α_i，右偏取正，左偏取负；终点 (TP) 处：K_{TP}。

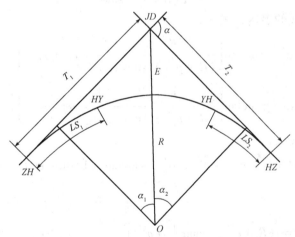

图 12-14　不对称曲线

2. 不对称曲线偏角计算

由图 12-14 得

$$\left.\begin{array}{c} \alpha = \alpha_1 + \alpha_2 \\ \dfrac{R+p_1}{\cos\alpha_1} = \dfrac{R+p_2}{\cos\alpha_2} \end{array}\right\} \qquad (12\text{-}39)$$

整理可得

$$\frac{R+p_1}{R+p_2} = \frac{\cos\alpha_1}{\cos\alpha_2} = \frac{\cos(\alpha-\alpha_2)}{\cos\alpha_2} \qquad (12\text{-}40)$$

因为
$$\cos(\alpha-\beta) = \cos\alpha\cos\beta + \sin\alpha\sin\beta$$

回代得
$$\frac{R+p_1}{R+p_2} = \frac{\cos\alpha\cos\alpha_2 + \sin\alpha\sin\alpha_2}{\cos\alpha_2} = \cos\alpha + \sin\alpha\tan\alpha_2$$

整理得
$$\tan\alpha_2 = \left(\frac{R+p_1}{R+p_2} - \cos\alpha\right)/\sin\alpha = \frac{R+p_1}{(R+p_2)\sin\alpha} - \cot\alpha$$

故
$$\alpha_2 = \arctan\left[\frac{R+p_1}{(R+p_2)\sin\alpha} - \cot\alpha\right] \qquad (12\text{-}41)$$

同理
$$\frac{R+p_2}{R+p_1} = \frac{\cos\alpha_2}{\cos\alpha_1} = \frac{\cos(\alpha-\alpha_1)}{\cos\alpha_1} = \cos\alpha + \sin\alpha\tan\alpha_1$$

故
$$\alpha_1 = \arctan\left[\frac{R+p_2}{(R+p_1)\sin\alpha} - \cot\alpha\right] \qquad (12\text{-}42)$$

写成适用于全路线的表达方式:
$$\left.\begin{array}{l} \alpha_i^{(1)} = \arctan\left[\dfrac{R_i+p_i^{(1)}}{(R_i+p_i^{(2)})\sin|\alpha_i|} - \cot|\alpha_i|\right] \\[2mm] \alpha_i^{(2)} = \arctan\left[\dfrac{R_i+p_i^{(2)}}{(R_i+p_i^{(1)})\sin|\alpha_i|} - \cot|\alpha_i|\right] \end{array}\right\} \qquad (12\text{-}43)$$

式中,$i=2,3,\cdots,M-1$。

对于对称曲线和圆曲线,$p_i^{(1)} = p_i^{(2)}$,$\alpha_i^{(1)} = \arctan(1/\sin|\alpha_i| - \cot|\alpha_i|) = \alpha_i^{(2)} = \alpha_i/2$。

3. 切线计算
$$\left.\begin{array}{l} T_i^{(1)} = (R_i+p_i^{(1)})\tan\alpha_i^{(1)} + q_i^{(1)} \\ T_i^{(2)} = (R_i+p_i^{(2)})\tan\alpha_i^{(2)} + q_i^{(2)} \end{array}\right\} (i=2,3,\cdots,M-1) \qquad (12\text{-}44)$$

对称曲线中,$p_i^{(1)} = p_i^{(2)} = p_i$,$q_i^{(1)} = q_i^{(2)} = q_i$,$T_i^{(1)} = T_i^{(2)} = T_i = (R_i+p_i)\tan\alpha_i/2 + q_i$。
在圆曲线中,$p_i = q_i = 0$,$T_i = R_i\tan\alpha_i/2$。

4. 方位角推算
$$A_{i+1} = A_i + \alpha_{i+1} \quad (i=1,2,\cdots,M-1)$$

5. 圆曲线长度计算
$$l_y^{(1)} = R(\alpha_1 - \beta_0^{(1)}) = R\left(\alpha_1 - \frac{LS_1}{2R}\right),\quad l_y^{(2)} = R(\alpha_2 - \beta_0^{(2)}) = R\left(\alpha_2 - \frac{LS_2}{2R}\right) \qquad (12\text{-}45)$$

对称曲线中，$LS_1 = LS_2 = l_S$，$\beta_0^{(1)} = \beta_0^{(2)} = \beta_0 = \dfrac{l_S}{2R}$，$\alpha_1 = \alpha_2 = \alpha/2$，$l_y^{(1)} = R\left(\dfrac{\alpha}{2} - \dfrac{l_S}{2R}\right) = l_y^{(2)}$。圆曲线中，$LS_1 = LS_2 = 0$，$l_y^{(1)} = R \cdot \dfrac{\alpha}{2} = l_y^{(2)}$。

6. 主点桩号计算

$$\left.\begin{aligned}
ZH_i &= K_i - T_i^{(1)} \\
HY_i &= ZH_i + LS_{1i} \\
QZ_i &= HY_i + LY_{1i} \quad (i = 2, 3, \cdots, M-1) \\
YH_i &= QZ_i + LY_{2i} \\
HZ_i &= YH_i + LS_{2i}
\end{aligned}\right\} \tag{12-46}$$

圆曲线时，$ZH_i = HY_i$，$HZ_i = YH_i$。在不对称曲线中，QZ 已经不再是曲线的中点，只是圆曲线的圆心与路线交点连线，与曲线相交点的桩号。

7. 交点间距离计算

$D_1 = K_2 - K_1$，$D_i = K_{i+1} - HZ_i + T_i^{(2)}$（$i = 2, 3, \cdots, M-1$），至此，以后的计算与交点桩号无关。

8. 交点坐标计算

$$x_i = x_{i-1} + D_i \cos A_{i-1}$$
$$y_i = y_{i-1} + D_i \sin A_{i-1}$$

9. 计算曲线起、终点坐标

$$\left.\begin{aligned}
x_i^{(ZH)} &= x_i - T_i^{(1)} \cos A_{i-1} \\
y_i^{(ZH)} &= y_i - T_i^{(1)} \sin A_{i-1} \\
x_i^{(HZ)} &= x_i + T_i^{(2)} \cos A_i \\
y_i^{(HZ)} &= y_i + T_i^{(2)} \sin A_i
\end{aligned}\right\} \quad (i = 2, 3, \cdots, M-1) \tag{12-47}$$

至此，以后的坐标计算与交点坐标无关。

10. 计算圆心坐标

第一组公式：

$$\left.\begin{aligned}
x_i^{(O)} &= x_i^{(ZH)} + q_i^{(1)} \cos A_{i-1} + (R + p_i^{(1)}) \cos(A_{i-1} \pm 90°) \\
y_i^{(O)} &= y_i^{(ZH)} + q_i^{(1)} \sin A_{i-1} + (R + p_i^{(1)}) \sin(A_{i-1} \pm 90°)
\end{aligned}\right\} \tag{12-48}$$

第二组公式：

$$\left.\begin{aligned}
x_i^{(O)} &= x_i^{(HZ)} + q_i^{(2)} \cos(A_i \pm 180°) + (R + p_i^{(2)}) \cos(A_i \pm 90°) \\
y_i^{(O)} &= y_i^{(HZ)} + q_i^{(2)} \sin(A_i \pm 180°) + (R + p_i^{(2)}) \sin(A_i \pm 90°)
\end{aligned}\right\} \tag{12-49}$$

两组公式计算结果相同，可作为检核。同时，也可检核 α_1、α_2、T_1、T_2、x_{ZH}、y_{ZH}、x_{HZ}、y_{HZ} 的计算。

11. 直线段中桩坐标和法线方位角的计算

在路线起点到第一曲线起点间的直线段上，$K_{SP} \leq K_j \leq K_1^{(ZH)}$，

$$\left.\begin{array}{l} x_j = x_{SP} + (K_j - K_{SP}) \cos A_1 \\ y_j = y_{SP} + (K_j - K_{SP}) \sin A_1 \\ A_j^{(N)} = A_1 + 90° \end{array}\right\}$$

在两相邻曲线间，$HZ_i \leq K_j \leq ZH_{i+1}$，直线坐标和法线方位角用下式计算：

$$\left.\begin{array}{l} x_j = x_i^{(HZ)} + (K_j - HZ_i) \cos A_i \\ y_j = y_i^{(HZ)} + (K_j - HZ_i) \sin A_i \\ A_j^{(N)} = A_i \pm 90° \end{array}\right\} \quad (i = 2, 3, \cdots, M-2) \qquad (12\text{-}50)$$

在最后曲线尾至路线终点之间，$HZ_{M-1} \leq K_j \leq K_{TP}$，中线坐标和方位角用下式计算：

$$\left.\begin{array}{l} x_j = x_{M-1}^{(HZ)} + (K_j - HZ_{M-1}) \cos A_{M-1} \\ y_j = y_{M-1}^{(HZ)} + (K_j - HZ_{M-1}) \sin A_{M-1} \\ A_j^{(N)} = A_{M-1} \pm 180° \end{array}\right\} \qquad (12\text{-}51)$$

二、曲线坐标和法线方位角的计算

在曲线的 ZH 至 QZ 之间，$ZH_i \leq K_j \leq QZ_i$，$l_j = K_j - ZH_i$，$x_j = x_i^{(ZH)} + x_j' \cos A_{i-1} + y_j' \cos(A_{i-1} \pm 90°)$，$y_j = y_i^{(ZH)} + x_j' \sin A_{i-1} + y_j' \sin(A_{i-1} \pm 90°)$，

$$A_j^{(N)} = \begin{cases} A_{i-1} \pm \dfrac{l_j^2}{2 R_i LS_{1i}} \pm 90° & \text{缓和曲线} \\[2mm] \arctan\left(\dfrac{y_j - y_i^{(O)}}{x_j - x_i^{(O)}}\right) & \text{圆曲线} \end{cases} \qquad (12\text{-}52)$$

在曲线的 HZ 至 QZ 之间，$QZ_i \leq K_j \leq HZ_i$，$l_j = HZ_j - K_i$，

$$x_j = x_i^{(HZ)} + x_j' \cos(A_i \pm 180°) + y_j' \cos(A_i \pm 90°)$$
$$y_j = y_i^{(HZ)} + x_j' \sin(A_1 \pm 180°) + y_j' \sin(A_i \pm 90°)$$

$$A_j^{(N)} = \begin{cases} A_i \pm 180° \mp \dfrac{l_j^2}{2 R_i LS_{2i}} \pm 90° & \text{缓和曲线} \\[2mm] \arctan\left(\dfrac{y_j - y_i^{(O)}}{x_j - x_i^{(O)}}\right) & \text{圆曲线} \end{cases} \qquad (12\text{-}53)$$

三、边桩坐标的计算

法线上与中桩距离 d 的坐标为

$$\left.\begin{array}{l} x_S = x_j \pm d \cos A_j^{(N)} \\ y_S = y_j \pm d \sin A_j^{(N)} \end{array}\right\} \qquad (12\text{-}54)$$

第七节　全站仪测设道路中线

用全站仪测设道路中线，速度快、精度高，目前在道路工程中已广泛采用。在测设时一般应沿线路方向布设导线控制，然后依据导线进行中线测设。

一、导线测量

对于高等级的道路工程，布设的导线一般应与附近的高级控制点进行联测，构成附合导线。通过联测，既可以获得必要的起算数据（起始点坐标和起始方位角），又可对观测数据进行检核。

利用全站仪可以直接测得点的坐标值，但在最后成果处理时，与常规做法有所不同，须将坐标值作为观测值，而不是将角度、边长作为观测值。如图 12-15 所示，用全站仪观测了附合导线，观测时先安置仪器于 B 点，观测 2 点坐标；再将仪器安置于 2 点，观测 3 点坐标；依次观测直至测得 C 点的坐标观测值。

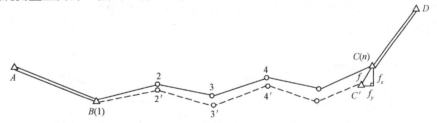

图 12-15　导线坐标测量闭合差的调整

设 C 点的坐标观测值为 x'_C、y'_C，其已知坐标值为 x_C、y_C，则纵、横坐标闭合差 f_x、f_y 为

$$f_x = x'_C - x_C$$
$$f_y = y'_C - y_C$$

导线全长闭合差

$$f = \sqrt{f_x^2 + f_y^2}$$

导线全长相对闭合差

$$K = \frac{1}{\sum D / f}$$

式中，D 为导线边长，在观测各点坐标时，利用调阅键即可得到。

当导线全长相对闭合差不大于规范规定的容许值时，即可按下式计算各点坐标的改正值：

$$V_{xi} = -\frac{f_x}{\sum D} \cdot \sum D_i$$

$$V_{yi} = -\frac{f_y}{\sum D} \cdot \sum D_i$$

式中,$\sum D$ 表示导线全长;$\sum D_i$ 表示第 i 点之间导线边长之和。

改正后各点坐标为

$$x_i = x'_i + V_{xi}$$
$$y_i = y'_i + V_{yi}$$

式中,x'_i、y'_i 为第 i 点的坐标观测值。

目前,理论与实践已经证明,用全站仪观测高程,如果采取对向(往返)观测,竖直角观测精度 $m_a \leqslant \pm 2''$,测距精度不低于 $(5 + 5 \times 10^{-6}D)$ mm,边长控制在 2 km 之内,即可达到四等水准的限差要求。因此,在导线测量时通常都是观测三维导线,将三角高程的观测结果作为高程控制,以代替线路纵断面测量中的基平测量。

二、中线测量

在用全站仪进行道路中线测量时,通常是按中桩的坐标测设。中桩坐标一般是在测设时现场用计算机程序计算,并将其打印出来,或传输给全站仪。

如图 12-16 所示,测设时将仪器安置于导线点上,按中桩坐标进行测设,在中桩位置定出后,随即测出该桩的地面高程(Z 坐标)。这样纵断面测量中的中平测量就无须单独进行,大大简化了测量工作。

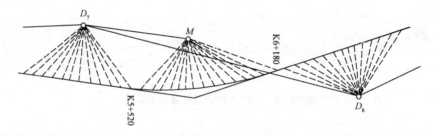

图 12-16 全站仪测设道路中线

在测设过程中,往往需要在导线的基础上加密一些测站点,以便把中桩逐个定出。图 12-16 中 K5 + 520 至 K6 + 180 之间的中桩,在导线点 D_7、D_8 上均难以测设,可在 D_7 测设结束后,于适当位置选一 M 点,钉桩后,测出 M 点的三维坐标。将仪器迁至 M 点,即可继续测设。

思考题

1. 什么是虚交?圆外基线法和切基线法相比,各有何优点?

2. 如图 12-17 所示,用圆外基线法解决虚交问题时,测得 $\alpha_A = 13°24'$,$\alpha_B = 12°59'$,切基线长 $AB = 134.86$ m,A 点里程 K5 + 791.63,曲线设计半径 $R = 400$ m。试计算圆曲线主点测设数据及主点桩号。

3. 测设复曲线时,测得 $\alpha_A = 30°12'$,$\alpha_B = 32°18'$,切基线长 $AB = 387.62$ m,A 点里程 K42 + 263.58,主曲线半径 $R_1 = 300$ m。试计算复曲线的测设数据。

4. 什么是回头曲线?回头曲线的测设方法有哪些?如何测设?

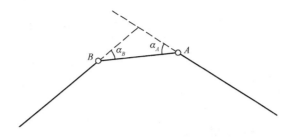

图 12-17　题 2 图

5. 什么是缓和曲线？缓和曲线长如何确定？

6. 某交点的里程桩号为 K11+813.04，转角 $\alpha_{右}=24°03'02''$，圆曲线半径 $R=300$ m，缓和曲线长 l_s 采用 60 m，试计算该曲线的测设元素、主点里程以及缓和曲线终点的坐标，并说明主点的测设方法。

7. 对题 6 中曲线钉出主点后，按整桩号法（桩距 10 m）设置曲线桩。

(1) 试计算采用切线支距法分别从 ZH 点、HZ 点向 QZ 测设的测设数据；

(2) 说明用量距的方法给出 HY（YH）点处切线方向的方法，并给出测设数据。

8. 对题 6 中曲线钉出主点后，按整桩号法（桩距 10 m）设置曲线桩。

(1) 试计算采用偏角法分别从 ZH、HZ 点向 QZ 测设的测设数据；

(2) 说明用经纬仪给出 HY（YH）点处切线方向的方法，并给出测设数据。

9. 题 7 在算出各桩坐标后，前半曲线准备改用极坐标法测设。在曲线附近选一转点 ZD，将仪器安置于 ZH 点上，测得 ZH 点至 ZD 的距离 $D=70.55$ m，ZH 点处切线正向顺时针至 ZH 与 ZD 直线方向的夹角 $\alpha=42°12'30''$。试计算各桩的测设数据。

10. 在计算道路中线逐桩坐标时，需要获取哪些数据？

11. 如果用全站仪直接测量附合导线的坐标，其成果处理与常规做法有何不同？

第十三章

线路施工测量

第一节 管道施工测量

现代城镇和工业企业在各类管道（给水、排水、燃气、热力、输电、输油等）工程的规划设计、施工敷设、竣工验收以及运营管理期间所进行的各种测量工作，统称为管道施工测量。其主要内容可概括为以下几个方面：为了合理地敷设各种管道，首先进行规划设计，测绘大比例尺地形图和断面图，确定管道中线主点的位置并给出定位的数据，即管道的起点、转向点及终点的坐标、高程；然后进行施工测量，将图纸上所设计的中线测设于实地，作为施工的依据；最后为竣工测量，将施工后的管道位置测绘成图，以反映竣工后的状况，从而为工程的验收以及日后的管理、维修、改建、事故处理等提供必要的资料和依据。

一、地下管道施工测量

1. 校核中线

为保证管道中线的准确位置，在施工前应对管道设计中的起点、各转折点及终点进行现场检核，对丢失或损坏的及时恢复。如果勘测设计阶段在地面上所标定的管道中线位置即最后设计位置，而且主点各桩在地面上完好无损，则只需进行检核，不必重设；否则就需要重新测设管道主点。

2. 测设施工控制桩

在施工时，管道中线上各桩将被挖掉，为了便于恢复中线和检查井位置，应在管道主点处的中线延长线上设置中线控制桩、井位控制桩，一般设置在垂直于管道中线的方向上，如图 13-1 所示。这些控制桩应设在不受施工破坏、引测方便、容易保存的地方。

3. 槽口放线

槽口放线是根据管径大小、埋置深度以及土质情况，确定开挖宽度，并在地面上定出槽口开挖边线的位置。若横断面坡度比较平缓，如图 13-2 所示，槽底宽度为 b，挖土深度为 h，管槽挖土边坡坡度为 $1:m$，则开挖管槽宽度可用下式计算：

$$B = b + 2mh \tag{13-1}$$

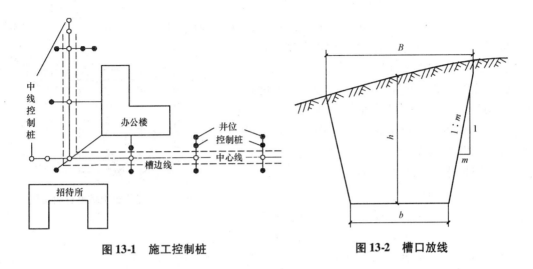

图 13-1　施工控制桩　　　　　　图 13-2　槽口放线

4. 测设控制中线和高程的标志

管道施工测量的主要任务是根据工程进度的要求，测设控制管道中线和高程位置的施工测量标志。常采用龙门板法和平行轴腰桩法。

（1）龙门板法。为了控制管节轴线与设计中线相符，并使管底标高与设计高程一致，当管道开挖到一定的深度时，沿中线每隔 10～20 m 和检查井处皆应设置龙门板。龙门板由坡度板和高程板组成，如图 13-3 所示。控制中线标志测设时，根据中线控制桩，用经纬仪将管道中线投测到各坡度板上，并钉一小钉标定其位置，此钉称为中线钉。各龙门板上中线钉的连线表明了中线方向。在连线上挂垂球，可将中线位置投测到管槽内，以控制管道中线。

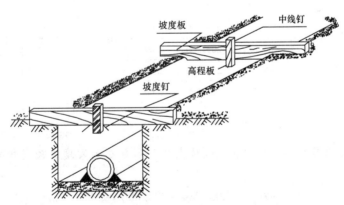

图 13-3　龙门板的设置

为了控制管槽深度，应根据附近水准点，用水准仪测出各坡度板顶的高程 $H_{板顶}$，根据管道坡度，计算出该处管道设计高程 $H_{管底}$（内壁），则坡度板顶与管道设计高程之差即由坡度板顶向下开挖的深度（实际上管槽开挖深度还应加上管壁和垫层的厚度），通常称为下返数。由于地面起伏，各坡度板的下返数通常不一致，施工时检查管底设计高程及坡度很不方便。为使下返数为一个整数 C，必须按下式计算出从每一坡度板顶向上或向下调整的调整数 δ：

$$\delta = C - (H_{板顶} - H_{管底} + h_{壁厚} + h_{垫层}) \tag{13-2}$$

根据计算出的调整数 δ，在高程板上用小钉标定其位置，该小钉称为坡度钉，如图 13-4 所示。相邻坡度钉的连线与设计管底坡度线平行，各坡度钉的下返数均为 C。这样，只需准备一根木杆，在木杆上标出 C 的位置，便可随时用它检查槽底是否挖到设计高程，既灵活又方便。如挖深超过设计高程，绝不允许回填土，只能加厚垫层。

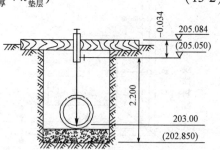

图 13-4 龙门板上坡度钉的设置

【例 13-1】 表 13-1 中，将水准仪测得的各坡度板顶高程填入第 4 栏；根据第 1 栏的板号及第 3 栏的设计坡度，计算出各坡度板处的管底设计高程并填入第 5 栏。

解：如表 13-1 所示，0+000 板处管底设计高程为 203.000 m、坡度 $i = 5‰$、0+010 板到 0+000 板距离为 10 m，则 0+010 的管底设计高程为

$$203.000 + (+5‰) \times 10 = 203.050 \text{ (m)}$$

表 13-1 坡度钉测设手簿

板号	距离/m	设计坡度	板顶高程 $H_{板顶}$/m	管底设计高程 $H_{管底}$/m	$H_{板顶} - H_{管底}$/m	管壁厚 $h_{壁厚}$/m	垫层厚 $h_{垫层}$/m	下返数 C/m	调整数 δ/m
0+000			205.084	203.000	2.084				-0.034
0+010	10		205.125	203.050	2.075				-0.025
0+020	10		205.203	203.100	2.103				-0.053
0+030	10	5‰	205.211	203.150	2.061	0.050	0.100	2.200	-0.011
0+040	10		205.274	203.200	2.074				-0.024
0+050	10		205.319	203.250	2.069				-0.019
0+060	10		205.385	203.300	2.085				-0.035
⋮	⋮	⋮	⋮	⋮	⋮	⋮	⋮	⋮	⋮

同法可以计算出其他各板处的管底设计高程。第 6 栏为坡度板顶高程减管底设计高程。例如，0+000 为

$$H_{板顶} - H_{管底} = 205.084 - 203.000 = 2.084 \text{ (m)}$$

其余类推。

管道壁厚为 5 cm，填入第 7 栏；垫层厚度为 10 cm，填入第 8 栏。为了施工方便，选定下返数 C 为 2.200 m，填入第 9 栏；第 10 栏为每个坡度板顶向上（+）或向下（-）量的调整数 δ，如 0+000 板调整数为：$\delta = 2.200 - (2.084 + 0.050 + 0.100) = -0.034$ （m），从该板顶向下量取 0.034 m，在坡度立板上钉一小钉，即为坡度钉。

施工中因交通频繁容易碰动龙门板，尤其是在雨后龙门板还可能有下沉现象，因此要定期进行检测。

（2）平行轴腰桩法。对管径较小，坡度较大，精度要求较低的管道，施工测量时常采

用平行轴腰桩法来控制管道的中线和高程。

在开工之前，在中线一侧或两侧设置一排平行于管道中线的轴线桩，桩位应设置在开挖槽边线以外。各桩间距一般为 10～20 m，各检查井位也相应地在平行轴线上设桩。为了控制管底高程，在槽壁上距槽底为整分米处，打一排腰桩，并根据水准点进行高程测设，使每个腰桩顶面高程与该处管底设计高程之差为统一的下返数，如图 13-5 所示。施工时，只需用短尺（2 m 钢尺）量取小钉到槽底的距离与下返数相比较，便可检查槽底是否已挖到设计高程。

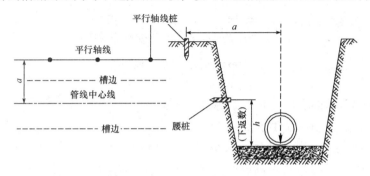

图 13-5 平行轴线桩、腰桩的设置

二、顶管施工测量

当管道穿越河流、铁路、公路或重要建筑物时，为了保证正常的交通运输或避免施工中大量的拆迁工作，往往不允许开挖沟槽，而采用顶管施工的方法。随着机械化程度的提高，顶管施工方法已得到广泛采用。

采用顶管施工时，应先挖好工作坑，在工作坑内安放导轨（铁轨或方木），将管材放在导轨上，并将其沿着所要求的方向顶进土中，然后将管内的土挖出来。顶管施工中测量工作的主要任务是控制管道中线的方向、高程和坡度。

1. 顶管施工测量的准备工作

（1）顶管中线钉的测设。首先根据设计图上管线的中线位置，在工作坑前、后的中线方向上钉立两个桩，称为中线桩，如图 13-6 所示。然后确定工作坑的开挖边界线。当挖到设计高程后，将中线引到坑壁上，并钉立大钉或木桩，称为中线钉，以标定顶管的中线方向。

（2）设置临时性水准点。为了控制管道按设计高程和坡度顶进，需要在工作坑内设置临时性水准点。一般要求设置两个，以便相互检核。

（3）导轨的安装。导轨一般安装在方木或混凝土垫层上。垫层的高程及纵坡都应当符合设计要求，根据顶管中线钉及临时性水准点检查中心线和高程，无误后，将导轨固定。

2. 顶进中的测量工作

（1）中线测量。根据地面上标定的中线控制桩，用经纬仪将中线引测到坑底，在坑内用经纬仪标定出中线方向，如图 13-6 所示。在管内前端平放一木尺，尺长等于或略小于管径，使它恰好能放在管内。木尺上的分划是以尺的中央为零向两端增加的。用经纬仪可以测出管道中心偏离中线方向的数值，其偏差超过 15 mm 时，则需要校正顶管。如果使用激光准直经纬仪，则沿中线方向发射一束激光，激光是可见的，所以管道顶进中的校正更为方便。

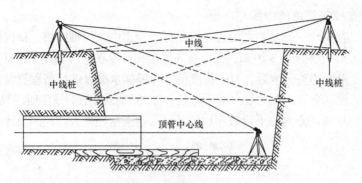

图 13-6　顶管施工的中线测量

（2）高程测量。如图 13-7 所示，水准仪安置在工作坑内，以临时性水准点为后视，以顶管内待测点为前视（使用一根小于管径的标尺）。将算得的待测点高程与管底设计高程相比较，其差值超过 ±10 mm 时，需要校正顶管。

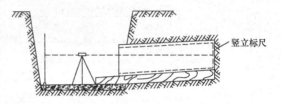

图 13-7　顶管施工的高程测量

在顶进过程中，每顶进 0.5 m 进行一次中线和高程测量，以保证施工质量。当顶管距离较长时，需要分段施工。每 100 m 设一个工作坑，采用对向顶管施工方法。在贯通时，管道合拢处不得超过 30 mm。如果采用激光水准仪进行导向，既方便又迅速。

三、管道竣工测量

在管道工程中，竣工图反映了管道施工的成果及其质量，是管道建成后进行管理、维修和改扩建设计不可缺少的资料。同时，它也是城市规划设计的必要依据。在城镇工矿地区，管道种类很多，各种管道竣工图往往需要单独绘制，其比例尺一般采用 1∶500～1∶2 000。

管道竣工图主要测绘管道的主点、检查井、出入口孔、附属设施、主要建（构）筑物施工后的实际平面位置和高程。测定平面位置的方法根据精度要求而定。当精度要求高时，应用解析法，即在施工时的控制点上（或另外敷设一条导线），以图根导线的技术要求测定其解析坐标；精度要求较低时，利用原大比例尺地形图，根据图上原有的永久性建（构）筑物用图解法来测定管道及其构筑物的位置。管道的高程应按图根水准测量精度要求施测。对于隐蔽的地下管道，一定要在回填土前进行测量。

管道竣工图的编绘，根据原设计图、施工图、设计变更文件、施工检测记录和有关资料进行。如无设计变更文件，应根据实测结果进行编绘。编绘竣工图的坐标和高程系统、比例尺和图例，均应遵守与设计图相一致的原则，其内容和精度应满足规范要求。

第二节　道路施工测量

在道路工程的设计、施工、竣工验收、运营管理等阶段所进行的各种测量工作称为道路施工测量。道路施工测量主要包括恢复中线、测设竖曲线和测设施工控制桩及路基边桩等项工作。

由于从路线勘测到开始施工要经过很长一段时间，在此期间有部分桩点会丢失或移动，为了保证路线中线位置准确可靠，施工前应根据原来的定线条件复核，将丢失的桩点恢复和校正好。其方法和中线测量相同，参见相关章节。

一、路线恢复定线

在施工过程中，中桩的标志经常受到破坏，为了在施工中控制中线位置，就要选择在施工中便于引用并易于保存桩位的地方测设施工控制桩。下面介绍两种测设方法。

1. 平行线法

如图 13-8 所示，在路基以外测设两排平行于中线的施工控制桩。此法多用在地势平坦、直线段较长的路段。为了施工方便，控制桩的间距一般取 20 m。

图 13-8　平行线法定施工控制桩

2. 延长线法

延长线法是在道路转折处的中线延长线上以及曲线中点（QZ）至交点（JD）的延长线上打下施工控制桩，如图 13-9 所示。延长线法多用在地势起伏较大、直线段较短的山区公路。该法主要是为了控制 JD 的位置，故应量出控制桩到 JD 的距离。

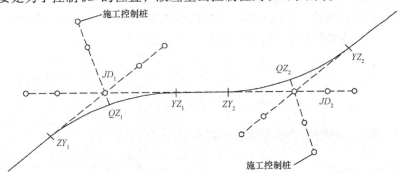

图 13-9　延长线法定施工控制桩

二、路基边桩与边坡的测设

1. 路基边桩的测设

测设路基边桩就是在地面上将每一个横断面的路基边坡线与地面的交点，用木桩标定出来。边桩的位置由两侧边桩至中桩的平距来确定。常用的边桩测设方法如下：

（1）图解法。就是直接在横断面图上量取中桩至边桩的平距，然后在实地用钢尺沿横断面方向将边桩丈量并标定出来。在填挖量不大时，使用此法较多。

（2）解析法。就是根据路基填挖高度、边坡坡率、路基宽度和横断面地形情况，先计算出路基中桩至边桩的距离，然后在实地沿横断面方向按距离将边桩放出来。具体方法按下述两种情况进行。

①平坦地段的边桩测设。图13-10所示为填土路堤，图13-11所示为挖土路堑。路基宽度为B，m为边坡坡率，H为填挖高度，s为路堑边沟顶宽。路堤段坡脚桩至中桩的距离D应为

$$D = \frac{B}{2} + mH \tag{13-3}$$

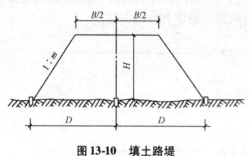

图13-10 填土路堤

图13-11 挖土路堑

路堑段坡顶桩至中桩的距离D应为

$$D = \frac{B}{2} + s + mH \tag{13-4}$$

以上是断面位于直线段时求算D值的方法。若断面位于弯道上有加宽，按上述方法求出D值后，还应在加宽一侧的D值中加入加宽值。

沿横断面方向，根据计算的坡脚（或坡顶）至中桩的距离D，在实地从中桩向左、右两侧测设出路基边桩，并用木桩标定。

②倾斜地段的边桩测设。在倾斜地段，边桩至中桩的平距随着地面坡度的变化而变化。如图13-12所示，路基坡脚桩至中桩的距离$D_上$、$D_下$分别为

$$D_上 = \frac{B}{2} + m(H - h_上)$$
$$D_下 = \frac{B}{2} + m(H + h_下) \tag{13-5}$$

如图13-13所示，路堑坡顶桩至中桩的距离$D_上$、$D_下$分别为

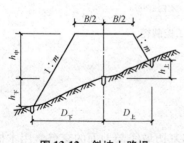

图13-12 斜坡上路堤

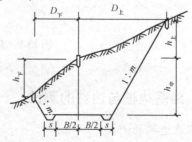

图13-13 斜坡上路堑

$$D_{上} = \frac{B}{2} + s + m(H + h_{上})$$
$$D_{下} = \frac{B}{2} + s + m(H - h_{下})$$
(13-6)

式中，$h_{上}$、$h_{下}$ 分别为上、下侧坡脚（顶）至中桩的高差。由于边桩未定，所以 $h_{上}$、$h_{下}$ 均为未知数，实际工作中，采用"逐点趋近法"在现场边测边标定。

【例 13-2】 图 13-13 中，假设路基设计宽度为 9.0 m，排水沟顶宽 1.2 m，中桩挖深为 5.0 m，边坡坡率为 1∶1，请以左侧为例说明边桩测设。

解：（1）估算边桩位置，先以平坦地面计算左侧边桩距为 $D = 4.5 + 1.2 + 5.0 \times 1 = 10.7$（m），而实际地形是左侧地面较中桩处低，在实地估计从中桩向左侧 10.7 m 处较中桩低 1.0 m，即估计 $h_{下} = 1.0$ m；再按估计算得的边桩距 $D_{下} = 4.5 + 1.2 + (5.0 - 1.0) \times 1 = 9.7$（m）；在地面上从中桩左侧量水平距离 9.7 m，定出临时点①。

（2）实测①点与中桩间高差，假设为 1.4 m，则①点距中桩的距离为
$$D_{下} = 4.5 + 1.2 + (5.0 - 1.4) \times 1 = 9.3 \text{ (m)}$$
此值比原估计算得的值 9.7 m 小，故正确的边桩位置应在①点处内侧。

（3）重估边桩位置，应在 9.3～9.7 m。假设在 9.5 m 处地面定出点②。

（4）重测②点与中桩间高差为 1.2 m，则②点的边桩距应为
$$D_{下} = 4.5 + 1.2 + (5.0 - 1.2) \times 1 = 9.5 \text{ (m)}$$
此值与估计值相符，故②点即左侧边桩位置。

同法可测设右边桩位置。

（3）极坐标法。在高等级公路施工中，由于布设了测量控制点，因而可用极坐标法测设道路边桩、道路中桩以及道路上任一点。

2. 路基边坡的测设

在测设出边坡后，为了保证填、挖的边坡达到设计要求，还应把设计边坡在实地标定出来，以方便施工。

（1）用坡度尺测设边坡。以设计边坡坡率自制固定坡度尺，如图 13-14 所示（右侧），当其直角边与铅垂线平行时，边坡尺的斜边所指示的即设计边坡坡度，可依此来指示与检核路堤的填筑，或检核路堑的开挖。也可以自制手旗式多坡尺（图 13-14 中左侧）。

（2）用固定样板测设边坡。如图 13-15 所示，在坡顶（脚）桩外侧按设计坡度设立固定样板，施工时可随时指示并检核开挖和修整情况。

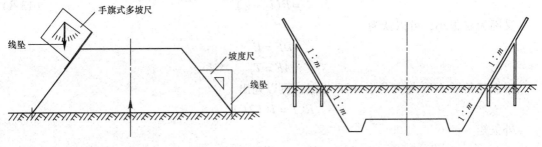

图 13-14 用坡度尺测设边坡　　图 13-15 用固定样板测设边坡

三、竖曲线的测设

在路线纵坡变坡处，为了满足视距的要求和行车的平稳，在竖直面内用圆曲线将两段纵坡连接起来，这种圆曲线称为竖曲线。竖曲线有凸形和凹形两种，如图 13-16 所示。

测设竖曲线时，根据路线纵断面设计的竖曲线半径 R 和相邻坡段的坡度 i_1、i_2，进行测设数据计算，如图 13-17 所示。

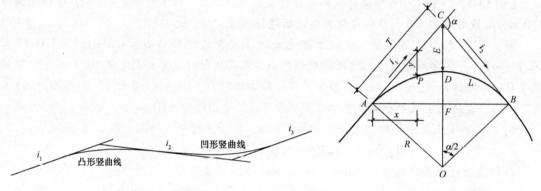

图 13-16　竖曲线　　　　图 13-17　竖曲线测设元素

竖曲线测设元素的计算可用平曲线计算公式：

$$T = R\tan\frac{\alpha}{2}$$

$$L = R\frac{\alpha}{\rho}$$

$$E = R\left(\sec\frac{\alpha}{2}\right)$$

由于竖向转向角 $\alpha = i_1 - i_2$ 很小，计算公式可简化，即

$$\alpha = \frac{i_1 - i_2}{\rho}$$

$$\tan\frac{\alpha}{2} \approx \frac{\alpha}{2\rho}$$

因此

$$T = \frac{1}{2}R(i_1 - i_2) \tag{13-7}$$

$$L = R(i_1 - i_2) \tag{13-8}$$

又因为 α 很小，可以认为

$$DF = E$$

$$AF = T$$

根据三角形 ACO 与三角形 ACF 相似，可以列出

$$R : T = T : (2E)$$

外矢距

$$E = \frac{T^2}{2R} \tag{13-9}$$

同理可导出竖曲线中间各点按直角坐标法测设的纵距（即高程改正值）计算式：

$$y_i = \frac{x_i^2}{2R} \tag{13-10}$$

式中，y_i 在凹形竖曲线中为正号，在凸形竖曲线中为负号。

【例 13-3】 测设凹形竖曲线，已知 $i_1 = -1.141\%$，$i_2 = +1.540\%$，变坡点的桩号为 2+570，高程为 176.80 m，欲设置 $R=3\,000$ m 的竖曲线，求各测设元素、起点、终点的桩号和高程，曲线上每 10 m 间距里程桩的标高改正数和设计高程。

解：按上述公式求得：$T=40.21$ m，$L=80.43$ m，$E=0.27$ m，竖曲线起、终点的桩号和高程分别为

起点桩号 = 2+570 − 40.21 = 2+529.79

终点桩号 = 2+529.79 + 80.43 = 2+610.22

起点坡道高程 = 176.80 + 40.21 × 1.141% = 177.26（m）

终点坡道高程 = 176.80 + 40.21 × 1.540% = 177.42（m）

按 $R=3\,000$ m 和相应的桩距 x_i，即可求得竖曲线上各桩的标高改正数 y_i（纵距），计算结果列于表 13-2 中。

表 13-2　竖曲线详细测设数据计算表

桩　号	至起终点距离/m	标高改正数/m	坡道高程/m	竖曲线高程/m	备　注
2+529.79			177.26	177.26	
2+540	↓ $x_1 = 10.21$	$y_1 = 0.02$	177.14	177.16	竖曲线起点
2+550	$x_2 = 20.21$	$y_2 = 0.07$	177.03	177.10	$i_1 = -1.141\%$
2+560	$x_3 = 30.21$	$y_3 = 0.15$	176.92	177.07	
2+570	$x_4 = 40.21$	$y_4 = 0.27$	176.80	177.07	边坡点
2+580	$x_3' = 30.22$	$y_3' = 0.15$	176.95	177.10	$i_2 = +1.540\%$
2+590	$x_2' = 20.22$	$y_2' = 0.07$	177.11	177.18	
2+600	↑ $x_1' = 10.22$	$y_1' = 0.02$	177.26	177.28	竖曲线终点
2+610.22			177.42	177.42	

第三节　桥梁施工测量

桥梁是交通工程最重要的组成部分之一。随着高等级交通线路建设的飞速发展，桥梁投资比重、工期、技术要求等方面都居十分重要的地位。桥梁按轴长度分为小桥（桥长小于 30 m）、中桥（桥长为 30~100 m）、大桥（桥长为 100~500 m）、特大桥（桥长大于 500 m）；按平面形状分为曲线桥和直线桥两种；按结构形式分为悬索桥、拱桥、斜拉桥、连续梁桥、简支梁桥等。

在桥梁施工中，测量工作的任务是精确地放样桥墩、桥台的位置和跨越结构的各个部

分，并随时检查施工质量。一般来说，对于中小桥，由于技术条件比较简单、造价低，河窄水浅，桥址位置往往要服从于道路的走向，桥墩、桥台间的距离可用直接丈量的方法放样，或利用桥址勘测阶段的测量控制点作为依据进行施工放样。对于大桥、特大桥或技术条件复杂的桥梁，由于其工程量大、造价高、施工周期长，桥位选择是否合理对造价和使用都有极大的影响，因此必须先进行控制测量，建立平面和高程控制网，再进行施工放样。

一、桥位控制测量

1. 平面控制测量

桥梁的中心线称为桥轴线。桥轴线两岸控制桩间的水平距离称为桥轴线的长度。建立桥位平面控制网的目的是依规定精度求出桥轴线的长度和放样桥台、桥墩的位置。建立桥位控制网传统的方法是采用三角网，这种方法只测三角形的内角和一条或两条基线。随着电磁波测距仪的广泛使用，测边已经很方便。如果在控制网中只测三角形的边长，从而求算控制点的位置，这种控制网称为测边网。测边网有利于控制长度误差即纵向误差，而测角网有利于控制方向误差即横向误差。为了充分发挥两者的优点，可布设同时测角和测边的控制网，这种控制网称为边角网。

在桥梁边角网中，不一定观测所有的角度及边长，可在测角网的基础上按需要加测若干边长，或在测边网的基础上加测若干角度。测角网、测边网及边角网只是观测要素不同，观测方法及布设形式是相同的。桥位控制网通常的布设形式如图 13-18 所示的几种。图 13-18（a）所示为双三角形，图 13-18（b）所示为四边形，图 13-18（c）所示为较大河流上采用的双四边形，图 13-18（d）所示为应用于斜桥的四边形，桥轴线位于其对角线上。桥位三角网的布设，除满足三角测量本身的需要外，还要求控制点选在不被水淹、不受施工干扰的地方。桥轴线应与基线一端连接且尽可能正交［图 13-18（d）除外］。基线长度一般不小于桥轴线长度的 70%，困难地段不小于 50%。桥位小三角网的主要技术要求应符合表 13-3 的规定。

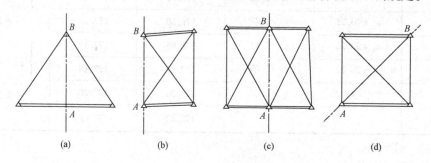

图 13-18 桥位控制网的布设形式

表 13-3 桥位小三角网主要技术要求

等级	桥轴线长度 /m	测角中误差 /″	桥轴线相对中误差	基线相对中误差	三角形最大闭合差/″
一级	501~1 000	±5.0	1/20 000	1/40 000	±15.0
二级	201~500	±10.0	1/10 000	1/20 000	±30.0
图根级	≤200	±20.0	1/5 000	1/10 000	±60.0

桥位小三角网基线（边长）观测采用测距仪测距方法或钢尺精密量距方法，水平角观测采用方向观测法。桥轴线、基线（边长）及水平角观测的测回数应满足表13-4的规定。

表13-4 桥位小三角网观测要求

等级	丈量测回数		测距仪测回数		方向观测法测回数		
	桥轴线	基线	桥轴线	基线	J1级	J2级	J6级
一级	2	3	2	3	4	6	9
二级	1	2	2	2	2	4	6
图根级	1	1	1~2	1~2		2	4

桥位三角网的平差方法随三角网的等级、图形条件不同而不同。一级、二级、图根级小三角网的平差可采用第六章中的小三角测量近似平差法，最后用平差后的角值，计算桥轴线长度及控制点坐标。如果用测距仪观测了桥轴线长，可与计算值比较作为检核，一般以实测值为准。对于测边网、边角网的严密平差方法，可参阅有关测量平差教材。

2. 高程控制测量

桥位的高程，一般是在路线基平测量时确定。当路线跨越水面宽度在150 m以上的河流、海湾、湖泊时，两岸水准点的高程应采用跨河水准测量的方法测定。桥梁在施工过程中，还必须加设施工水准点。所有桥址水准点不论是基本水准点还是施工水准点，都应根据其稳定性和应用情况定期检测，以保证施工高程放样和以后桥梁墩、台变形观测的精度。检测间隔期一般在标石建立初期应短一些，随着标石稳定性逐步提高，间隔期也逐步加长。桥址高程控制测量应采用与整条路线相一致的高程基准，并应尽可能采用国家高程基准。跨河水准点的跨越宽度大于300 m时，必须参照国家水准测量规范，采用精密水准仪观测。下面介绍桥位高程控制测量中经常遇到的跨河水准点的跨越宽度小于300 m时采用的一种测量方法。

（1）测站与立尺点的布设。测站应选在开阔、通视之处，两岸测站至水边的距离应尽可能相等。两岸仪器的水平视线距水面的高度应相等，且视线高度不应小于2 m。测站点与立尺点应布置成如图13-19所示的形式，I_1、I_2为测站点，A、B为立尺点，跨河视线I_1B、I_2A应力求相等，岸上视线I_1A、I_2B长度不能短于10 m，且彼此相等。

（2）观测方法。采用一台水准仪观测时，先在I_1安置仪器，照准近尺A，读数a_1；再照准远尺B，读数b_1，则$h_1 = a_1 - b_1$，此为前半测回。然后搬仪器于I_2，注意搬站过程要保持望远镜对光不变，同时将水准尺对调使用。按前半测回相反的顺序，先照准远尺A，得读数a_2；再照准近尺B，得读数b_2，则$h_2 = a_2 - b_2$，此为后半测回。取两个半测回的平均值，即组成一个测回。

每一跨河水准测量需要观测两个测回。若用两台仪器观测，应尽可能每岸一台仪器，同时观测一个测回。四等跨河水准测量，其两测回间高差互差应不超过16 mm。超限应重新观测，合格则取均值为结果。

跨河水准测量宜先在无风、气温变化小的阴天进行观测；晴天观测应在日出后、日落前的一段时间进行，观测时应以测伞遮阳。水准尺要用支架固定垂直稳固。

当河面较宽，水准尺读数有困难时，可在水准尺上装一个配有游标尺的觇牌，如图13-20所示。持尺者根据观测者的信号上下移动觇牌，直至望远镜十字丝的横丝对准觇牌上红白相交处为止，然后由持尺者记下觇牌的读数。

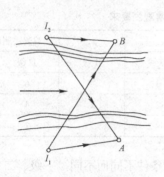

图13-19 跨河水准的布设形式

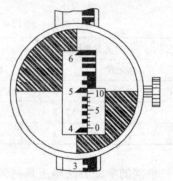

图13-20 读数觇牌

采用激光水准仪进行跨河水准测量，不仅精度高，速度也快。

二、桥梁墩、台定位测量

1. 桥梁墩、台中心定位

桥梁墩、台中心定位所依据的资料为桥轴线控制桩的里程以及各桥位控制点的坐标和墩、台中心的设计里程（及坐标），若为曲线桥梁，还需考虑曲线要素。由于桥梁平面形式、结构形式、轴线长度、跨度、桥址地形条件等各方面因素不同，采用的定位方法也不同。对定位方法的介绍如下。

（1）直接丈量法。直线桥梁的墩、台中心均位于桥轴线方向上，如图13-21所示。已知桥轴线控制桩A、B及各墩、台中心的里程，由相邻两点的里程相减，即可求得各相邻点间的水平距离。当桥梁墩、台位于无水河滩上，或水面较窄，用钢尺可以跨越丈量时，可用直接丈量法。应使用检定过的钢尺，按水平距离测设的精密方法进行。最好从一端向另一端进行测设，并在终端与桥轴线上的控制桩进行检核，必须独立丈量两次以上，并应满足精度要求。

（2）角度交会法。如果桥墩所在的位置河水较深，无法直接丈量，可用角度交会法测设墩位，如图13-22所示。可以利用控制点C、A、D及墩中心点P_i的坐标，根据极坐标法测设数据计算式（9-5）、式（9-6），计算出在控制点C、D上测设各墩中心P_i的角度α_i、β_i。若桥位平面控制网只进行了近似平差，而没有计算各点坐标，可依据墩中心P_i至桥轴线控制点A的距离d_i，及控制网基线边D_1、D_2和角度θ_1、θ_2计算交会的角度α_i、β_i。

经P_i向基线AC作辅助垂线$P_i n$，则在直角三角形CnP_i中

$$\tan\alpha_i = \frac{P_i n}{Cn} = \frac{d_i \sin\theta}{D_1 - d_i \cos\theta}$$

$$\alpha_i = \tan^{-1}\left(\frac{d_i \sin\theta_1}{D_1 - d_i \cos\theta_1}\right) \tag{13-11}$$

同理得

$$\beta_i = \tan^{-1}\left(\frac{d_i\sin\theta_2}{D_2 - d_i\cos\theta_2}\right) \tag{13-12}$$

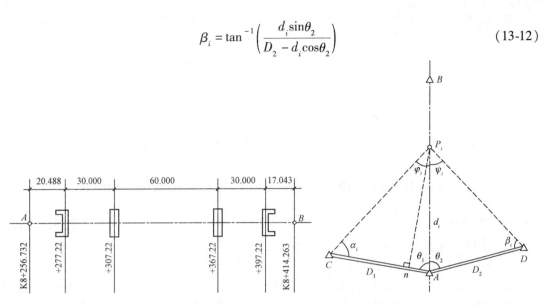

图 13-21　直接丈量法测设桥墩、台　　　　图 13-22　角度交会法测设桥墩、台

为了检核 α_i、β_i，可参照求算 α_i、β_i 的方法，计算 φ_i 和 ψ_i，即

$$\varphi_i = \tan^{-1}\left(\frac{D_1\sin\theta_1}{d_i - D_1\cos\theta_1}\right)$$
$$\psi_i = \tan^{-1}\left(\frac{D_2\sin\theta_2}{d_i - D_2\cos\theta_2}\right) \tag{13-13}$$

则计算检核公式为

$$\alpha_i + \varphi_i + \theta_1 = 180°$$
$$\beta_i + \psi_i + \theta_2 = 180° \tag{13-14}$$

将三台经纬仪分别安置在控制点 C、A、D 上，从三个方向（其中 AB 为桥轴线方向）以盘左、盘右分中法测设水平角，交会得出 P_i 点。如图 13-23 所示，交会的示误三角形在桥轴线方向的边长不大于规定值（墩底定位为 25 mm，墩顶定位为 15 mm），取 C、D 两站测设方向线交点 P_i' 在桥轴线上的投影 P_i 为墩位中心。

交会精度与交会角有关，在选择基线和布网时应尽可能使交会角为 80°~130°，不得小于 30°或大于 150°。

在桥墩施工中，需要多次交会出桥墩中心位置。为了简化工作，可在测设出 P_i 点位置后，将通过 P_i 的交会方向延伸到对岸，并用觇牌加以固定。觇牌设好后，应进行检核。这样在以后交会墩位时，只要照准对岸的觇牌即可。为避免混淆，应在相应的觇牌上标示出桥墩的编号。若桥墩砌筑后阻碍视线，则可将标志移设到墩身上。

（3）全站仪极坐标法。若为直线桥梁，可将全站仪安置在桥轴线控制桩上，在墩、台处安置反光镜，即可按水平距离的测设方法进行直线桥梁的墩、台定位。也可如图 13-24 所示，在任一桥位控制点上设站，用全站仪以极坐标法进行测设。测设时应注意将当时的气象参数输入仪器，进行气象校正。为保证测设点位准确，可采用换站法校核，即将仪器搬到另一测站重新测设，两次测设的点位之差应满足要求。

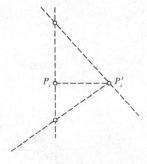
图 13-23　示误三角形

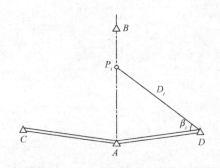
图 13-24　极坐标法测设桥墩、台

对于曲线桥梁，只要根据设计资料计算出各墩、台中心的坐标，即可用极坐标法进行定位。还可用曲线测设的其他方法进行测设。

2. 墩、台的纵、横轴线测设

在墩、台定位以后，还应测设墩、台的纵、横轴线，作为墩、台细部放样的依据。在直线桥上，墩、台的纵轴线是指过墩、台中心平行于线路方向的轴线；在曲线桥上，墩、台的纵轴线则为墩、台中心处曲线的切线方向的轴线。墩、台的横轴线是指过墩、台中心与其纵轴线垂直（斜交桥则为与其纵轴线垂直方向成斜交角度）的轴线。

测设直线桥各墩、台的纵轴线，只需在桥梁轴线控制桩上安置经纬仪，沿此轴线方向在各墩、台两侧加设轴线控制桩即可。各墩、台横轴线的测设，则需在各墩、台中心安置经纬仪，自桥轴线方向测设 90°或 90°减去斜交角度，即横轴线方向，并应将横轴线方向用轴线控制桩标定在地面上。如图 13-25 所示，墩、台的纵、横轴线的控制桩在每侧应不少于两个，以便在墩、台修出地面一定高度以后，在一侧仍能用以恢复轴线。施工中常常在每侧设置三个轴线控制桩，以防止桩被破坏。控制桩位置

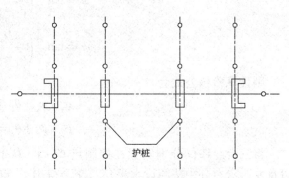
图 13-25　桥梁墩、台轴线控制桩

应设在施工场地外一定距离处，如果施工工期较长，则应用固桩方法加以保护。

在曲线桥上，若墩、台中心位于路线中线上，则墩、台的纵轴线为墩、台中心处曲线的切线方向，而横轴与纵轴垂直。如图 13-26 所示，假定相邻墩、台中心间曲线长度为 l，曲线半径为 R，则

$$\frac{\alpha}{2}=\frac{l}{2R}\rho \qquad (13\text{-}15)$$

测设时，在墩、台中心安置经纬仪，自相邻的墩、台中心方向测设导角，即得桥纵轴线方向，自纵轴线方向再测设 90°，

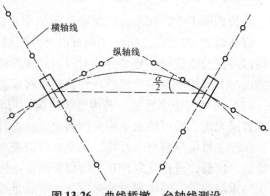
图 13-26　曲线桥墩、台轴线测设

即得横轴线方向。若墩、台中心位于路线中线外侧，应根据设计图纸提供的数据，采用上述方法测设墩、台相对应于路线中线上的位置，再测设纵、横轴线，在横轴线上根据偏心距测设出墩、台中心。

三、墩、台基础施工测量

明挖基础是桥梁墩、台基础常用的一种形式。它是在墩、台位置处先挖基坑，将坑底整平以后，在坑内砌筑或浇筑基础及墩、台身。当基础及墩、台身修出地面后，再用土回填基坑。视土质情况，坑壁可挖成垂直的或倾斜的。

在进行基坑放样时，根据墩、台纵、横轴线及基坑的长度和宽度，并考虑基坑中是否设置排水沟以及工作面，测设出它的边线。如果开挖的基坑壁要有一定的坡度，应参照本章第二节中路基边桩测设式（13-6）进行边线的测设。在边线上撒出灰线，依灰线可进行基坑开挖。

当基坑开挖到接近设计标高后，应在坑壁上测设距坑底设计标高差整分米的水平桩，据水平桩控制开挖深度、坑底整平、铺筑垫层。在墩、台的纵、横轴线控制桩上挂线，并用垂球将轴线投到基坑内，或用经纬仪投测轴线。据此轴线，即可根据基础尺寸，测设出砌筑边线。在混凝土基础施工中，将基础模板中心线与此纵、横轴线重合即可，如图 13-27 所示。

桩基础也是桥梁墩、台基础常用的一种形式，其测量工作主要有：测设桩基础的纵、横轴线，测设各桩的中心位置，测定桩的倾斜度和深度，以及承台模板的放样等。

桩基础纵、横轴线可按前面所述的方法进行测设。各桩中心位置的放样可根据基础的纵、横轴线为坐标轴，用支距法测设，如图 13-28 所示。如果采用统一的坐标系统，并计算出每个桩中心的坐标，则可将全站仪安置在控制点上，按极坐标法测设出每个桩的中心位置。在桩基础灌注完毕，浇筑承台前，对每个桩的中心位置应再进行测定，作为竣工资料。

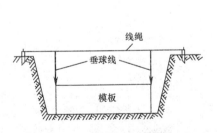

图 13-27 基础模板安装测量工作

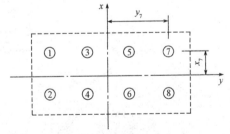

图 13-28 桩基础桩位的测设

对于钻（挖）孔桩的贯入深度，用垂球及测绳测定；打入桩的贯入深度则根据桩的长度推算。在贯入过程中应测定钻孔导杆的倾斜度，以测定桩（孔）的倾斜度，并利用钻机上的调整设备进行校正，使倾斜度不超过施工规范要求。桩基础承台的放样方法与明挖基础相同。

第四节 隧道施工测量

一、隧道施工测量概述

1. 隧道施工测量的内容和作用

隧道是地下工程的重要组成部分,随着现代化建设的发展,我国地下隧道工程日益增加,如公路隧道、铁路隧道、城市地下铁道、水利工程输水隧道、矿山巷道等。在隧道勘测设计、施工、竣工及运营管理期间所进行的测量工程称为隧道施工测量。隧道按其长度可分为短隧道(长度小于500 m)、中隧道(长度为500~1 000 m)、长隧道(长度为1 000~3 000 m)、特长隧道(长度大于3 000 m)。同等级的曲线形隧道,其长度界限为直线形隧道的一半。

隧道工程施工需要进行的主要测量包括:①洞外控制测量:在洞外建立平面和高程控制网;②联系测量:将洞外的坐标、方向和高程传递到洞内,建立洞内统一坐标系统;③洞内控制测量:即洞内平面与高程控制;④隧道施工测量:根据隧道设计进行放样、指导开挖及衬砌的中线及高程测量。

2. 隧道贯通测量

如图13-29所示,在隧道施工中,采用两个或多个相向或同向的掘进工作面分段掘进隧道,使其按设计要求在预定地点彼此接通,称为隧道贯通。为实施贯通而进行的有关测量工作称为贯通测量。贯通测量涉及大多数的隧道测量内容。由于各项测量工作中都存在误差,从而使贯通产生偏差。贯通误差在隧道中线方向的投影长度称为纵向误差;在垂直于中线方向的投影长度称为横向误差;在高程方向的投影长度称为高程误差。纵向误差只对贯通在距离上有影响;高程误差对坡度有影响;横向误差对隧道质量有影响,常称该方向为重要方向。不同的工程对贯通误差的容许值有具体规定。

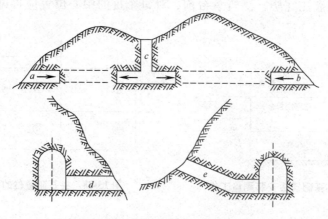

图13-29 隧道的开挖

二、洞外控制测量

洞外控制测量主要是对施工隧道进行定位、定向和控制。平面控制测量常采用导线测量的方法;高程控制测量一般采用水准测量的方法。

1. 洞外导线测量

导线布设的一般形式如图 13-30 所示,在选点中应注意以下事项:

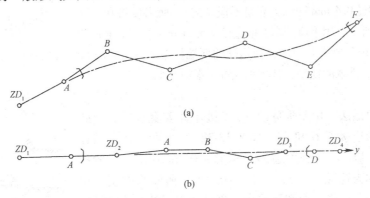

图 13-30　隧道洞外导线布设形式

(1) 在直线隧道中,为了减少导线量距误差对隧道横向贯通偏差的影响,应尽可能将导线沿着隧道中线布设;导线点数应尽可能少,以减少测角误差对横向贯通偏差的影响。

(2) 对于曲线隧道,应沿曲线的切线方向布设,最好能把曲线的起、终点也作为导线点。这样曲线转折点上的总偏角可以根据导线测量结果来计算。

(3) 导线点应考虑横洞、斜井、竖井的位置。

(4) 为了增加校验条件,提高导线测量的精度,应尽量敷设成闭合或附合导线,也可采用复测支导线。

其外业观测、内业计算工作方法与要求参见第四章和第六章。

由于 GPS 定位技术的普及,隧道洞外平面控制测量中也越来越多地采用 GPS 定位技术。

2. 洞外水准测量

洞外高程控制测量通常采用水准测量。水准测量的等级,取决于隧道的长度、隧道地段的地形情况等。水准测量施测,一般可利用路线基平水准点高程作为起始高程,沿水准路线在每个洞口至少应埋设三个水准点。在开挖了辅助隧道时,水准路线应构成环,或者敷设两条相互独立的水准路线(由已知水准点从一端洞口测至另一端洞口)。

三、洞内外联系测量

为了使洞内、洞外采用统一坐标系统所进行的测量工作,称作联系测量。联系测量的任务是:确定洞内导线中一条边(起始边)的方位角和一个点(起始点)的平面坐标(x,y),简称定向;确定洞内起始点的高程,简称导入高程。

隧道正洞以及为增加掘进工作面而开掘的平洞、斜井形式的辅助隧道,采用通常的导线测量、水准测量方法(或三角高程方法)进行联系测量。

对于竖井形式的辅助隧道,通常可采用一井定向与陀螺定向。

1. 一井定向

在井筒内,配以垂球自由悬挂两根钢丝至开掘工作面,在地面上求出两铅垂线的坐标及其方位角,在定向工作面上把垂球线的地面坐标和方向传递到洞内控制点上。

（1）投点。由于交通土建工程中的隧道深度较浅，投点常用的方法为单重稳定投点。在钢丝上悬挂垂球，垂球放在水桶内，使其静止（摆幅不超过 0.4 mm 即认为它是不摆动的）。所需设备和安装系统如图 13-31 所示。用手摇绞车 1 把直径 0.5~1 mm 的钢丝通过导向滑轮 2 及定向板 3 放入井筒内，在钢丝的下端挂重 30~100 kg 的垂球 4，为了减少垂球的摆动，常将垂球置于水桶 5 中。

（2）连接。

①连接三角形法：由于垂球线 A、B 处不能安置仪器，因此选定井上、下的连接点 C 和 C'，如图 13-32（a）所示，从而在井上、下形成了以 AB 为公用边的三角形 ABC 和 ABC'。一般把这样的三角形称为连接三角形。图 13-32（b）所示为井上、下连接三角形的平面投影。由图可看出，当已知 D 的坐标及 DE 的方位角和地面三角形各内角及边长时，便可用普通导线测量计算的方法计算出 A、B 在地面坐标系统中的坐标及其连线的方位角。同样在已知 A、B 的坐标及其连线的方位角和井下三角形各要素时，再测定连接角 δ'，则可计算出井下导线起始边 $D'E'$ 的方位角及 D' 点的坐标。

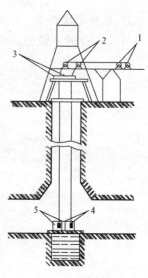

图 13-31 一井定向投点

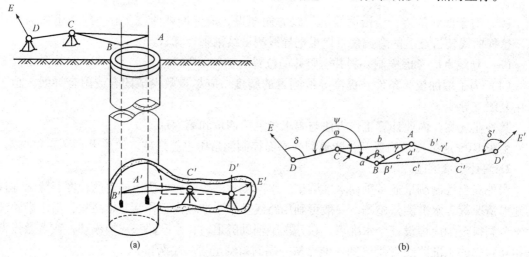

图 13-32 连接三角形法

②瞄直法：瞄直法又称穿线法，实质上是连接三角形法的一个特例。如果把连接点 C、C' 设在 A、B 的延长线上，将不存在延伸三角形，如图 13-33 所示，这样只要在 C' 和 C 点安置经纬仪，精确测出 β 和 β'，量出 CA、AB、BC' 的长度，就可完成定向外业工作。

瞄直法的内、外业较简单，一般适用于精度要求不高的竖井定向。

竖井定向要独立进行两次，其两次定向的互差不应超过 $\pm 2'$。

2. 陀螺定向

陀螺经纬仪定向具有精度高、灵活性强、作业简单、速度快等优点。如图 13-34 所示，N 为近井点（控制点），NM 为起始方向；A 为地面连接导线点；CD 为井下控制导线起始边，即陀螺定向边。L 点是井下连接导线点。点 L 与 CD 组成一组永久导线点。

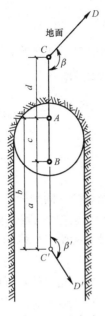

图 13-33　瞄直法

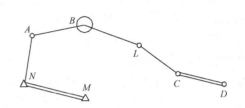

图 13-34　陀螺定向示意图

（1）投点。一般采用钢丝投点法。为尽量减少占用或不占用井筒的提升时间，垂球线可布设在管子间。投点可采用单重稳定投点。所需设备及安装方法同一井定向。

（2）连接。在地面，由近井点 NM 敷设支导线至井上下连接点 B，测得 B 点坐标。在井下，由陀螺定向边 CD 起敷设井下连接导线至 L 点。在 L 点架仪器与垂球线联测。井上、下连接导线与垂球线的连接都应独立进行两次，其最大相对闭合差对地面一级导线不得超过 1/12 000，对二级导线不应大于 1/8 000。

（3）定向。首先在地面测定已知边 NM 的陀螺方位角，求出该地陀螺北与坐标北的关系，然后在井下测出定向边 CD 的坐标方位角。陀螺定向可在投点连接前先行完成，也可在连接后再进行。

（4）内业计算。根据地面连接测量的成果，按支导线计算垂球线 B 的坐标。据陀螺仪测得 NM 边方位角 α_{NM}，推算井下各边方位角。根据垂球线 B 的坐标及各边方位角，计算井下连接导线点坐标。

3. 导入高程（高程联系测量）

高程联系测量的任务是把地面的高程系统传递到井下高程起始点。对于平洞可采用一般的水准测量方法导入高程，对于斜井可采用测距仪三角高程测量或水准测量方法导入高程，而对于竖井，当井深较浅时可采用长钢尺导入法。设备及安装如图 13-35 所示，钢尺通过井盖放入井下，到达井底后挂上一个垂球以拉直钢尺使其处于自由悬挂状态。钢尺稳定后，分别在地面、井下安置水准仪，在 A、B 两点所立的水准尺上分别读取读数 a、b，然后将水准仪照准钢尺同时读取读数 m、n，最后在 A、B 水准尺上读数，以检查仪器高度是否发生变动。同时测定井上、下温度 t_1、t_2，依据上述测量数据，可得 A、B 两点的高差为

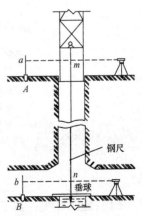

图 13-35　钢尺导入高程

$$h = (m - n) + (b - a) + \sum \Delta l \tag{13-16}$$

式中，$\sum \Delta l$ 为钢尺的总改正数，包括尺长、温度、拉力和钢尺自重四项改正数，计算方法见第四章，在无长钢尺时，可将数个短钢尺接起来作为长钢尺使用。

导入高程需独立进行两次。加入各项改正数后两次导入高程之差不得超过 $\dfrac{l}{8\,000}$（l 为井深）。

四、洞内控制测量

1. 洞内导线测量

洞内导线测量的目的是以必要的精度，按照与地面控制测量统一的坐标系统，建立隧道内的控制系统。根据洞内导线的坐标，就可以标定隧道中线及其衬砌位置，保证贯通等施工。洞内导线的起始点通常设在隧道的洞口、平洞口、斜井口。起始点坐标和起始边方位角由地面控制测量或联系测量确定。

这种在隧道施工过程中所进行的洞内导线测量与一般地面导线相比较具有以下特点：

(1) 洞内导线随隧道的开挖而向前延伸，所以只能逐段敷设支导线。支导线采用重复观测的方法进行检核。

(2) 导线在地下开挖的坑道内敷设，因此其导线形状（直伸或曲折）完全取决于坑道的形状，导线点选择余地小。

(3) 洞内导线是先敷设精度较低的施工导线，然后敷设精度较高的基本控制导线。

布设地下导线时应考虑到贯通时所需的精度要求。另外还应考虑到导线点的位置，以保证在隧道内能以必要的精度放样。在隧道建设中，导线一般采用分级布设。导线布设方案参考图 13-36。

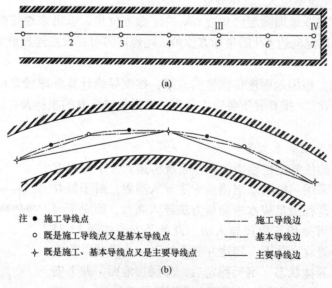

图 13-36 导线点布设方法

(1) 施工导线：在工作面向前推进时，用以进行放样且指导开挖的导线测量。施工导线的边长一般为 25~50 m。

(2) 基本控制导线：当掘进长度超过 100 m，为了检查隧道的方向是否与设计相符合，并提高导线精度，选择一部分施工导线点布设边长较长、精度较高的基本控制导线。

(3) 主要导线：当隧道为掘进大于 2 km 的长隧道或特长隧道时，可选择一部分基本导线点敷设主要导线，主要导线的边长一般可选 150~800 m（用测距仪测边）。对精度要求较高的大型贯通，可在导线中加测陀螺边以提高方位的精度。陀螺边一般加在洞口起始点到贯通点距离的 2/3 处。

在隧道施工中，一般只敷设施工导线与基本控制导线。当隧道过长时才考虑布设主要导线，导线点一般设在顶板上岩石坚固的地方。隧道的交叉处须设点。考虑到使用方便、便于寻找，导线点的编号应尽量简单，按次序排列。

由于洞内导线布设成支导线，而且测一个新点后，中间要间断一段时间，所以当导线继续向前测量时，需先进行原测点检测。在直线隧道中，检核测量可只进行角度观测；在曲线隧道中，还需检核边长。在有条件时，如开凿辅助隧道时，应尽量构成闭合导线。由于洞内导线的边长较短，仪器对中误差及目标偏心误差对测角精度影响较大，因此应根据施测导线等级，增加对中次数（具体要求参阅有关规范）。由于导线点多位于顶板上，故对中方式为点下对中，对中前应整平仪器，并使望远镜水平。洞内导线边长丈量可用钢尺或测距仪进行。

2. 洞内水准测量

洞内水准测量以洞口水准点的高程作为起始数据，经导入高程传递到洞内水准基点，然后由洞内水准基点出发，测定隧道内各水准点的高程，作为施工放样的依据。

洞内水准测量具有以下特点：

(1) 水准路线与洞内导线相同。在隧道贯通前，洞内水准路线均为支线，需进行往返观测。

(2) 通常利用洞内导线点作为水准点，有时还可将水准点埋设在底板或边壁上。

(3) 在隧道施工中，洞内水准支线随开挖面的进展而向前延伸。为满足施工要求，一般可先测设较低精度的临时性水准点，其后测设较高精度的永久性水准点。永久性水准点最好按组设置，每组应不少于两个点。各组之间的距离一般为 300~800 m。

洞内水准测量可采用 S3 级水准仪，水准尺多采用塔尺，使用前须对仪器和尺进行检校。

洞内水准测量的作业方法与地面水准测量相同。由于隧道内通视条件差，应把仪器到水准尺的距离控制在 50 m 以内。水准尺可直接立于导线点上，以便测出导线点高程。两次仪器高所测得的高差之差不超过 ±3 mm。当水准点设在顶板上时，要倒立水准尺，以尺底零端顶住测点，如图 13-37 所示，此时高差计算仍按 $h_{AB} = a - b$，但倒立尺的读数应为负值。

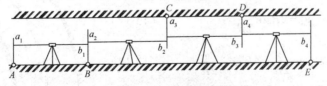

图 13-37 洞内水准测量

当往返测不符值在容许范围之内时，取两次所测高差平均值作为其最或然值。每次水准支线向前延伸时，须先进行原有水准点的检测。当隧道贯通后，应将两水准支线连成附合在两洞口水准点的单一附合水准路线。

五、施工测量

在隧道施工过程中，测量工作的主要任务是随时给定开挖的方向，此外还要定期检查工程进度及验收已完成的土石方数量。

1. 隧道中线的标定

首先用经纬仪根据导线点测设中线点，如图 13-38 所示，P_4、P_5 为导线点，一般情况下，P_4、P_5 利用原临时中线点的点位，位于隧道中线上，但由于存在测设误差，并不严格位于中线上。若已知 P_4、P_5 的实测坐标及 A 的设计坐标和隧道中线的设计方位角 α_{AB}，即可据极坐标法测设数据计算公式，推算出放样中线点的有关数据 β_5、D_{5A} 与 β_A。

求得有关数据后，利用极坐标法，在导线点 P_5 安置经纬仪，后视 P_4 点，测设水平角度 β_5，并在视线方向上测设水平距离 D_{5A}，即得中线点 A，在 A 点埋设标志。标定开挖方向时可将仪器置于 A 点，后视导线点 P_5，拨角 β_A，即得中线方向。随着工作面向前推进，须将中线点向前延伸，埋设新的中线点，如图 13-38 中的 B、C、D 点。

可用串线法延伸隧道中线方向。利用悬挂在两临时中线点上的垂球线，直接用肉眼来标定开挖方向，如图 13-39 所示。依据经纬仪标定的三个临时中线点 B、C、D，在三点上悬挂垂球线，一人在 B 点指挥，另一人在工作面持手电筒（可看成照准标志）使其灯光位于中线点 B、C、D 的延长线上，即为中线位置。利用这种方法延伸中线方向时，误差较大，B 点到工作面的距离不宜超过 30 m。工作面推进一段距离后，需利用经纬仪将临时中线点向前延伸，并进行导线测量。

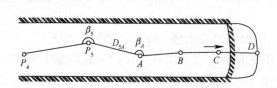

图 13-38 极坐标法测设隧道中线

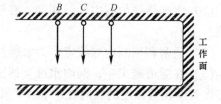

图 13-39 串线法延伸隧道中线

曲线隧道施工测量中，可采用弦线偏距法延伸隧道中线，如图 13-40 所示。P_1、P_2 为以极坐标法、偏角法等方法测设出的曲线隧道上整桩号中线点。根据整桩距 l_0，依据弦线偏距法计算公式

$$c_0 = 2R\sin\frac{l_0}{2R} \tag{13-17}$$

$$d = 2c_0\sin\frac{l_0}{2R} = 4R\sin^2\frac{l_0}{2R} \tag{13-18}$$

求出弦长 c_0、偏距 d，据 c_0 和 d 测设出 P_1' 点。施工中，以弦代弧，延长 P_1'、P_2 指示隧道开拓方向，掘进一个整桩距后，延长 P_1' 至 P_2 方向一个弦长 c_0 得 P_2' 点，同法继续测设。工作面推进一段距离后，需进行导线测量。

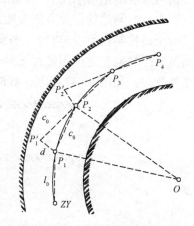

图 13-40 弦线偏距法延伸隧道中线

2. 隧道腰线标定

腰线是指距隧道底面设计标高的高差为一确定整数的坡度线。标定隧道腰线就是给定隧道竖直面内的方向，即给定设计隧道坡度。如图 13-41 所示，将水准仪置于欲测设的地方，后视水准点 P_5 上的水准尺读得后视读数 a，即得仪器视线高程。根据腰线点 A、B 处的设计高程，可分别求出 A、B 点与视线高程间的高差即前视应读数 b_A、b_B，然后在边墙上放出 A、B 两点，两点之间的连线称为腰线。根据腰线，施工人员便可很快地推求出其他各部位的高程及隧道的坡度。

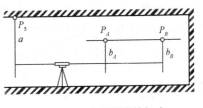

图 13-41 隧道腰线的标定

3. 激光指向仪标定中线和腰线

激光经纬仪、激光水准仪或专用的激光指向仪，应安置在距掘进工作面距离不小于 70 m 的地方，以防爆破引起仪器振动或损坏。根据仪器的性能，在保证光斑清晰和稳定的前提下，视具体情况进行安置。图 13-42 所示是安置激光指示仪常见的几种形式。

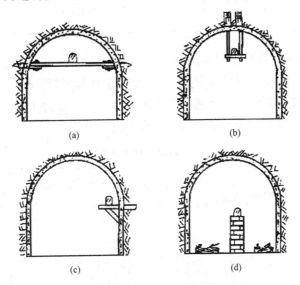

图 13-42 激光指向仪的几种安置形式
(a) 在钢梁上；(b) 在锚杆上；(c) 在悬臂上；(d) 在石墩上

形式（a）、(b) 中，仪器安置在中线上，并距腰线的距离为一定值；形式（c）中，仪器安置在腰线上，并距中线的距离为一定值；形式（d）中，仪器安置的位置既是中线又是腰线，但施工不方便。

仪器安置完毕后，测量人员应将光束与隧道中线、腰线的关系向施工人员交代清楚。隧道每掘进 100 m，要进行一次检查测量，并根据测量结果调整中线、腰线。

4. 隧道断面测量

在隧道施工过程中，测量人员要随时根据中线和腰线测定隧道各个断面，以便随时检查隧道开挖断面是否符合设计要求，并掌握土石方工程量。

5. 隧道贯通测量

隧道贯通前，施工测量人员应随时测定两工作面坐标及高程并对偏差值进行调整，及时预计剩余工作量，正确预计贯通点。

贯通后应立即进行实际偏差的测定，以检查是否超限，必要时还要做一些调整。

思考题

1. 测设控制管道中线和高程的施工测量标志有哪些方法？各在什么情况下采用？
2. 根据表 13-5 中的数据，计算坡度板上坡度钉的调整数 δ。

表 13-5　题 2 数据　　　　　　　　　　　　　　　　　　　　　　　　　m

板 号	坡度	板顶高程 $H_{板顶}$	管底高程 $H_{管底}$	$H_{板顶} - H_{管底}$	下返数 C	调整数 δ
0+000	5‰	202.984	200.906		2.000	
0+010		203.025				
0+020		203.083				
0+030		203.141				

3. 管道施工中的腰桩起什么作用？现在 5 号、6 号两井（距离为 50 m）之间每隔 10 m 在沟槽内设置一排腰桩，已知 5 号井的管底设计高程为 135.250 m，其坡度为 −8‰，设置腰桩是从附近高程为 139.234 m 的水准点引测的，选定下返数为 1 m。设置时，水准点上的后视读数为 1.543 m，在表 13-6 中计算出钉各腰桩的前视读数。

表 13-6　钉各腰桩的前视读数　　　　　　　　　　　　　　　　　　　　m

井和腰桩编号	距离	坡 度	管底设计高程 $H_{管底}$	选定下返数 C	腰桩高程	水准点高程	后视读数	各腰桩前视读数
5号（1）								
2								
3								
4								
5								
6								
6号（6）								

4. 路基边桩的测设方法有哪几种？
5. 某凹形竖曲线，已知 $i_1 = +0.3\%$，$i_2 = +2.5\%$，变坡点的桩号为 11+220，高程为 206.805 m，欲设置 $R = 4\,000$ m 的竖曲线，求各测设元素及起点、终点的桩号和高程，曲线上每 10 m 间距里程桩的标高改正数和设计高程。
6. 什么是竖曲线？竖曲线的测设元素及竖曲线上桩点高程如何计算？

7. 桥梁墩定位的主要方法有哪几种？各适用于什么情况？

8. 已测得桥梁控制网各内角及基线长：

$$\begin{cases} c_1 = 86°23'47'' \\ c_2 = 87°57'06'' \end{cases} \quad \begin{cases} D_{AC} = 289.372 \text{ m} \\ D_{AD} = 303.928 \text{ m} \end{cases}$$

欲测设出距 A 点 $l = 124.600$ m 的桥墩中心，如图 13-43 所示，试计算角度交会法的测设数据并加以检核。

9. 图 13-44 所示为某公路斜桥的平面施工控制网，轴线点 A 桩号为 K44+157.030，轴线点 B 桩号为 K44+253.524。观测数据如下：

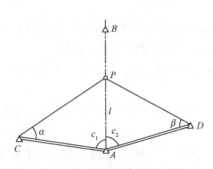
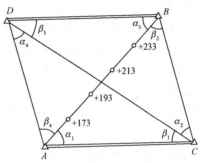

图 13-43　题 8 图　　　　图 13-44　题 9 图

$$\begin{cases} a_1 = 47°31'49'' \\ b_1 = 41°16'19'' \end{cases} \quad \begin{cases} a_2 = 45°11'01'' \\ b_2 = 46°00'51'' \end{cases} \quad \begin{cases} a_3 = 44°59'33'' \\ b_3 = 43°48'35'' \end{cases}$$

$$\begin{cases} a_4 = 42°08'10'' \\ b_4 = 49°03'42'' \end{cases} \quad \begin{cases} D_{AC} = 69.562 \text{m} \\ D_{CD} = 73.076 \text{m} \end{cases}$$

桥墩中心桩号分别为 +173、+193、+213、+233。试拟订桥墩中心定位方案，计算测设数据。

10. 隧道按长度可分为哪几类？其施工测量包括哪些主要工作？

11. 贯通误差是怎样测定和调整的？

参 考 文 献

[1] 中华人民共和国国家标准. GB 50026—2007 工程测量规范［S］. 北京：中国计划出版社，2008.
[2] 中华人民共和国国家标准. GB/T 20257.1—2017 国家基本比例尺地图图式 第1部分：1∶500 1∶1 000 1∶2 000 地形图图式［S］. 北京：中国标准出版社，2017.
[3] 中华人民共和国行业标准. CJJ/T 8—2011 城市测量规范［S］. 北京：中国建筑工业出版社，2012.
[4] 中华人民共和国行业标准. JTG C10—2007 公路勘测规范［S］. 北京：人民交通出版社，2007.
[5] 合肥工业大学，重庆建筑大学，天津大学，等. 测量学［M］. 4版. 北京：中国建筑工业出版社，1995.
[6] 钟孝顺，聂让. 测量学［M］. 北京：人民交通出版社，1997.
[7] 武汉测绘科技大学《测量学》编写组. 测量学［M］. 3版. 北京：测绘出版社，1991.
[8] 过静珺. 土木工程测量［M］. 武汉：武汉工业大学出版社，2000.
[9] 王侬，过静珺. 现代普通测量学［M］. 2版. 北京：清华大学出版社，2009.
[10] 王铁生，袁天奇. 测绘学基础［M］. 北京：科学出版社，2017.
[11] 刘谊，邢贵和，马振利，等. 测绘学［M］. 北京：教育科学出版社，2000.
[12] 吴来瑞，邓学才. 建筑施工测量手册［M］. 北京：中国建筑工业出版社，1997.
[13] 宋文. 公路施工测量［M］. 北京：人民交通出版社，2001.
[14] 张坤宜. 交通土木工程测量［M］. 北京：人民交通出版社，1999.
[15] 赵书玉，黄筱英. 测量学［M］. 北京：人民交通出版社，1998.
[16] 潘正风，杨正尧，程效军，等. 数字测图原理与方法［M］. 武汉：武汉大学出版社，2005.